"十四五"国家重点研发计划"城镇建筑垃圾产业园协同处置与再生产品体系化应用工程示范"课题（编号 2022YFC3803405）资助项目

城市更新改造固体废弃物处理及利用技术

周予启　王　军　刘卫未　主　编
鲁官友　冯建华　张惠丽　副主编

U0722293

中国建筑工业出版社

图书在版编目（CIP）数据

城市更新改造固体废弃物处理及利用技术 / 周予启，王军，刘卫未主编；鲁官友，冯建华，张惠丽副主编. 北京：中国建筑工业出版社，2025. 4. — ISBN 978-7 -112-30935-1

Ⅰ. X705

中国国家版本馆 CIP 数据核字第 2025GC8306 号

责任编辑：万　李　张　磊
责任校对：张惠雯

城市更新改造固体废弃物处理及利用技术

周予启　王　军　刘卫未　主　编
鲁官友　冯建华　张惠丽　副主编

*

中国建筑工业出版社出版、发行（北京海淀三里河路9号）
各地新华书店、建筑书店经销
北京龙达新润科技有限公司制版
建工社（河北）印刷有限公司印刷

*

开本：787毫米×1092毫米　1/16　印张：17½　字数：429千字
2025年4月第一版　2025年4月第一次印刷
定价：**79. 00**元
ISBN 978-7-112-30935-1
（44657）

指导委员会

郭海山　李　浩　林佐江　詹必雄　张一擎　于　峰

编写委员会

编写人员

第1章　绪论

中建一局集团第五建筑有限公司：刘东超、刘嘉茵、孙超彦、焦道伟、赵辰、李艳秋

澳大利亚阿德莱德大学：左剑、杜林蔚

长安大学：张静晓、李丽、卢昕玮，等

第2章　城市更新改造渣土泥浆处理与利用技术及案例

上海第二工业大学：李如燕、刘倩、田震、李翔、马长文、王临才

湖南融城环保科技有限公司：鲁力、朱创、何益斌、肖鹏、李靖，等

第3章　城市更新改造工程垃圾处理与利用技术

郑州大学：赵军、张丽娟，等

第4章　城市更新改造拆除垃圾处理与利用技术及案例

中建西部建设第九有限公司：张凯峰、童小根、丁路静、方介生、罗作球

中建西部建设股份有限公司：李曦、杨文、徐芬莲、刘小琴、彭泽川，等

第5章　城市更新改造装修垃圾处理与利用技术及案例

中国建筑装饰集团有限公司：韩超、朱融、双晨晨、刘永多、周语嫣、车志岩

鸿翔环境科技股份有限公司：许晓平、王计远、陈俊友、孟兆委，等

第6章　城市更新改造固体废弃物减量化评价

天津理工大学：孙春玲、张哲源、刘婧婧

中建三局第三建设工程有限责任公司：史阳、柯锐、方翔、来成斌，等

第7章　城市更新改造固体废弃物处理与利用典型案例剖析

中建一局集团建设发展有限公司：乔晨、杨勇、杨胜博、徐昌锦，等

第8章　总结与展望

中建一局集团建设发展有限公司：乔晨、杨胜博，等

统稿：谢榭、张柳春、王春博；校订：张柳春、谢榭

随着我国城市化进程的加快和城市更新改造的深入推进，大量拆除垃圾、装修垃圾等固体废弃物随之产生，据统计，我国建筑垃圾年产生量已超过 35 亿 t，预计未来还将保持增长态势，而我国建筑垃圾的综合利用率不足 10%。传统的填埋、堆放等处理方式不仅占用大量土地资源，还会造成环境污染和资源浪费，已难以满足城市可持续发展的需求。我国在固体废弃物处理及利用技术方面与国际先进水平国家相比仍存在一定差距，部分关键技术和设备仍需进口，固体废弃物资源化利用产业链尚未完全形成，上下游企业衔接不够紧密，制约了产业的规模化发展，此种现状对城市环境和资源利用带来巨大挑战。

"十四五"国家重点研发计划"城镇可持续发展关键技术与装备"重点专项"城镇建筑垃圾产业园协同处置与再生产品体系化应用工程示范"课题（编号 2022YFC3803405），对城市更新改造固体废弃物处理及利用技术及工艺开展了一系列系统研究，取得了大量研究成果，并将成果技术在实体工程中进行推广应用，积累了较深厚的理论基础和丰富的实践经验。

本书在总结项目科研成果及实践经验的基础上，结合当前该技术领域先进研究成果编写而成，重点介绍了城市更新改造固体废弃物处理与利用技术及其典型案例。全书共分为8 章：第 1 章阐述了城市更新改造固体废弃物概念、分类、处理和利用现状及行业发展趋势；第 2 章至第 5 章分别介绍了城市更新改造渣土泥浆、工程垃圾、拆除垃圾和装修垃圾的处理与利用技术及典型案例；第 6 章提出了一套系统针对城市更新改造固体废弃物减量化评价的体系；第 7 章分别对老旧小区改造、厂房商业有机更新、片区更新和公共空间治理这 4 种类型的典型项目进行案例剖析；第 8 章对城市更新改造固体废弃物处理与利用技术进行系统的总结，并对未来技术的发展和目标的实现进行了展望。

城市更改造固体废弃物属于可再生利用的宝贵资源，本书在详细阐述城市更新改造固体废弃物处理与利用的基础上，集成总结了渣土泥浆、工程垃圾、拆除垃圾和装修垃圾的资源化、减量化、无害化相关的理论技术和实践经验，为固体废弃物的综合利用提供了有效的技术参考，不仅可以减少环境污染、发展循环经济，而且大大提高了城市更新固体废弃物的资源化利用率，助推城市更新业务进一步发展，为实现"无废城市"理念目标作出贡献。本书由多家单位的研究人员共同编写，他们来自本专业的各个领域，分别从不同角度介绍了城市更新固体废弃物的处理与利用技术，在此对参与技术研究、推广应用和专著编写的人员以及所引用参考文献的诸位原作者，表示衷心的感谢。

本书可为从事城市更新改造研究、设计、施工的工程技术人员提供技术参考，亦可为各地主管部门提供管理参考，还可作为高等科研院校城市更新固废处理与利用领域的教材。同时，由于本书涉及的部分技术在国内尚处于起步阶段，尚未在全国广泛普及，其研究应用尚不丰富，因此本书中一些论述可能存在不成熟之处，敬请广大读者谅解，同时欢迎同行批评指正。

目录

第 1 章

绪　　论

1.1　概述

改革开放以来，中国经历了令人瞩目的经济快速发展，也驱动了中国城市化建设的快速发展。城市化率由 1978 年的 17.92% 增长到 2022 年的 65.22%。随着人口城镇化的发展，中国对于城镇化发展提出了更高的要求，在保证城镇化增速的同时更加注重城镇化的质量。党的十六大中首次出现新型城镇化的雏形——"走中国特色城镇化道路"，提出大中型城市与小城镇协调发展。2014 年中国首部新型城镇化规划——《国家新型城镇化规划（2014—2020 年)》发布，正式表明中国的城镇化建设进入了新的阶段。随着新型城镇化的持续推进，给土地资源利用和城市建设发展带来了巨大挑战。随着人口城镇化进程不断地推进，城市中的商品房、城市商圈，以及一些社会基础设施如医院、学校、城市道路也迅速增加。建设用地规模呈粗放式扩张，城市呈现快速向外蔓延的趋势，造成土地生态被破坏，生态环境质量恶化。过度的基建建设导致资源的浪费和环境的破坏，大量的建筑物和基础设施需要消耗大量的自然资源，而且会产生大量的废弃物和污染物。这些问题如果不得到妥善的解决，对未来的可持续发展将带来巨大的挑战。

中国的城市化进程在过去几十年中以前所未有的速度发展，然而，随着中国社会和经济结构的不断演变，如人口红利减弱、城市规划和环境保护、科技和信息技术发展、社会需求和消费升级等，城市化进程即将迎来一个速度拐点。2021 年 12 月 30 日，中国社会科学院人口与劳动经济研究所及社会科学文献出版社共同发布了《人口与劳动绿皮书：中国人口与劳动问题报告 No.22》，根据绿皮书预测，中国将在"十四五"期间出现城镇化由快速推进向逐步放缓的"拐点"，"十四五"期间直至 2035 年，城镇化推进速度将不断放缓。

过去几十年，中国城市建设一直处于所谓的"增量时代"。在这一时期，城市发展的主要关注点是快速扩张、大规模基础设施建设和城市化人口的迁入。随着中国城市的规模不断扩大，城市化速度逐渐放缓，政府开始关注城市建设的质量和可持续性。《中华人民共和国国民经济和社会发展第十四个五年规划和 2035 年远景目标纲要》（以下简称"十四五"规划）提出：坚持存量优先、带动增量，加快转变城市发展方式，统筹城市规划建设管理，实施城市更新行动，推动城市空间结构优化和品质提升；转变城市发展方式，加快推进城市更新，改造提升老旧小区、老旧厂区、老旧街区和城中村等存量片区功能，推进老旧楼宇改造，积极扩建新建停车场、充电桩。当前中国的城市建设将从过去的"增量时代"逐渐过渡为"存量时代"，中国城市建设将更注重城市内涵发展和城市更新。

2021年8月底发布《住房和城乡建设部关于在实施城市更新行动中防止大拆大建问题的通知》（建科〔2021〕63号），要求积极探索推进城市更新，切实防止大拆大建问题。2021年，城市更新首次写入《政府工作报告》，报告指出：发展壮大城市群和都市圈，实施城市更新行动，完善住房市场体系和住房保障体系，提升城镇化质量。为贯彻落实党的十九届五中全会精神，完整、准确、全面贯彻新发展理念，积极稳妥实施城市更新行动，引领各城市转型发展、高质量发展，2021年11月，住房和城乡建设部在北京等21个城市（区）开展第一批城市更新试点工作。2022年11月发布《住房和城乡建设部办公厅关于印发实施城市更新行动可复制经验做法清单（第一批）的通知》（建办科函〔2022〕393号）。2023年7月发布《住房城乡建设部发布关于扎实有序推进城市更新工作的通知》（建科〔2023〕30号）。当前，中国城市更新已经成为国家城市发展的重要组成部分。城市更新项目的规模庞大，涵盖了老旧小区改造、基础设施升级、商业综合体建设等多个领域，城市更新全面展开。

城市更新不仅仅意味着新的建设和改善，也伴随着大量固体废弃物的产生。城市更新项目中的拆迁、建筑拆除、旧房清理等过程会产生大量的建筑废弃物和生活垃圾。根据中国环保部门的数据，中国每年产生的建筑废弃物已经达到数亿吨。这些固体废弃物中包括混凝土、钢铁、砖块、木材和塑料等材料，其中一部分可能含有有害物质。大量固体废弃物对中国的生态环境产生了严重的负面影响。一是固体废弃物的堆积和处理可能导致土壤和水源的污染，影响生态系统的健康。二是废弃物填埋场的数量增加，占用了大量的土地资源，不仅引发土地资源浪费和生态系统破坏等环境问题，另外，还会产生一系列诸如对周边居民生活的干扰等社会问题。此外，废弃物的不当处理还可能导致空气质量下降，对周边居民的健康造成威胁。

城市更新所产生的固体废弃物必须被及时处理和利用，以保护环境、回收资源、减少能源消耗、维护社会健康，实现可持续发展的目标。这不仅是一项重要的社会责任，也是为了确保城市和社会能够持续繁荣和健康发展的必要举措。研究城市固体废弃物处理及利用技术对于资源有效利用、环境保护、降低建筑成本和实现可持续城市发展具有深远的意义。固体废弃物处理和利用技术不仅有助于减少对自然资源的依赖，还可以改善城市环境质量，为未来的城市规划和建设提供可持续的解决方案。通过合理的固体废弃物处理及利用技术，可以实现城市更新的双赢局面，在促进城市发展的同时，降低对环境的不利影响。本书的意义在于有助于传播知识、提高效率、保护环境、促进创新、支持政策制定，将对城市规划、环境保护和可持续发展产生深远的影响，从而为城市更新和可持续发展作出贡献。

1.2 城市更新的概念与分类

1.2.1 城市更新的概念

城市是一个人口聚居、经济和文化活动频繁的地区。城市通常具有高度的人口密度和建筑密度，以及多样化的社会、文化和经济特征。城市是现代社会的核心，代表着社会发展、创新、文化传承和多元性。1958 年 8 月，荷兰召开的第一次城市更新研讨会是城市规划和城市更新领域的重要历史事件之一。这次研讨会汇集了来自不同国家和地区的城市规划和城市管理专家，共同探讨城市和城市更新的概念、挑战以及解决方案。在这次大会上将城市更新解释为：生活在城市中的人们有着不同的居住期望和出行、购物、娱乐等活动需求，并且为了形成更好的生活环境和更美好的城市容貌，会对房屋或者环境等提出改善要求，这类改善生活环境的城市建设活动都是城市更新。从这个解释来看，早期的城市更新侧重于人们居住的物质环境的改善。

2002 年，英国学者罗伯茨（Peter Roberts）在其编写的《城市更新手册》中提出：城市更新是用一种综合的、整体性的观念和行为来解决各种城市问题，对在经济、社会、物质环境等各方面处于变化中的城市地区作出长远且持续的改善和提高，这个对城市更新的阐述基本上是目前国际社会的普遍认识，它揭露了新时期的城市更新应当考虑到的四个特性：全局性、系统性、长远性和持续性。

在中国，对城市更新内涵和外延的认识也是在不断丰富和完善的，20 世纪 80 年代将城市更新主要定义为城市的"新陈代谢"过程，这个过程既有推倒重来的新建，也有对历史文化街区的保护和旧建筑的修复等。20 世纪 90 年代吴良镛先生从城市的"保护与发展"角度，提出了"城市有机更新"的概念，他认为从城市到建筑，从整体到局部，如同生物体一样，是有机联系、和谐共处的。"城市有机更新"主张城市建设应该按照城市内在的秩序和规律，顺应城市的机理，采用适当的规模、合理的尺度，依据改造的内容和要求，妥善处理关系，在可持续发展的基础上探求城市的更新发展。"城市有机更新"是我国第一次从系统和全局的角度来探索城市更新发展的问题。新阶段的城市更新，应树立对城市更加正确、更加全面的认知，应顺应城市发展规律，尊重人民群众意愿，以内涵集约、绿色低碳发展为路径，转变城市开发建设方式，坚持"留改拆"并举，注重提升功能，增强城市活力。新阶段的城市更新应具有"全局性、系统性、长远性和持续性"的意识，既要解决局部痛点，又要注意整体协调，既要考虑城市长远发展，又要切合实际。

1.2.2 城市更新的分类

城市更新被认为是一种综合性策略，旨在改善生活质量、提升城市环境、升级基础设施、保护文化遗产、实现社会公平和促进可持续发展，成为国家和地方政府关注的重点领域。目前各地区根据本地区的特点，制定了城市更新的主要内容。如《北京市人民政府关于实施城市更新行动的指导意见》（京政发〔2021〕10 号），将城市更新领域分为老旧小区改造、危旧楼房改建、老旧厂房改造、老旧楼宇更新、首都功能核心区平房（院落）更新、其他类型六大类型。《江苏省城市更新行动指引（2023 版）》明确，城市更新行动的关注重点包括：老旧住区、低效老旧工业空间、老旧商业办公空间、历史文化空间、公共空间、市政基础设施。本书根据"十四五"规划和各地城市更新内容，将城市更新分为：老旧小区改造、厂房商业有机更新、片区更新和公共空间治理四类。以下对四类城市更新的概念、内容等，进行详细阐述。

1. 老旧小区改造

（1）老旧小区改造概述

"十四五"规划提出，加快推进城市更新，改造提升老旧小区、老旧厂区、老旧街区和城中村等存量片区功能，推进老旧楼宇改造，积极扩建新建停车场、充电桩。老旧小区改造作为重大民生工程和拉动经济增长的新引擎，受到中央和地方的高度关注和重视，同时也成为社会各界关心的热点问题。

随着城市化进程的加快，我国老旧小区的数量不断增多，老旧小区改造成为城市更新的重要内容。中国的城市发展正在推动新的社会结构的形成，但许多年久失修的社区仍然面临挑战，例如住宅陈旧、环境污染、基础设施落后、社会治理缺乏。为提升老旧小区质量，党中央和国家围绕城镇老旧小区改造相继出台了一系列重要文件和政策，2019年12月中央经济工作会议部署，全国老旧小区改造试点工作正式拉开序幕。2020年10月，党的十九届五中全会通过的"十四五"规划，明确提出实施城市更新行动、加强城镇老旧小区改造和社区建设。2022年党的二十大报告中指出，"坚持人民城市人民建、人民城市为人民，提高城市规划、建设、治理水平，加快转变超大特大城市发展方式，实施城市更新行动，加强城市基础设施建设，打造宜居、韧性、智慧城市"。

绿色改造是城市老旧小区改造的必然阶段。老旧小区的绿色改造，是在改造时使用更加高效、环保、科学的手段与措施，实现改造目的的同时遵循"绿色"原则，兼顾效率和环保等要求，一般涉及各项建筑技术、材料技术和信息技术。全国老旧小区改造的工作已经开展了10多年，这一领域积累了大量的技术研究成果。研究热点随着社会发展在不断变化，从房屋抗震加固、供热管网，到绿化改造、增设电梯，逐步向适老化、智慧化、低碳节能等专项技术领域转化。设施的完善是改造老旧小区的关键，这些设施的建造，势必会产生各种各样的建筑垃圾，回收处理利用这些建筑垃圾，也是老城区改造能否顺利进行的重要工作。

（2）老旧小区改造定义

在界定老旧小区改造时，首先要界定老旧小区。老旧小区是城市化进程中的产物，目前理论界对老旧小区尚未形成统一的界定。2007年建设部在《关于开展旧住宅区整治改造的指导意见》中明确指出，老旧小区应具有以下三个特征：社区房屋建筑年久失修，配套基础设施老化缺损，环境卫生脏乱差；以及2020年国务院办公厅发布的《关于全面推进城镇老旧小区改造工作的指导意见》中认为，城镇老旧小区是指城市或县城建成年代较早、失养失修失管、市政配套设施不完善、社区服务设施不健全、居民改造意愿强烈的住宅小区（含单栋住宅楼），这两个文件都对老旧小区有界定。查阅相关文献发现目前我国学者主要从建造年份、居住状况、产权关系这三个方面对老旧小区概念进行界定。因此，本书将老旧小区界定为建设时间长、年久失修、配套设施不完善、环境脏乱差、居民改造意愿强烈等特征的小区。

2007年建设部出台《关于开展旧宅区整治改造的指导意见》，首次对旧住宅区整治改造内容标准机制和方法等进行规范，这标志着老旧小区改造正式启动。多个城市如北京、上海、广州等在老旧小区改造方面作了积极探索，取得了可喜的成就，积累了经验。但从全国层面上看，改造整体上推进速度较为缓慢，成效不显著。2020年7月国务院出台《关于全面推进城镇老旧小区改造工作的指导意见》进一步明确和聚焦改造工作目标。到"十四五"期末，结合各地实际，力争基本完成2000年底前建成的需改造城镇老旧小区的改造任务。

老旧小区改造是在不改变小区原本地理位置和权利归属的基础上，对小区老旧、陈旧的住宅区进行综合性的升级和改善工程，以提升该小区的居住环境、社会功能和可持续性，并建立长效的管理机制。这种改造通常包括对建筑物、公共空间、基础设施、绿化和社区服务等方面的改进，旨在解决老旧小区建筑老化、设施陈旧、绿化不足的问题，改善居民居住环境。老旧小区改造工作能带动建材、水电管线、适老适残设备、社区服务等产业的需求，扩大内需、建立内循环，推动我国经济复苏与增长。老旧小区改造还可通过优化城市空间利用，提升增加社区凝聚力，从而增加城市吸引力，为相关产业提供机会，促进城市经济发展与就业机会创造。

中国政府早在 2015 年就第一次提出要加快老旧小区的改造，并且在多个城市进行了试点。依据住房和城乡建设部发布的《2022 年全国城镇老旧小区改造进展情况》，截至 2022 年，全国新开工改造老旧小区 5.25 万个、876 万户。这些举措让昔日的"老小区"焕发了"新生机"。在老旧小区改造中也面临很多现实问题，首先是建筑物本体及基本配套问题，老旧房屋本身的性能逐渐退化，外围结构大面积破损，又普遍没有保温层、双层玻璃等节能措施，这使得老小区建筑的能耗指标非常高，碳排放量达不到现行的标准。其次是大多数老旧小区是政府部门出资来改造，居民出资改造意愿不足，收益不高且周期长，制约社会资本改造参与其中，致使政府部门财政压力大。再次是安全隐患问题，老旧房屋的结构老化问题，使房屋难以抵御自然灾害，很多老旧小区的各种管线私搭乱接、线路"蜘蛛网"问题突出，路面下陷不平、雨天积水严重等。老旧小区往往存在管理缺位，存在"没人管""管不好"难题。

（3）老旧小区改造的内容

老旧小区改造是一个科学、系统、复杂的项目。从目前我国大部分地区老旧小区改造情况看，可以分为三大类，一是基础类，为满足居民日常安全防护需要和基本生活需求的内容，主要包括市政配套基础设施改造提升，以及小区内建筑物屋面、外墙、楼梯等公共部位维修等。二是完善类，为满足居民生活便利需要和改善型生活需求的内容，主要是环境及配套设施改造建设、小区内建筑节能改造、有条件的楼栋加装电梯等。三是提升类，为丰富社区服务供给、提升居民生活品质、立足小区及周边实际条件积极推进的内容，主要是公共服务设施配套建设及其智慧化改造。每类包括的具体内容见表 1-1。

老旧小区改造各类内容　　　　　　　　　　　　　　　　表 1-1

类别	改造内容	改造清单
基础类	满足居民日常安全防护需要和基本生活需求	供水、排水、供电、弱电、道路、供气、供热、消防、安防、生活垃圾分类、移动通信等基础设施，以及光纤入户、架空线规整（入地）等；小区内建筑物屋面、外墙、楼梯等公共部位维修等
完善类	满足居民生活便利需要和改善型生活需求	拆除违法建设，整治小区及周边绿化、照明等环境，改造或建设小区及周边适老设施、无障碍设施、停车库（场）、电动自行车及汽车充电设施、智能快件箱、智能信包箱、文化休闲设施、体育健身设施、物业用房等配套设施；小区内建筑节能改造、有条件的楼栋加装电梯等
提升类	丰富社区服务供给、提升居民生活品质、立足小区及周边实际条件积极推进的内容	改造或建设小区及周边的社区综合服务设施、卫生服务站等公共卫生设施、幼儿园等教育设施、周界防护等智能感知设施，以及养老、托育、助餐、家政保洁、便民市场、便利店、邮政快递末端综合服务站等社区专项服务设施等

2. 厂房商业有机更新

（1）厂房商业有机更新概述

随着社会经济的发展，许多城市的产业结构正在经历转型，从传统制造业向服务业、文化创意产业等高附加值领域转变。这一转型导致了老工业厂房的使用减少，需要将其重新定位和改造以适应新的商业需求。许多老旧工业厂房具有重要的历史和文化价值，它们代表着城市的工业遗产，对城市的历史和文化具有重要意义。因此，保护和再利用这些建筑成为一项重要任务。在全球可持续发展的背景下，重新使用老工业建筑有助于减少新建筑的资源消耗和能源浪费。通过改造和翻新老建筑，可以提高资源利用效率，减少碳排放。总之，厂房商业有机更新是城市发展的一部分，旨在实现城市产业结构的转型、保护工业遗产、提高环境可持续性、推动商业和创新发展、促进社区复兴等目标，以适应现代城市的需求和挑战。

在城市的发展历程中，老厂房曾是一个时代的象征，承载着一代人的记忆。不过随着时代变迁和产业发展，许多老厂房逐渐被淘汰，面临着空置和废弃的危机。这些老厂房可以被转型为产业园区，既保留了历史建筑的文化价值，又促进了城市经济发展，成为一个城市转型发展的重要资源。随着社会经济的发展建设，城市化进程逐步推进，老旧厂房的滞后问题逐渐凸显，无论从经济效益，还是从整体形象上，都已无法满足城市发展的实际需求。旧工业厂房已经影响到城市建设，在城市形象、用地规划等方面，成为城市发展的制约和瓶颈，需围绕旧工业厂房，实行改造设计，确保旧工业厂房经过改造后，符合城市的现代化、绿色化要求。

中国政府高度重视城市更新和老旧工业厂房的改造利用。2016年中共中央、国务院发布《关于进一步加强城市规划建设管理工作的若干意见》，对有序实施城市修补和有机更新、改造利用旧厂房、恢复老城区功能和活力等作出重要决策部署。2020年6月，国家发展改革委等多部委联合印发《推动老工业城市工业遗产保护利用实施方案》，提出推动工业遗产保护利用与文化保护传承、产业创新发展、城市功能提升协同互进。各地方非常重视老旧工业厂房的改造，北京、广州、上海等积极进行厂房商业有机更新，各地一栋栋旧厂房旧貌换新颜，如首钢老工业区以打造"新时代首都城市复兴新地标"为目标，推动文化、生态、产业和活力的全面复兴。上海力波啤酒厂原址，改造形成了城市综合体，形成居住、生活、商务、休闲娱乐之间的互通互联。

（2）厂房商业有机更新定义

近几年中国厂房商业有机更新得到发展，各地纷纷出台相关文件。如北京市政府2021年发布《关于开展老旧厂房更新改造工作的意见》（京规自发〔2021〕139号）。随着新型城镇化和工业化的发展，老旧厂房自身潜在的一些问题更加凸显，空间布局"碎片化"、生产环境差、设施配套不足、厂房利用效率低下等问题，导致资源浪费和环境破坏。

中国城市更新已经由过去"大拆大建"的模式，进入有机更新时代。因此将厂房商业有机更新定义为，是对老旧工业厂房和商业建筑进行综合性的改造和升级，以适应现代商业需求和提高建筑的经济效益，同时改善环境质量、促进城市发展的一种行动。也就是对产业层次低、产出效益低、创新能力弱、环境面貌差的存量工业地块（厂房），进行重新规划建设和提升改造。从而以老旧厂房、仓储、市场、楼宇、产业园区等低效或者闲置用地、建（构）筑物为更新对象，实施盘活低效资源类城市更新项目。以老旧厂区、老旧市场等为重点，以盘活利用"闲置土地、城镇低效用地"为主攻方向，盘活存量资源空间，促进新旧动能转换，加快产业转型升级，进一步推动经济高质量发展。

（3）厂房商业有机更新内容

厂房商业有机更新可以从不同角度进行分类，按照改造目标可分为，商业办公更新、文化创意改造、零售和娱乐改造等；按照改造方式可分为，修缮和保留、重建和创新及混合用途改造。本书从厂房商业有机更新内容角度，将厂房商业有机更新分为建筑结构改进、空间优化规划、节能改造、功能转换、工业遗产保护与活化利用、建筑外观美化、舒适化改造、生态环境改善、智能设备应用九部分，具体各类包含的内容见表1-2。

厂房商业有机更新各类内容　　　　　　　　　　　表1-2

类别	改造内容	改造清单
建筑结构改进	对老旧厂房的建筑结构进行检修和改进，包括墙体、梁柱、屋面等部分	加固、防水、防火等，以确保建筑的稳固和安全等
空间优化规划	对厂房的空间进行优化规划，合理布局，从而充分发挥厂房的服务性	利用隔断、墙面翻新等手法，分出多样化的小空间，对空间进行布局改造，避免空间结构单调性等
节能改造	达到减少对环境的污染、降低碳排放的目的，符合可持续发展的要求	基于节能减碳的理念，对屋面、墙体、门窗、供暖等方面采用节能技术，改善厂房的保暖与采光，优化能源利用效率，降低能源消耗，减少能源成本
功能转换	根据市场需求和产业发展方向，对厂房进行功能转换	可能改变原有的生产用途，转型为商业、文创园区等多功能用途
工业遗产保护与活化利用	具有历史和文化价值的老旧厂房	进行保护性改造和活化利用，使其融入城市发展，展现历史韵味
建筑外观美化	改进厂房外观，使厂房融入城市景观	进行装饰、粉饰，增加美观性
舒适化改造	提供更舒适的环境，提高满意度	改进厂房的通风、采光等设施
生态环境改善	注重生态的修复和创新。从而改善厂房景观，使厂房更和谐地融入城市景观内	提供绿化、美化的条件（绿化、景观设计）、绿色建筑
智能设备应用	改变旧工业厂房的功能，引入智能化建筑的概念，保障厂房改造的优质性	应用物联网技术和智能设备

3. 片区更新

（1）片区更新概述

随着时间的推移，许多城市中存在着老化的建筑、基础设施和社区。这些区域其建筑结构已经老化，设施陈旧，无法满足现代城市生活的需求。这种老化现象不仅影响了居住者的生活质量，还降低了区域的整体吸引力。老化的基础设施导致供应不足、交通拥堵和环境污染等问题。城市的经济竞争力取决于其吸引力和创新能力。片区更新可以通过改善商业环境、提供现代化办公空间和吸引投资来增强城市的经济活力。片区更新可以改善住宅区的居住条件，增加公共空间、绿地、文化设施和社会服务，提高居民的生活满意度。片区更新可以通过提高能源效率、减少废弃物、增加绿化覆盖和改善交通系统，有助于减轻城市对资源的压力，降低环境负担。一些老旧区域可能拥有丰富的历史和文化遗产，这些遗产值得保护和传承。片区更新包括文化保护、历史建筑修复等，以保留城市的历史认同。总之，片区更新的背景是多元的，包括城市老化、基础设施需求、经济竞争力、社区需求、环境可持续性、文化保护和政策支持等因素。这些因素推动着城市决策者和社区领导者积极寻求综合性改进和升级特定区域，以提高城市的整体质量和可持续性。

随着中国城镇化进程的推进，城镇化迈入中后期阶段，城市发展进入存量提质的新时代，城市建设的目标转为城市中已经不适应现代化城市社会生活的地区。对中心城区建成区内城市空间形态和功能进行更新升级。以片区为单元的综合更新，可解决城市规划建设管理的"碎片化"问题。各地非常重视城市片区改造，纷纷出台指导意见，如2023年7月山东省印发《关于推动城市片区综合更新改造的若干措施》的通知，推动城市片区综合更新改造。

（2）片区更新的定义

片区更新是城市更新的一种形式，是指对城市中的特定片区或地区进行综合性的改造和更新。这个过程通常包括对旧有建筑、基础设施、社区环境等进行全面改善和升级，以提高整个片区的居住品质和城市功能。片区更新的主要目的是解决城市中存在的老旧、拆迁、失修、滞后、低效或混乱的区域，推动城市的可持续发展和现代化。片区更新强调了整合规划、基础设施、住房、商业、文化等多个方面的改进，以实现更好的城市生活质量。片区更新的主要特点包括：一是综合性改造，片区更新不仅涉及建筑物或基础设施的改进，还包括改善公共空间、社区服务、交通系统等多个方面的综合改造；二是可持续性，更新项目通常注重可持续发展原则，包括资源节约、环境友好、社会包容等方面的考虑；三是社区参与，片区更新通常涉及社区居民的参与和意见征询，以确保项目符合居民的需求和期望；四是经济激励，片区更新可以通过提升地区的吸引力和价值，吸引投资、创造就业机会和增加城市收入。

（3）片区更新的内容

片区更新可以根据不同的标准进行分类，如按照更新目标，可分为住宅区更新，主要着眼于提升住宅区的居住质量，包括改善住房条件、增加绿化、改善社区设施等；商业区更新，旨在提高商业区的商业活力和吸引力，吸引商店、餐厅、娱乐设施等进驻；工业区更新，着重于工业区域的改造，以适应新兴产业、提高工业效率和环保要求。按照改造方式，可分为综合更新，涉及多个方面的改造，包括建筑、基础设施、公共空间等；基础设施更新，重点在于改善片区的交通、供水、排水、电力等基础设施；文化和历史区域更新，侧重于保护和恢复历史建筑和文化遗产。本书按照更新内容进行分类，具体见表1-3。

片区更新各类的内容 表1-3

类别	改造内容	改造清单
基础设施改善	提高交通便利性和城市运行效率	对片区内的道路、桥梁、供水、排水、电力等基础设施进行改善和升级
房屋拆迁与改造	提供更好的居住条件	对片区内老旧、不安全或不适应现代居住需求的房屋进行拆迁或改造

续表

类别	改造内容	改造清单
社区设施建设	以满足居民的日常需求	增设或升级片区内的社区服务设施,如学校、医院、文化中心、图书馆等
公共空间和绿化	改善城市环境质量	增加片区内的公共空间和绿化,提供休闲娱乐场所
经济发展和商业设施	促进经济发展和就业机会	鼓励在片区内引入商业和服务业项目
社区文化和历史保护	增强居民的社会凝聚力和认同感	保护片区内的历史文化遗产,鼓励社区文化活动
环境保护和可持续发展	在片区更新中考虑环境保护措施,促进城市的可持续发展	提供绿化、美化的条件,减排、废弃物处理等

4. 公共空间治理

（1）公共空间治理概述

随着全球城市化的加速,城市人口持续增长,导致对公共空间的需求不断增加。城市化带来了更多的居民、游客和商业活动,需要更多的公共空间来满足他们的需求。许多城市的公共空间和基础设施老化,需要进行改造和更新,以适应现代城市生活的需求。老化的公共空间不再满足社区的需求,需要提升。现代科技和数字工具为公共空间治理提供了新的机会,包括智慧城市方案、数字化城市规划和在线社区参与平台,这些工具可以提高治理的效率和透明度。

2017 年 6 月中共中央、国务院颁布《关于加强和完善城乡社区治理的意见》,明确建成由各级党委和政府牵头、各界协作、全面协调的共同治理的城乡社区治理体系的目标。2015 年习近平总书记在考察杭州时强调,要落实"公共资源不能为少数人垄断享用",实现每个公民都能平等地充分享受到政府提供的公共服务和资源。随着城市的快速发展和人口的增加,对于现有公共空间的更新与改善变得迫切而必要。

（2）公共空间治理定义

公共空间治理是指对城市、社区或其他地理区域内的公共空间进行管理、维护和改进的一系列措施和活动。这包括城市中的公园、广场、街道、社区中心、文化设施等各种公共区域。公共空间治理旨在确保这些空间的可持续性使用,以满足居民和社区的需求,提高居民的生活质量,促进社交互动和文化交流。公共空间治理的主要特点为,一是综合性管理,即公共空间治理不仅涉及物理环境的管理,还包括社会、文化和经济方面的管理,它需要多个部门和利益相关者的合作,以综合性方式改进和管理公共空间;二是社会参与,公共空间治理通常鼓励社区居民参与决策和管理过程,以确保公共空间的设计和使用符合居民的需求和期望;三是注重可持续性和环保,治理过程中需贯彻可持续发展原则,通过减少资源浪费、降低碳排放、提升绿化覆盖率等措施,减轻对环境的压力;四是促进文化和社交交流,公共空间治理的目标之一是促进社交互动、文化交流和公众参与。这些空间通常被视为社会活动的场所,有助于社区凝聚力的形成。

公共空间建筑升级和空间改造是公共空间治理的重要内容,通过对公共领域的建筑物和空间进行改善、升级和重新设计,旨在提升公共空间的功能性、可用性、可持续性和美观性，以适应城市发展和社会需求的变化。通过这些改造，可提升城市形象，提升城市的吸引力和竞争力；提供更多的休闲、娱乐和文化活动场所，提高人们的生活品质和幸福感，改善居民生活品质；优化公共空间的布局和设计，增加社区活动场所、公共艺术装置等，有助于社交文化交流；使用环保材料、节能设备和再生能源系统，促进城市的可持续发展；最后，可以带动相关产业的发展，促进经济增长和就业机会的创造。

（3）公共空间治理的内容

公共空间治理从不同角度，可以进行不同的分类。按照空间类型分类，可分为城市公园治理，包括城市公园的规划和管理，绿地、休闲设施和活动空间的管理；市区街道治理，包括市区街道和行人区的规划及改进，以提高行人和自行车的便捷性。按照技术应用分类，可分为数字化治理，包括利用数字技术和数据分析来改进公共空间的规划和管理；在线参与治理，即通过在线平台和社交媒体来促进市民的参与和反馈。这些分类方法有助于理解不同类型的公共空间治理，并为城市规划者和决策者提供指导，以改善城市的公共空间。本书从公共空间治理内容角度进行分类，具体内容见表1-4。

公共空间治理各类的内容   表1-4

类别	改造内容	改造清单
道路和人行道改造	提升道路的平整度和耐久性； 提高交通安全性和导航效果； 增强行人和车辆的安全性和便利性； 提供更好的行人通行环境	道路表面修复和重新铺设，包括修复破损的道路表面、填补裂缝、重新铺设沥青或混凝土层等； 交通标志和标线更新，包括更新和调整道路上的交通标志、路牌和标线； 交通设施改造，包括改善道路的交通设施，如红绿灯、人行横道、交通岛、行人过街设施等； 人行道和人行通道改善，包括对现有的人行道进行改造，如拓宽、平整、铺设新的材料、增加边界和栏杆等
公共设施升级	提升乘客的舒适度和便利性； 提升地铁乘客的出行体验； 提升骑行者的便利性和安全性； 确保残障人士能够方便地使用公共交通设施； 提升交通设施的智能化和便利性	公交车站和轻轨站改造，包括对公交车站和轻轨站进行改造和升级，如增加候车区、修复站台、改善设施、增加无障碍设施等； 地铁站改造，如改善地铁站的设施和服务，包括改善出入口、增加通道、提升安全设备、增加信息显示屏等； 自行车停车设施改善，增加自行车停车桩、自行车租赁点和自行车专用通道等； 无障碍设施改善，增加轮椅坡道、盲道、导向标识等无障碍设施； 充电设施和智能科技应用：增加电动车充电桩、智能支付设备、实时信息显示屏等科技设施
公共广场和花园改造	提升空间的美观性和舒适度； 提升地铁乘客的出行体验； 确保残障人士能够方便地使用公共交通设施； 提升交通设施的智能化和便利性	景观设计和植被布置，包括重新设计广场和花园的景观布局，如增加绿化植被、栽种花草树木、规划景观元素（如水池、喷泉、雕塑等）等； 休憩设施和家具更新，包括改善广场和花园的休憩设施，如长椅、遮阳棚、垃圾桶、公共厕所等； 人行道和路径改造，包括改善行人通行的人行道和路径，如拓宽、修复破损、增加无障碍设施、设置景观照明等； 增加活动场地和户外设施，包括增加活动场地和户外设施，如露天剧场、运动场、游乐设施等

类别	改造内容	改造清单
建筑外立面翻新	提升建筑外观的美观性和耐久性； 改善建筑外立面的质感和视觉效果； 提升建筑外观、隔热和节能效果； 保护建筑结构免受渗漏和湿度的影响； 符合新的品牌形象和宣传需求	外墙涂料和装饰，包括重新涂刷外墙涂料，可能采用新的色彩和材料等； 立面瓷砖或石材更换，包括更换旧的瓷砖或石材等； 玻璃幕墙改造，包括更新或更换旧的玻璃幕墙等； 防水层和绝缘材料更新，包括修复或更换外墙的防水层和绝缘材料等； 广告牌和标识更换，包括更新或更换陈旧的广告牌和标识等
公共空间治理的废弃物	废弃物包括： 拆除建筑材料； 施工建筑废料； 旧材料和设备； 土壤和泥浆； 绿化废弃物； 污水和垃圾； 包装废弃物	旧的道路表面、人行道、交通设施等拆除后产生的废弃材料，如破碎混凝土、沥青碎片、砖块、石材、金属结构等废弃物； 施工过程中可能产生的包括砖块、混凝土碎片、石材、木材、石膏板、金属结构、钢筋等建筑废料； 替换或更新公共空间设施时产生的旧电子设备和设施可能成为建筑垃圾，如交通标志、路牌、红绿灯等设备与候车亭、站台等设施； 道路和人行道改造，进行土地开挖和地基处理过程中产生的泥土、沙土等废弃物，地下管道施工或修复过程中产生的泥浆废弃物； 改造过程中需要移除的旧的植被和土壤，包括剪枝、修剪、挖掘等过程产生的植物枝叶、草坪剪草等废弃物，植物修剪和移植产生的废弃植物，沥青路面重铺或拓宽道路时产生的废弃沥青，施工工地产生的其他非有机垃圾和废弃物； 由于建筑材料、设备或其他物品的运输和使用而产生的纸板箱、塑料袋、泡沫等包装废弃物

1.3 城市更新改造固体废弃物概念与分类

1.3.1 固体废弃物概念

建筑垃圾，又称建筑废弃物、建筑固废、建筑固体废弃物，即施工现场产生的工程渣土、工程泥浆、工程垃圾、拆除垃圾和装修垃圾的总称。包括新建、改建、扩建和拆除各类建筑物、构筑物、管网等以及居民装饰装修房屋过程中所产生的弃土、弃料及其他废弃物。不包括经检验、鉴定为危险废物的建筑垃圾。

特别说明：本书中城市更新改造的"固体废弃物"＝"建筑垃圾"。

依据行业标准《建筑垃圾处理技术标准》CJJ/T 134—2019，对五类固体废弃物的定义如下：

（1）工程渣土：各类建筑物、构筑物、管网等基础开挖过程中产生的弃土。

（2）工程泥浆：钻孔桩基施工、地下连续墙施工、泥水盾构施工、水平定向钻及泥水顶管等施工产生的泥浆。

（3）工程垃圾：各类建筑物、构筑物等建设过程中产生的弃料。

（4）拆除垃圾：各类建筑物、构筑物等拆除过程中产生的弃料。

（5）装修垃圾：装饰装修房屋过程中产生的废弃物。

1.3.2 按城市更新改造固体废弃物产生源头分类

根据当前国内现状，城市更新改造的固体废弃物，固体废弃物产生源头主要有老旧小区改造、厂房商业有机更新、片区更新和公共空间治理及其他四类，每一种更新方式有不同的更新特点，产生的主要废弃物种类也有区别，其中拆除类和装修类的垃圾多来源于第一及第二种更新，而工程渣土、泥浆、垃圾等则基本来源第三及第四种更新方式，每种更新方式对应的更新特点、垃圾种类及特征见表1-5。

各类更新方式的更新特点   表1-5

更新方式	更新特点	源头分类及种类	固体废弃物特征
第一种，老旧小区改造	以主要大面积小区重新翻新、增加户外电梯各种设施等为主，重点是整体不大动的"改"，是零星的改动	以拆除垃圾为主；含较多的碎混凝土、碎砖瓦、灰渣、泥土；较少的金属类、木材类、塑料等	量小，杂，以无机非金属类固体废弃物为主，单位建筑面积产生的固体废弃物量很少，但种类非常多
第二种，厂房商业有机更新	一般指厂房、写字楼、商业等业态的更新。这不仅包括硬件升级，更多是更新内容，通过新的产业导入，来提升资产价值	以拆除垃圾和装修垃圾为主，少量工程垃圾；含金属类、碎混凝土、玻璃、碎砖瓦、灰渣、泥土、木材类、塑料等各种固体废弃物不同程度存在	量比较小，根据施工单体不同种类差别较大，单位建筑面积产生的固体废弃物量相对较少，但种类非常多
第三种，片区更新	这也是各地政府最为重视的领域。这种更新形式多样，有拆除重建的，也有产业的、商业的、老旧小区的改造等，重点是全部全盘的"换"，是整体的	工程渣土、工程泥浆、工程垃圾、拆除垃圾、装修垃圾五大类固体废弃物基本都有，尤其是工程渣土、工程泥浆的产生量一般都比较大	量大，以渣土、泥浆、混凝土碎渣、金属类固体废弃物为主，单位建筑面积产生的固体废弃物量较大，种类较多
第四种，公共空间治理及其他	强调建筑硬件升级和空间改造。市政基础设施、公共服务设施、公共安全设施的完善，特色街区、生态街区、智慧街区的建设等	工程渣土、工程垃圾相对略多一些，以市政工程类产生的固体废弃物为主要来源	量较大，以渣土、混凝土碎渣、金属类固体废弃物为主，但大多能现场做可简单利用，种类较少

1.3.3 按固体废弃物材质分类

按照建筑垃圾的材质，对城市更新改造的固体废弃物可以进行分类，主要包括：无机非金属类、有色金属类、黑色金属类、木材类、塑料类和其他类，详见表1-6。

城市更新改造建筑垃圾分类   表1-6

序号	分类	基础阶段	主体阶段	装修阶段
1	无机非金属类	渣土、泥浆、混凝土、钢筋、型钢	渣土类、泥浆类、混凝土类、砖瓦类	玻璃、灯具
2	金属类	钢筋、铁丝、角钢、型钢、废卡扣(脚手架)、废螺杆	电线、电缆、信号线头、涂料金属桶、金属支架、钢筋、钢管(焊接、SC、无缝)、铁丝、角钢、型钢	废锯片、废钻头、破损围挡、钢筋、钢管(焊接、SC、无缝)、铁丝、角钢、型钢
3	木材类	模板、木方、木制包装	模板、木方、木制包装、纸质包装	木材、木制包装

序号	分类	基础阶段	主体阶段	装修阶段
4	塑料类	塑料包装、塑料、塑料薄膜、防尘网、安全网	塑料包装、塑料、苯板条、岩棉、废毛刷、安全网、塑料薄膜、废毛毡、编织袋、防水卷材	废消防水带、编织袋、机电管材、废胶带
5	其他类	玻璃胶等、灌注桩头、废消防箱、轻质金属夹芯板	纸质包装、轻质金属夹芯板、涂料	石膏板

下面分别对各种分类的垃圾做进一步的具体描述。

1. 无机非金属类

无机非金属类建筑垃圾主要包括：渣土、泥浆、混凝土、砂浆、砌块、瓷砖、玻璃、腻子等。

针对基础施工阶段现场建筑垃圾主要为渣土、泥浆、混凝土、钢筋、型钢等，结合现场情况制定专项管理措施：

（1）渣土、泥浆类

土方开挖及基础施工阶段，利用专用的渣土运输车与泥浆运输车辆，对场区内的渣土及泥浆进行外运出场并运输至指定消纳场所进行消纳。

（2）混凝土类

基础施工阶段主要产生大量混凝土废渣，由于量比较大，同时易产生扬尘，因此在现场设置较大型的封闭式垃圾站，同时配合喷淋降尘措施，用于存储混凝土废渣，应及时清理并消纳。

（3）砂浆、砌块、瓷砖、玻璃、腻子类

对于砂浆、砌块、瓷砖、玻璃、腻子等建筑垃圾，利用原有封闭式垃圾站（原用于存储混凝土废渣）进行改造，在内部设置分格并设立隔断，做好分类标识，用于存放上述不同类别的建筑垃圾，同时便于后期分类处置。

2. 金属类

金属类建筑垃圾主要包括：钢筋、铁丝、角钢、型钢、废弃架料、螺杆、电线、电缆、轻钢龙骨等。

对于钢筋、角钢、铁丝、螺杆等金属类建筑垃圾，在现场钢筋加工区附近、塔式起重机覆盖范围内，设置金属类建筑垃圾存放池，采用钢筋混凝土浇筑的形式，顶部为开敞式，用于临时存放金属类建筑垃圾。

对于废弃架料类，一般为周转材料（钢管、架料类），进行分类码放整齐，采用定型式可移动围挡进行临时围护，设置为临时建筑垃圾存放处。

3. 木材类

木材类建筑垃圾主要包括：模板、木方、木质包装、纸质包装。

对于木方、模板等木材类建筑垃圾，由于占地面积较大，所以结合现场场区条件，布置木材类建筑垃圾专用存放处，采用定型式可周转移动围挡进行临时防护，木材、模板分类、分规格进行码放，以便于回收再利用或外运处置。

木材废弃物的质量差别很大，可以根据质量级别分开处理。质量较好的可以直接重新利用，质量差的可以收集后，进行集中焚烧或者替代燃料无害化处理。

4. 塑料类

塑料类建筑垃圾主要包括：塑料薄膜、防尘网、安全网、挤塑板、岩棉、塑料包装、编织袋等。

对于包装、塑料等零散建筑垃圾，在现场范围内设置建筑垃圾专用垃圾箱，作为塑料类及零散建筑垃圾的收集，并定期进行清理。

根据其材料组分分为 7 种：

（1）PET（聚对苯二甲酸乙二醇酯）

最容易回收的塑料。它是一种透明、坚韧、耐溶剂的塑料，用于水、软饮料和洗涤剂瓶，通常被回收制成瓶子和聚酯纤维。

（2）HDPE（高密度聚乙烯）

经常可以找到硬质和软质塑料形式的 HDPE。它是一种非常常见的塑料，刚性形式通常为白色或彩色，用于牛奶瓶、洗发水瓶和清洁产品，这些瓶子会被回收制成更多瓶子或袋子。作为一种软塑料，HDPE 用于冷冻袋、塑料袋和其他塑料食品包装。

（3）PVC（聚氯乙烯）

这种东西无处不在——管道、玩具、家具和包装。它很难回收并且含有有害化学物质。

（4）LDPE（低密度聚乙烯）

这通常是一种柔软、有弹性的塑料，用于各种包装材料、面包袋、农产品袋和垃圾袋。

（5）PP（聚丙烯）

这是一种坚硬但仍具有柔韧性的塑料。它用于冰淇淋容器和盖子以及塑料外卖容器。

（6）PS（聚苯乙烯）

它用于制造杯子、泡沫食品托盘和包装材料。它也被称为聚苯乙烯泡沫塑料，因为它体积大但很轻，这使得回收变得困难。

（7）其他

指该物品可能是上述任何或所有物质的混合物，或者是不易回收的塑料，例如聚氨酯。

5. 其他类

其他类建筑垃圾主要包括：油漆、涂料、密封胶、发泡胶、轻质金属夹芯板等。

建筑材料、器具外包装要求厂家百分百回收、带离施工现场，密封胶、发泡胶空瓶等交由有消纳资质的单位进行处理。

特别说明：有毒有害建筑垃圾的处理

对于有毒有害的物质（如油漆、涂料等），在现场设置封闭式有害垃圾存放处，并采用专业有资质的有害垃圾处理单位进行专业处置。一般有毒物质，按生活垃圾中的"有害物"容器专门存储并按对应的流程处理；若经检验、鉴定为危险废物的"危险废物"的，按生态环境部"危废废物"要求单独储存并按对应的流程处理。

1.4 城市更新改造的相关政策

"十三五"以来,我国新型城镇化建设取得阶段性成果,2021 年我国常住人口城镇化率达到 64.72%、第三产业增加值占国内生产总值比重达到 53.3%,这两个关键数据表明我国城市发展由"增量扩张为主"进入"存量更新为主"的新阶段,城市更新已经成为城市可持续发展的必然选择。城市更新是一种将城市中已经不适应现代化城市社会生活的地区作必要的、有计划的改建活动,是一种推广以节约利用空间和能源、复兴衰败城市地域、提高社会混合特性为特点的新型城市发展模式。随着我国城镇化进程的不断推进,城市更新的内涵也在不断地迭代和丰富,由最先提出的"旧城改造"到"棚户区改造",再到"城市更新"的提出,城市更新的内涵也由物质形态的改造逐渐向城市结构、功能体系、产业结构、人居环境等多种形态的改造转变。对此,国家、行业及地区政府与管理部门均出台了有关城市更新的政策与措施,下面作简要的汇总与梳理。

1.4.1 国家及行业政策

近年来,在国家、行业层面出台了不少有关城市更新的政策与措施,其中主要有《"十二五"资源综合利用指导意见》《大宗固体废弃物综合利用实施方案》《"十四五"循环经济发展规划》《促进绿色建材生产和应用行动方案》《住房城乡建设部建筑节能与科技司 2018 年工作要点》《关于推进建筑垃圾减量化的指导意见》《施工现场建筑垃圾减量化指导图册》《关于在实施城市更新行动中防止大拆大建问题的通知》等文件。

这些文件旨在规范建筑垃圾处理全过程,提高建筑垃圾减量化、资源化、无害化和安全处置水平,促进绿色建造发展、建筑业转型升级和循环经济发展。根据文件,施工现场建筑垃圾减量化应遵循"源头减量、分类管理、就地处置、排放控制"的原则,要求建设单位应有明确的建筑垃圾减量化目标和措施,建立奖惩机制,监督和激励设计、施工单位落实建筑垃圾减量化的目标措施。同时,相关文件对施工单位的垃圾分类收集、存放、就地处置、排放、运输等都作了要求和规定。其中,分类收集与存放措施包括建筑垃圾的分类收集点、堆放池的布置及运输路线等。就地处置措施包括工程渣土、工程泥浆、工程垃圾、拆除垃圾等就地利用措施。排放控制措施包括出场建筑垃圾统计和外运等。保障措施应包括人员、经费、制度等保障。

1.4.2 各省部分地区相关政策

2021 年住房和城乡建设部办公厅发布《关于开展第一批城市更新试点工作的通知》(以下简称《通知》),决定在北京等 21 个城市(区)开展第一批城市更新试点工作,自 2021 年 11 月开始,为期 2 年,这意味着城市更新后续由点到面的改革将全面开启。《通知》指出,针对我国城市发展进入城市更新重要时期所面临的突出问题和短板,严格落实城市更新底线要求,转变城市开发建设方式,结合各地实际,因地制宜探索城市更新的工作机制、实施模式、支持政策、技术方法和管理制度,推动城市结构优化、功能完善和品质提升,形成可复制、可推广的经验做法,引导各地互学互鉴,科学有序实施城市更新行动。

当前城市更新正逐步从物质更新主导规划设计，转向多学科交叉和融合的社会、经济、文化、生态整体复兴的综合思维的城市更新思维，发挥政府、市场、社会与群众的集体智慧，使城市更新工作走向科学化、常态化、系统化和制度化；遵循"有机更新""城市双修"和"社区微更新"等城市更新理念，因此各地也都因地制宜地提出了地方性的政策法规，其中一线城市及部分地区的省会城市陆续出台了一些有针对性、有代表性的政策。

第一批城市更新试点城市共 21 个，包括北京市、南京市、沈阳市、厦门市、长沙市、渝中区、成都市、西安市、银川市、南昌市等。以下对部分主要省市有关城市更新和建筑垃圾处理的政策作简要汇总。

1. 北京

作为我国的首都及历史文化名城，城市更新需求大、任务重，地方政府对此也给予了高度的重视。据不完全统计，近三年来，北京市政府出台的相关政策、措施、通知等约四十项，包括《北京市城市更新专项规划（北京市"十四五"时期城市更新规划）》《北京市发改和改革委员会关于印发支持首都功能核心区利用简易楼腾退建设绿地或公益性设施实施办法的通知》（京发改规〔2021〕7 号）、《关于引入社会资本参与老旧小区改造的意见》（京建发〔2021〕121 号）、《北京市人民政府关于实施城市更新行动的指导意见》（京政发〔2021〕10 号）、《关于老旧小区综合整治实施适老化改造和无障碍环境建设的指导意见》《关于开展老旧楼宇更新改造工作的意见》（京规自发〔2021〕140 号）、《北京市规划和自然资源委员会 北京市住房和城乡建设委员会 北京市发展和改革委员会 北京市财政局关于老旧小区更新改造工作的意见》（京规自发〔2021〕120 号）《关于开展危旧楼房改建试点工作的意见》（京建发〔2020〕178 号）等。根据有关政策，北京市的规划定位为城市更新立足于首都城市战略定位，着眼新的历史时期发展的新要求、新期待，增强可持续发展能力。规划原则为：规划引领、街区统筹、总量管控、建筑为主、功能完善、提质增效、民生改善、品质提升，政府引导，多元参与。主要的更新方式为：更新改造公共服务、交通、市政、安全等设施，提升城市承载力；更新改造平房院落、老旧小区、危旧楼房和简易楼，保障居住安全，改善环境品质；实现老旧楼宇与传统商圈、低效产业园区与老旧厂房"腾笼换鸟"等产业更新改造，推动产业升级、激发经济活力。

2020 年 7 月发布《北京市建筑垃圾处置管理规定》，2022 年 7 月印发《北京市建筑垃圾专项治理三年（2022—2024 年）行动计划》，2022 年 11 月印发《关于进一步加强建筑垃圾分类处置和资源化综合利用工作的意见》（以下简称《意见》）全面鼓励装配式建筑，积极推广钢结构装配式住宅，以及工厂化预制、装配化施工、信息化管理建造模式，力争从源头上最大程度减少建筑垃圾产生。《意见》要求，按照资源类（工程渣土和工程泥浆）和处置类（工程垃圾、拆除垃圾和装修垃圾）对建筑垃圾进行分类利用或处置，并作出具体要求：

工程渣土实施直接利用，优先用于土地复垦、土壤改良、绿化造景和矿坑修复等生态建设修复工程，开槽砂石经建筑垃圾资源化处置场加工为再生砂石料后方可使用，杂填土鼓励就地筛分处置；工程泥浆采取就地清洗、泥沙分离等资源化处置方式，无法就地处置的，经晒干后与工程渣土协同利用；工程垃圾中的金属类弃料直接回用工程，无机非金属类弃料进行资源化处置加工为再生建材；拆除垃圾鼓励设置临时性建筑垃圾资源化处置设施进行处置；装修垃圾按就近原则选择具备装修垃圾分拣或处置能力的建筑垃圾资源化处置设施进行处置。《意见》还提出推进建筑垃圾资源化处置设施建设，将建筑垃圾资源化处置设施细化调整为就地处置设施、临时处置设施、固定处置设施；鼓励具备条件的施工单位，在工程红线内建设建筑垃圾筛分、破碎生产线，对建筑垃圾实施就地处置；除核心区外，每个区应具备不少于2～3处固定（或临时）处置设施。

2. 上海

2020年7月13日，上海市城市更新中心成立。2021年6月，上海市设立800亿元城市更新基金。同年9月1日，《上海城市更新条例》实施。在该条例中明确指出：坚持"留改拆"并举、以保留保护为主，遵循规划引领、统筹推进，政府推动、市场运作，数字赋能、绿色低碳，民生优先、共建共享的原则。上海的城市更新模式以"主导、国企实施"为主。上海市已选取外滩第二立面、老城厢地区、徐汇衡复地区、静安石门二路地区等10个城市更新单元开展试点工作，联动责任规划师、责任建筑师、责任评估师，开展"三师联创"工作，创新城市更新可持续发展模式。2017年9月发布《上海市建筑垃圾处理管理规定》。2021年6月发布修订后的《上海市建筑垃圾运输单位招投标管理办法》《上海市建筑垃圾运输许可证吊销程序规定》，2023年5月发布《关于依托网格化管理进一步加强建筑垃圾综合治理的通知》，加强对建筑垃圾处理的管理。

3. 广州

广州市近年来出台了多项城市更新政策，包括《广州市引入社会资本参与城镇老旧小区改造试行办法》《广州开发区西区工业用地处置及盘活再利用试行办法》《广州市老旧小区既有建筑活化利用实施办法》《广州市城市更新实现城产融合职住平衡的操作指引》《广东省村镇工业集聚区升级改造攻坚战三年行动方案（2021—2023年）》《广东省历史建筑和传统风貌建筑保护利用工作指引（试行）》《广州市旧厂房"工改工"类为改造项目实施指引》等。《广东省建筑垃圾管理条例》（以下简称《条例》）由广东省第十三届人民代表大会常务委员会第四十七次会议审议通过，并于2023年3月1日起施行。《条例》共二十三条，对建筑垃圾管理部门职责以及源头减量、联单管理、处理方案备案、运输、综合利用、消纳、跨区域平衡处置等内容作了规定。

4. 重庆

2021年末，重庆城镇化率已达到70.3%，居中西部前列，处于聚焦挖掘存量资源的发展阶段。2021年重庆市人民政府印发《重庆市城市更新管理办法》，并且近3年来在城市更新方面取得了显著的成果。例如：2022年累计完成11个片区路网更新，涉及项目145项。截至2022年底，全市绿色社区数量为1605个、占城市社区的比例为62.62%，超额完成住房和城乡建设部要求60%城市社区达到创建标准的目标任务。截至2022年底，全市已累计启动改造城镇老旧小区3993个、9227万 m^2，惠及居民99万户。住房和城乡建设部推广城市更新经验重庆有五项经验做法上榜。

此外，2014年重庆市发布《重庆市建筑垃圾管理规定》，2021年发布《建筑垃圾处理场设置规范》，2022年发布《重庆市中心城区建筑垃圾治理专项规划（2021—2035年）》（以下简称《规划》），其中提出至2035年底，重庆市中心城区工程垃圾、拆除垃圾、装修垃圾分类收集率达95%，建筑垃圾资源化利用率达82%，建筑垃圾综合利用率达85%，区级智能监管平台应用比例达100%。《规划》提出建筑垃圾全过程治理的规划目标与指标。以"减量化、资源化、无害化"为目标，建立有效的建筑垃圾治理体系，加强建筑垃圾全过程管理，实现建筑垃圾的综合利用，最大限度减少填埋量。《规划》强化对有条件的已封场建筑垃圾填埋场进行生态修复和景观绿化，增加城市绿色空间，推动形成城市绿色可持续发展方式。

5. 长沙

截至 2021 年底，长沙市建成区面积超 700km²，城镇化率达 83.2%，需要通过城市更新挖掘潜力，促进可持续发展。长沙市以城市体检为切入点，探索了开展城市体检、完善机制体系、制定项目计划、推动城市更新、评估治理效果、发布宜居指数的"六步工作法"，城市体检是方法，城市更新是手段，优化人居环境是目标。自 2019 年以来，长沙市累计改造 1270 个城镇老旧小区，惠及居民约 21.63 万户；改造棚户区 2045 万 m²，15.35 万户逾 46 万人喜圆"安居梦"；先后对白果园、潮宗街等 14 处历史文化街区、历史地段（街巷）实施有机更新，保护修缮 80 余处文物或历史建筑，建成历史步道约 70km 等。

2020 年湖南省出台了《湖南省城市建筑垃圾管理实施细则（暂行）》（2020 年 2 月 1 日起施行，有效期至 2022 年 1 月 31 日），建筑垃圾管理和处置利用实行减量化、资源化、无害化和谁产生、谁承担处置责任的原则。城市规划区内建筑垃圾处置利用实行特许经营，鼓励建筑垃圾处置利用特许经营企业（以下简称"处置利用企业"）一并开展建筑垃圾清运工作。对建筑垃圾的排放、清运、消纳及处置利用等作了明确的规定。

6. 浙江

浙江省为了进一步规范建筑垃圾处理，先后于 2023 年 1 月和 6 月出台了《浙江省建筑垃圾分类利用指导目录》和《浙江省建筑垃圾电子转移联单运行管理工作的实施意见》，以压实主体责任，加快建立完善建筑垃圾分类投收、分类运输、分类利用、分类处置体系，统筹做好建筑垃圾源头减量、分类管理、综合利用、消纳处置等各项工作，提升建筑垃圾治理水平，提倡建筑垃圾转移应当遵循"就地就近利用、市域统筹协调"原则，优先在各设区的市行政区域内综合利用和无害化处理，降低环境污染。同时，构建固体废物治理综合应用系统的子系统：浙江省建筑垃圾综合监管服务系统（以下简称"省建筑垃圾系统"），依法对全省建筑垃圾产生、收集、贮存、利用、处置等实施全过程监控和信息化管理。

7. 辽宁

2021 年通过《辽宁省城市更新条例》，2022 年印发《沈阳市加强建筑垃圾资源化综合利用工作实施意见》（以下简称《实施意见》），2023 年 1 月《辽宁建筑垃圾处置与资源化利用技术规程》（征求意见稿）已完成。根据《实施意见》，到 2025 年，建筑垃圾处置利用能力缺口基本补齐，资源化利用能力和水平明显提升，历史堆存建筑垃圾基本得到安全处置，建筑垃圾综合利用率达到 75% 以上，达到全国一流水平，实现建筑垃圾排放减量化、运输规范化、处置资源化。主要任务包括推进建筑垃圾源头减量工作、加强建筑垃圾分类处置利用和资源化处理厂能力建设，加强资源化再生产品推广应用、技术支持及保障和再生产品应用管理力度。

沈阳市政府于 2021 年发布《沈阳市城市更新管理办法》，鼓励存量资源发展文创、养老等产业，合理引导居民出资参与更新改造。利用"边角地""夹心地""插花地"建设口袋公园、环卫设施，鼓励存量资源发展文创、养老等产业，合理引导居民出资参与更新改造。

大连市政府于 2015 年发布《大连市建筑垃圾排放管理规定》，2021 年 12 月发布《大连市城市更新管理暂行办法》，明确了城市更新内容、适用范围、工作机制、工作流程、支持政策、风险防控等内容。

8. 深圳

深圳市人民代表大会常务委员会于 2020 年 12 月通过了《深圳经济特区城市更新条例》（以下简称《条例》），其中对城市更新的规划与计划、拆除重建类城市更新、综合整治类城市更新及保障和监督等事项作了详细的规定。市场化运作是该市城市更新的重要机制创新。《条例》贯彻落实实施方案的要求，在全国率先探索城市更新市场化运作路径，在坚持政府统筹的前提下，主要实行市场化运作模式，由物业权利人自主选择的开发建设单位（以下统称"市场主体"）负责申报更新单元计划、编制更新单元规划、开展搬迁谈判、组织项目实施等活动，充分发挥市场对资源配置的决定性作用。

深圳市政府于 2020 年 6 月发布了《深圳市建筑废弃物管理办法》，于 2021 年 3 月发布《深圳特区城市更新条例》，要求建筑废弃物处置应当遵循"谁产生、谁负责"的原则，符合减量化、资源化、无害化的要求，并对排放、运输、消纳、监督等事宜作了细化规定。

9. 南京

南京市政府于 2019 年发布《南京市建筑垃圾资源化利用管理办法最新 2019 版》（简称《管理办法》），2022 年 3 月发布《南京市城市更新试点实施方案》；其中，《管理办法》要求建筑垃圾资源化利用应当遵循统筹规划、政府引导、市场运作的原则，实现建筑垃圾的减量化、资源化、绿色化。市、区人民政府和江北新区管理机构加强建筑垃圾资源化利用工作的组织领导，建立与建筑垃圾资源化利用活动相适应的管理、考核和经费保障机制，协调处理管理中的重大事项。街道办事处、镇人民政府应当配合做好辖区内建筑垃圾资源化利用的相关工作。

10. 成都

近年来发布了多项条例、通知等推动城市更新。例如，2019 年发布关于"中优"区域内利用老旧厂房及其他非住宅性空闲房屋发展新产业、新业态、新商业实施流程的通知，成都市公园城市街道一体化设计导则、成都市公园社区人居环境营建导则；2021 年发布《都市城市有机更新实施办法》《关于国有土地上房屋征收与补偿有关问题的通知》《关于进一步推进"中优"区域城市有机更新用地支持措施的通知》；2023 年 6 月发布《成都市城市更新建设规划（2022—2025 年）（征求意见稿）》，住房和城乡建设部推广城市更新经验成都两项经验做法上榜。成都划定城市更新单元 173 个，截至 2022 年底完成项目包装入库 86 个，已启动投资建设 70 个，累计完成投资 480 亿元。

《成都市建筑垃圾处置管理条例》于 2014 年颁布实施，其中对监管职责、排放证办理、排放告知、"两员"管理（排放管理员、运输管理员）、运输管理、消纳场规划与建设、处置收费、资源化利用及执法监管等都作了规定。

11. 西安

2019 年 3 月发布《西安市工业企业旧厂区改造利用实施办法》，西安市政府于 2021 年 10 月发布《西安市城市更新办法》，2023 年 8 月发布《关于进一步完善财政出资基金设立及运营管理机制的实施方案》。西安市 2022 年《政府工作报告》显示，入选全国第一批城市更新试点以来，2022 全年改造老旧小区 753 个、880 余万 m²，落地架空线 267km，新建和改造提升绿地广场、口袋公园 169 个，新建绿道 511km，新增城市绿地 1618 万 m²。

2012 年西安市颁布实施了《西安市建筑垃圾管理条例》，其中对垃圾倾倒的审批过程、清运路线、消纳场所及管理部门作了规定。2022 年西安市研究编制了《西安市"十四五"时期"无废城市"建设实施方案》（以下简称《实施方案》）。《实施方案》设定了 54 项建设指标体系，涵盖固体废物源头减量、固体废物资源化利用、固体废物最终处置、群众获得感、保障能力 5 个方面；明确了以一般工业固体废物、农业废弃物、生活垃圾、建筑垃圾、危险废物为重点，推进固体废物源头减量、资源化利用和无害化处置等六大重点任务。2023 年 8 月西安市城市管理和综合执法局制定了《西安市建筑垃圾全过程管理工作指引》，统一了审批流程，明确了工作标准，细化了监管要求，以规范建筑垃圾的清运秩序。

1.5 国内外城市更新改造固体废弃物处理及利用的状况

1.5.1 国外基本情况

城市更新改造建筑垃圾的处理和利用是国际社会长期关注的热点问题，国外一些发达国家对其处理方式和再利用时间较早、研究较早，相关的法律政策、技术以及回收市场研究也较为成熟。苏联学者格拉斯（1946）首次提出了"建筑垃圾再利用"这一概念，开启了世界对建筑垃圾循环再利用的研究新领域。斯科普（1997）针对当地建筑垃圾造成的环境污染、土地浪费等问题，提出将建筑垃圾转化为可循环利用的物资，并通过资本市场化的方式进行处理，从而形成一条产业链。金贝特（1997）将建筑垃圾的资源化过程划分为六个阶段：控制—分拣—使用—循环—焚烧—填埋。安德斯巴（2003）提出了一种基于环境、经济和社会三个层面的建筑垃圾回收使用的模式，对环境保护与资源的合理配置具有重要的借鉴意义。各国城市更新改造固体废弃物处理及利用的状况如下：

1. 美国固体废弃物处理及利用状况

美国环保部（EPA）自 1960 年开始对美国城市固体废物情况开展统计用以评估其可持续物料管理（Sustainable Materials Management）的开展情况。美国在 2018 年发布了《Advancing Sustainable Materials Management：2018 Fact Sheet》，主要对美国的城市固体废弃物的产生、回收、堆肥、管理、燃烧、能源回收和填埋的信息进行了总结统计。2018 年全美共产生城市固体废物 2.92 亿 t，主要处置途径包括填埋（50%）、回收利用（23.6%）、焚烧能源利用（11.8%）、堆肥（8.5%）和其他处理途径（主要为食品，6.1%）。资源化利用总体占比 32.1%（不含能量回收）。

美国城市固体废物的资源化利用率从 1980 年的不到 10% 上升到了 2017 年的 35%，2018 年为 32.1%。其中，回收利用率自 1980 年的 1450 万 t（9.6%）上升至了 2018 年的 6900 万 t（23.6%）；堆肥率在 1980 年几乎为零，而在 2018 年达到 2490 万 t（8.5%）。

美国在建筑废弃物回收利用领域，构建了一整套综合、完整、有效且完善的管理体系。美国每年因建造项目产生的废弃物达 3 亿 t 左右，占美国垃圾总量的 40%。通过精心分拣、筛选和其他高级作业处置后，可以使废弃物资源化利用率达到 90% 以上。

美国作为一个发达的工业大国，在建筑垃圾资源化运用领域获得了突出的成绩，其政策制定和法规颁布更是完善、系统和全面的，为建筑垃圾的有效使用提供了有力的指导和规范。1980 年颁布的《超级基金法》，从立法层面上规范了"凡是制造有工业垃圾的公司，应当进行妥当处置，不准擅自任意倾卸"，并从产生的社会根源上对建设垃圾处理场进行了相应的约束，以促进建设方、承包商、个人自觉或主动地将工业生产垃圾运输至可再生公司，实现资源化使用。美国在城市更新中对建筑垃圾进行了一系列的处置，鼓励以可持续方式处置建筑废弃物，鼓励建筑业采取绿色建筑的原则，其中包含废弃物减量、回收和再利用。

2. 澳大利亚固体废弃物处理及利用状况

澳大利亚政府对于有害垃圾处理问题高度重视，采取了一系列有力的环保政策。澳大利亚政府于 2009 年 11 月发布《国家废物政策：更少废物，更多资源》（以下简称《国家废物政策》）。《国家废物政策》旨在避免废弃物的产生，将废弃物转化为资源，确保废弃物处理、处置、回收和再利用方式的安全、科学和环保。澳大利亚的《国家废物处理政策行动计划》（National Waste Policy Action Plan）是澳大利亚政府的一项重要政策文件，旨在指导和促进澳大利亚的废物管理和废物资源回收。2019 年国家废物政策行动计划，包括了实施 2018 年国家废物政策的目标和行动。这些目标和行动计划指导澳大利亚废弃物管理和资源回收行动。

澳大利亚主要实施六项固体废物管理政策，包括垃圾填埋场禁令（LB）政策、内部危险品跟踪（IHT）政策、垃圾填埋征税（LL）政策、战略目标（ST）政策和一次性购物袋禁令（SSBB）政策。然而，澳大利亚政府并不直接立法管理建筑和拆除废弃物。澳大利亚的废弃物管理和资源回收取决于各州和地区的监管框架。各州和地区的政策框架各不相同，但有共同的主题和方向，包括对废物安全管理的承诺、实施废物等级和向循环经济过渡的要求。

有报告指出，澳大利亚的建筑和拆除废物产生量在过去几年内不断增加，主要是由于建筑活动的增加，包括住宅和商业建设，导致了更多的废弃建材和拆除废物产生。2019~2020 年，固体废物管理（垃圾填埋、生物处理和焚烧）直接排放了 980 万二氧化碳当量（CO_2-eq），相当于澳大利亚排放总量的 2.0%。来自垃圾填埋场的甲烷占这些排放量的 97%。澳大利亚采用了多种废弃物处理方法，包括填埋、焚烧和回收，但填埋和焚烧会对环境造成负面影响，并且浪费潜在资源，因此推动更多的回收和再利用变得尤为重要。为了促进可持续处理和再利用，澳大利亚各级政府采取了一系列政策措施，包括建立废物分类和回收目标、支持创新技术和过程以提高回收率、鼓励可持续设计和建筑等。

3. 新加坡固体废弃物处理及利用状况

新加坡于 2002 年 8 月开始推行"绿色宏图 2012 废物减量行动计划"，将垃圾减量作为重要发展目标。在建筑领域，建筑工程广泛采用绿色设计、绿色施工理念，优化建筑流程，大量采用预制构件，减少现场施工量，延长建筑设计使用寿命并预留改造空间和接口，以减少建筑垃圾产生。同时，对建筑垃圾收取每吨 77 新元的堆填处置费，增加建筑垃圾排放成本，以减少建筑垃圾排放。

新加坡国土面积有限，为了缓解巨大的生态环境压力，新加坡较早开始研究建筑垃圾资源化，并通过定制一系列的管理政策和措施，加强建筑垃圾管理，提高建筑垃圾资源化利用率，已经取得了较好的成效。据统计，新加坡每年的建筑垃圾产生量大约为150万t，主要来源于居住建筑、商业建筑及工厂厂房的拆除，其中建筑垃圾构成主要以废弃混凝土为主。根据新加坡国家环境局数据显示，2014年新加坡的建筑垃圾资源化回收利用率已经达到了99%。

近几年新加坡总废弃物产生量也在增加，从2020～2021年，总废弃物产生量增加了约106.4万t（大约18%的增长），废弃物产生量呈现增加趋势。总废弃物回收量从2020～2021年增加了约78.6万t（大约有26%的增长），回收率有了显著提高。2021年的总废弃物回收率为55%，较2020年的52%有所上升，这反映在废弃物回收方面做出的积极行动。总的来讲，虽然2021年的总废弃物产生量增加，但总体回收率也有所提高，表明新加坡正在朝着更可持续的废弃物管理方向迈出积极的步伐。

4. 日本固体废弃物处理及利用状况

日本是个国土小、资源稀少的国家，非常注重对资源的合理利用，避免造成浪费。在日本，建筑垃圾被称为"建设副产物"，对建筑垃圾资源化利用可追溯到20世纪60年代，对建筑垃圾的分类可细化为20余种，对不同的类别采取不同的有针对性的法律法规。从1974年起在建筑协会中设立了"建筑废弃物再利用委员会"，在再生骨料和再生骨料混凝土方面取得了大量研究成果，并于1997年制定了《再生骨料和再生混凝土使用规范》。此后相继在全国各地建立了以处理拆除混凝土为主的再生工厂。日本对于处理建筑垃圾的主导方针是，尽可能不从施工现场排出垃圾，建筑垃圾要尽可能重新利用。

2003年，东京都城市整备局发布了《促进东京都特殊建筑材料拆除以及特殊建筑材料垃圾再利用相关指导方针》，以鼓励包括混凝土块、水泥块等在内的特殊建筑物废弃物的回收使用。为了更好地推广再生制品，东京都政府对再生制品作出了详细分级，规定再生制品价格要低于原生物品，并在建造过程中要率先采用再生制品，这样一来，加快了再生制品的推广应用。自2007年起，东京都政府对所有建筑拆除工程，派专人现场指导，包括建筑垃圾的分类、储存、装卸和处置等；对于违反规定处置建筑垃圾的行为，追责至建筑企业、施工部门、承包商，以有效遏制违法投放行为。在2011年，东京实行"垃圾处理法案"，规定建筑垃圾产出经营者承担起处理责任，在施工前进行施工备案，同时发布建筑垃圾妥善处理公告，并与建筑垃圾处理经营者签订合同，以确保建筑垃圾处置的有效性和安全性，使日本在全球范围内成为对建筑垃圾处理方面立法最为完善的国家，在建筑垃圾源头产生、运送到末端处置形成了一整套处理体系，整体资源化利用率可达99%。

5. 韩国固体废弃物处理及利用状况

韩国重视建筑垃圾回收利用，为此在2002年提出法案，并于2003年制定了《建筑废弃物再生促进法》，2005年、2006年又先后进行了两次修订，其中包含了促进建筑废弃物再利用的三大推进政策：一是提高循环骨料建设现场的实际再利用率；二是建筑废弃物减量化；三是妥善处理建设废弃物。明确了政府、企业的义务，明确了对建筑垃圾处理企业资本、规模、设施、技术能力的要求。

《建筑废弃物再生促进法》目的是通过促进对建筑工程中产生的建筑废弃物适当的环保处理和回收等，来促进资源的有效利用。根据该法案，政府设定了建筑垃圾回收率的具体目标。这些目标包括建筑垃圾中不同类型材料的回收率，例如混凝土、砖瓦、木材等。建筑商和废弃物处理公司需要努力实现这些目标。该法案要求建筑工地必须对产生的废弃材料进行分类，并将可回收材料分开收集和储存。这包括建筑废弃物中的各种材料，如砖瓦、混凝土、金属、玻璃、塑料等。这些材料随后可以用于再生利用或回收。

韩国通过《建筑废弃物再生促进法》推动建筑废弃物的回收和再生。城市更新项目普遍采用建筑废弃物再生材料，如再生砖块和再生混凝土。政府还提供了激励措施，鼓励建筑业采用回收的材料。

6. 英国固体废弃物处理及利用状况

英国拆建过程建筑垃圾的管理注重施工现场对废物流的充分分类。英国《可持续建筑战略（2008）》制订了削减建筑垃圾填埋量的目标，主要包括到 2020 年，（拆建工程）建筑垃圾的再利用及循环利用率达到 70%。英国拆建产生的建筑垃圾循环利用率从 2010 年起，稳步提升至 90%，远超《可持续建筑战略（2008）》设定的远期目标。英国政府 1996 年起实施基于单位重量计费的垃圾填埋征税政策，该税率逐年增长，自 2016 年起，填埋活性垃圾涨至 84.4 英镑/t、惰性垃圾 2.65 英镑/t。《填埋税》的最终目标是确保污染产生者为废弃物管理付费。研究表明，垃圾填埋税极大促进了英国的建筑垃圾管理。英国另一项经济激励措施是《骨料税》，即对购买诸如砂石等原生建材骨料征税 2 英镑/t。该项征税措施亦致力于促进再生建材骨料市场的扩大。

英国政府启动了一系列资源利用率扶助项目，例如废弃物及资源行动计划项目（Waste&Resource Action Programme，简称 WRAP）。该项目由英国环境、食品与农村事务部拨款给专业的环境咨询机构运营，旨在通过宣传、制定导则、提供咨询等服务，推动生态设计、促进企业的资源综合利用、推广节约消费、完善循环利用设施等社会各领域的废弃物削减活动。在促进建筑垃圾循环利用方面，WRAP 组织政府部门及建筑企业签署了促进建筑业可持续发展的自愿协议——在 5 年内将建筑垃圾的填埋量削减 50%，在英格兰地区取得积极响应。

另外，WRAP 联合英国环境署发布了《质量草案》，制定了特定废弃物生产产品的标准。如果再生产品的生产过程符合这些标准，就可以认证该产品不会对人类健康或环境造成伤害。其中，《质量草案（利用惰性垃圾生产骨料）》基于实践论证，汇总了英国目前利用废渣生产再生建材的最佳做法，以期引导市场对此类再生建材的信心，推动大规模的回收和循环使用。

7. 德国固体废弃物处理及利用状况

德国以严格的废弃物管理法规著称，城市更新项目须符合这些法规，包括废物分类、回收和再利用。可持续建筑材料的使用在城市更新中得到了推动，包括再生混凝土和再生玻璃。第二次世界大战期间，德国汉堡遭受了英国军队连续实施的几次大规模炮击，整座城市遭受了毁灭性的损害，超过 80% 的建筑遭到了严重损毁。战后，对于城市的重建则需要大量建筑材料予以支撑，重建过程非常困难。经过汉堡政府的深入研究，采取了循环经济理论，并结合当时最新的科技和设备，大量利用建筑废弃物来修复城市，最终获得了"2011 欧洲绿色首都"的荣誉称号，成为欧盟最具环保意识的都市之一。

德国是世界上建筑废弃物管理最成功的国家之一，德国高资源利用率的背后是其完备的废弃物处理法律体系和成熟的废弃物管理系统的支撑，而贯穿其中的废弃物层级管理

（Waste Hierarchy）更是发挥了决定性作用。废弃物层级管理是指明废弃物处理方式优先顺序的一个过程，其目标是保护环境、节约资源以及使废弃物产生量最小化。废弃物层级管理将防止废弃物产生（Prevention）置于最优先的位置；当废弃物产生后，优先顺序由高到低依次为再利用（Reuse）、回收利用（Recycling）、其他再生利用（Other Recovery），最后是处置（Disposal）。其层级管理思想充分体现了可持续的废弃物管理和循环利用的基本原则。

2012 年 12 月 5 日，联邦行政法院裁定该废弃物终止状态的标准适用于建筑废弃物。依据这一标准，建筑废弃物层级管理的客体被划分为"废弃物"（Waste）和"非废弃物"（Non-Waste）两大类。区分废弃物和非废弃物的目的在于明确废弃物层级管理的边界，"避免源于不同层面的废弃物概念的混淆"。不同的建筑废弃物层级适用各自的客体对象。需要指出的是，"防止产生"是五个层级中唯一的客体范畴为"非废弃物"的层级，这充分展现了德国将建筑废弃物防止产生作为建筑废弃物管理最优先选项的鲜明立场。

从以上可看出，各国在城市更新、建筑垃圾处理等领域都采取了积极的措施，以达到减量化、资源化、可持续发展的目的。他们的成功对于世界各国都具有启示和参考价值。

1.5.2 国内基本情况

我国在相当长的一段时间内受到建筑垃圾对环境影响的困扰，直到 2000 年，建筑垃圾在沿海发达城市引发了许多环境问题，这才引起了学者们的关注，开始提倡循环经济。侯蔼发（1988）在我国首次提及"建筑垃圾循环利用"的概念，但在当时并未得到广大学者的重视。王磊和赵勇（2011）在国外先进建筑垃圾循环利用的基础上，提出建立健全我国建筑垃圾法律法规体系、构筑多级循环利用模式和培育建筑垃圾利用产业体系的建议。雷秀玲等（2017）针对建筑垃圾组成复杂性、稳定性差等特点，对建筑垃圾的低分拣循环使用模式进行了研究。高云甫等（2019）对西宁市建筑垃圾的资源化利用状况进行了调查研究，得出的结论是尽管该地区建筑废弃物的处置能力已具备了一定的填埋量，但其资源化程度还不够高，尚未形成一个完善的处理体系。樊兴华（2020）提出了再生骨料无机结合料的种类和配合比设计，提出了在特定配合比条件下的再生砖石可用于道路建设的新思路。刘光富等（2021）在对中国建筑废弃物回收利用现状进行分析的基础上，提出了"加大政府对建筑垃圾回收处理企业的扶持力度，加强对建筑垃圾流向的宏观调控，建设大规模的综合处置基地，建立信息平台与产业数据库"等对策。

总而言之，我国对城市更新改造建筑垃圾资源化再处理和再利用的探索起步比较晚，且最近十年来的研究结果比较集中，尽管不少学者从不同的角度提出了一些切实可行的建议和实施路径，但大多数都是以国外的成功经验为基础来对我国或者特定的城市的处理现状、存在的问题进行分析，其中的对策缺少创新性。目前建筑垃圾回收利用的研究尚属空白，针对回收利用的研究也才刚刚起步，有关回收利用的研究尚不充分，亟待深入研究探索。

1. 固体废弃物处理状况

城市固体废弃物产生量随着城市化进程的加快而逐年增加，国家统计局数据显示，从 2000～2019 年间，全国城市固体废弃物清运量已从 11818.8 万 t 上升至 24206.2 万 t，增长了 1.08 倍。城市建筑是城市构成的物质基础，不断加速的城镇化进程促进城市建筑更新代谢，建筑垃圾的产量也急剧增加，面临着"城市固体废弃物围城"的困境。

当前我国建筑垃圾处理主要通过填埋或者焚烧，由于建筑废弃物本身成分复杂，并且含有大量有害物质，若处理不好将会对环境产生严重污染，常规处理方法需要占用大量土地资源，还会造成一系列严重的环境问题，如水资源被污染、能源被大量消耗、有害气体大量排放等。推进建筑垃圾治理与资源化利用是当务之急。2018年12月，国务院办公厅在《关于印发"无废城市"建设试点工作方案的通知》中明确提出"开展建筑垃圾治理，提高源头减量及资源化利用水平"的相关要求，标志着我国开始了"无废城市"建设试点工作，建筑垃圾资源化利用由此成为建设"无废城市"的一项重要措施手段。

但如今我国建筑垃圾资源化利用仍处于起步阶段，相比之下西方先进国家的建筑垃圾资源化利用已经相当成熟，其资源化利用率可高达90%～95%，而我国建筑废弃物的总体资源化利用率低于10%。如何提高建筑垃圾资源化利用水平是当前我国建筑领域的重要任务。

2. 固体废弃物处理与利用技术应用状况

建筑垃圾处理方式大体可分为两种，一种是堆放与填埋，另一种是进行综合利用。我国建筑垃圾综合利用率低于10%，堆放与填埋是大部分城市主要建筑垃圾处理方式。造成这种现象其中一个很大的原因就在于，我国部分城市对于违规堆放和填埋建筑垃圾缺乏严格规定，处罚风险低、力度小，使得很多企业还是选择堆放和填埋。目前我国固体废弃物处理技术如下：

（1）城市固体废弃物的堆肥处理技术。我国对城市固体废弃物采用堆肥的处理方式，就是发挥微生物的代谢作用对垃圾中所含有的有机物进行分解，之后就转化成各种有机质，使固体废弃物变成肥料，从而垃圾被再生利用。另外，在城市固体废弃物生产肥料的基础上引入有益微生物，利用城市固体废弃物本身特性生产富含有机质的生物肥料，即生物活性肥料。

（2）城市固体废弃物的焚烧处理技术。即城市固体废弃物的焚烧处理方法，顾名思义，就是将固体废弃物采用焚烧处理的方式。通常的做法是将固体废弃物投入燃烧炉中燃烧，处于高温的条件下的固体废弃物会与氧气发生反应，释放出一定的能量。目前国内的焚烧技术有以下三种：层燃式焚烧、流化床式焚烧、回转窑式焚烧。

（3）对城市固体废弃物的填埋处理技术。国内对城市固体废弃物的填埋处理中，主要采用两种方式：第一种方式为直接填埋处理，采用直接填埋处理方法，就是将固体废弃物直接填入坑中，进行压实处理，在垃圾中所含有的有机物就能够得到分解。采用这种固体废弃物处理技术成本低、容易操作，但是会污染到地下水源。第二种方式为卫生填埋处理，即将固体废弃物填埋到特定的场地中，做好防渗处理和覆土工作，采用气体导排设施将固体废弃物中所含有的气体排除，可以避免污染地下水源，也不会造成空气污染。这种固体废弃物处理方法投入的资金少、容量大，效果良好，但封闭性高，因此成本高。

（4）利用固体废弃物作为替代燃料。除了焚烧处理方法，还有其他方法处理城市固体废弃物，如澳大利亚有相关工程实践，将具有高燃烧值的相关城市固体废弃物（如皮革、木材、硬塑料等）研磨后混合，已有使用传统燃料的制造企业如水泥厂使用该产品作为替代燃料。

（5）固体废弃物再生利用技术。固体废弃物再生利用技术涵盖了多个方面，旨在实现资源的有效回收和环境的可持续发展。主要技术包括：一是再生建材的技术，通过将建筑垃圾进行加工处理，将其转化为具备一定强度和耐久性的新型建材。二是建筑垃圾资源化利用技术，在建筑垃圾能源化利用中，涌现出许多创新技术和应用，如热能、电能或生物质能源等。

3. 国内外对比

近几年，中国在固体废弃物处理及利用中取得了很大成绩，但与国外先进国家相比，还有较大差距，主要体现在以下几个方面：

（1）建筑垃圾回收率低

早在 20 世纪 60 年代，西方发达国家就已经涉足对建筑垃圾资源化循环再利用，德国是在全球范围内最先实施建筑垃圾资源化利用的国家。由于第二次世界大战期间德国大量城市被摧毁，德国在重建过程中就已开始采取循环利用的措施，以减少建筑垃圾的排放，节约重建成本，同时也保护了环境。随着时间的推移，很多发达国家都已开始注重在城市发展进程中对建筑垃圾资源化进行再利用，并经过持续的探索累积了宝贵的经验，且成果非常显著。例如：德国的建筑垃圾资源化利用率已达到 87%，美国为 90%，日本为99%。中国在建筑废弃物资源化利用方面的研发与运用比较晚，近几年取得了一些成绩，有部分省市实现了先期试点工作且相当的成功，比如长沙的建筑垃圾资源化率达到了40%，西安达到了 50%，都远远超过了中国 10% 的平均水平。

（2）建筑垃圾处理技术相对薄弱

随着环境问题越发严重，绿色环保的发展理念已深得人心，人们越来越希望建筑垃圾能够被循环利用起来。但是建筑垃圾相比于普通材料在性能与结构上存在很大的差异，要将建筑垃圾变废为宝，安全有效的利用在以后的施工项目中，需要较为复杂与先进的处理技术及设备来支撑。而我国在建筑垃圾处理方面起步较晚，相应的处理技术相对薄弱，各方面的指标参数还不标准。所以在处理技术的研究和处理设备的购入方面，需要加大投入力度，为建筑垃圾的循环利用打下根基。为了更有效地处理和应用建筑垃圾，我国需要加强技术创新和研发。这包括开发更高效的建筑垃圾处理设备、推广绿色建筑技术和再生建筑材料，以及建立数字化建筑垃圾管理系统。技术创新将有助于提高建筑垃圾的回收和再利用率。

（3）相关法律法规不完善

由上述介绍的国外情况，可看出国外在固体废弃物处理上，法律健全。而我国在相关法律法规的建设上还存在许多漏洞。最近几年我国颁布了一系列相关的法律法规，地方政府也颁发了有关固体废弃物处理和利用的地方性法规，但是相比于对固体废弃物利用较好的国家，我国相对应的法律法规还存在很大的提升空间。相关的标准体系不匹配，法律法规不完善，在实际运用中缺乏执行力。因此，当前我国非常需要一套系统完善的法律法规，用来实质性解决建筑垃圾处理问题，从而使施工单位提升其建筑垃圾的回收利用率。

（4）公众意识仍需提高

公众意识的提高对于实现可持续城市更新起着关键作用。公众对建筑垃圾处理和再利用的重要性的认知仍然有限。在城市更新过程中，居民和企业需要更多的教育和宣传，以鼓励他们积极参与废弃物分类、回收和再利用活动。

总之，我国城市更新建筑垃圾处理与应用面临的挑战和问题是显而易见的。政府、企业和社会各界应共同努力,建立更加规范和可持续的建筑垃圾管理体系,提高资源回收和再利用率,推动城市更新更加环保和可持续。此外,加强公众教育和技术创新也是实现这一目标的重要步骤。只有在全社会的共同努力下,才能实现城市更新建筑垃圾处理与应用的可持续发展。

1.6 行业分析和发展趋势

中国城市更新建筑垃圾处理与应用,给行业发展带来了重大机遇与挑战。随着我国城镇化进程的加快,建筑垃圾的产生日益增多,环境与可持续发展问题日益突出。本部分将分析目前的建筑垃圾行业状况,并预测未来的发展趋势。

1.6.1 行业分析

1. 政府出台一系列政策,支持行业发展

中国政府非常重视固体废弃物处理与利用,从 2016 年起,涉及固体废弃物资源化的国家政策频繁推出,为建筑垃圾处理行业的发展指明了方向。2016 年 2 月,《关于进一步加强城市规划建设管理工作的若干意见》,首次明确提出力争用 5 年左右时间,基本建立建筑垃圾回收和再生利用体系的时间表。2017 年 5 月,《循环发展引领行动》指出,到 2020 年我国城市建筑垃圾资源化处理率要达到 13%。2017 年 10 月,《关于推进资源循环利用基地建设的指导意见》指出到 2020 年在全国范围内布局建设 50 个左右资源循环利用基地。2018 年 3 月,《关于开展建筑垃圾治理试点工作的通知》将全国 35 个城市列为建筑垃圾治理试点城市。2020 年 4 月,新修订的《中华人民共和国固体废物污染环境防治法》,将“建筑垃圾”从固废法中的“生活垃圾”单独分出来,作为单一大类进行管理,有利于“建筑垃圾”在各个领域独立管理。2020 年 5 月,《关于推进建筑垃圾减量化的指导意见》要求,到 2020 年年底,各地区建筑垃圾减量化工作机制初步建立。2021 年国家发展改革委、科技部、工业和信息化部、财政部、自然资源部、生态环境部、住房和城乡建设部、农业农村部、市场监管总局、国管局十部门联合发布了《关于“十四五”大宗固体废弃物综合利用的指导意见》(以下简称《指导意见》),要求全面提高资源利用效率,推动生态文明建设,促进高质量发展。《指导意见》指出,鼓励建筑垃圾再生骨料及制品在建筑工程和道路工程中的应用。中央十部门《指导意见》是指导 2021~2025 年间大宗固体废弃物综合利用的纲领性文件,《指导意见》的发布大大推动了建筑固废资源化制备再生骨料产业的发展。

2. 建筑垃圾规模呈上升趋势

随着旧住宅区和厂区改造、城中村拆除改造等事项的开展,我国建筑垃圾产量日益增加。图 1-1 为 2015~2021 年我国建筑垃圾产量及增速,从图 1-1 可看出,我国建筑垃圾产量各年不断攀升,从 2015 年的 20.74 亿 t,增加到 2021 年的 32.09 亿 t,年均增长率为9.12%。这巨大的垃圾量对环境和资源构成了威胁,也给相关产业发展带来了机遇。

3. 建筑垃圾处理资源化利用前景广阔

由于建筑垃圾处理市场的稳定发展和建筑垃圾资源化利用再生骨料的广泛应用,建筑垃圾资源化利用再生骨料市场规模快速增长。2016~2021 年,我国建筑垃圾资源化利用

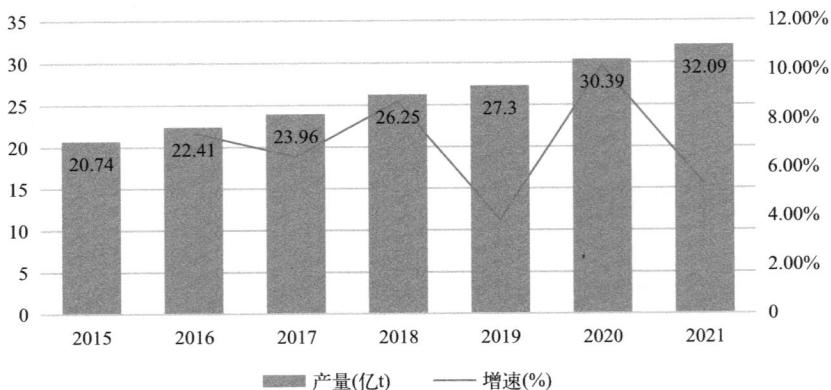

图 1-1 2015～2021 年我国建筑垃圾产量及增速

再生骨料销售收入由 15 亿元增至 38 亿元，复合年增长率为 20.4%。建筑垃圾处理资源化利用前景广阔。近年来，由于环保政策的持续实施，我国建筑垃圾处理与资源化利用市场的总收入经历了快速增长，总收入由 2016 年的 32 亿元增加至 2021 年的 66 亿元，复合年增长率为 15.6%，预计 2023 年将达到 98 亿元。

2021 年发布《关于"十四五"大宗固体废弃物综合利用的指导意见》（发改环资〔2021〕381 号），要求到 2025 年，煤矸石、粉煤灰、尾矿（共伴生矿）、冶炼渣、工业副产石膏、建筑垃圾、农作物秸秆等大宗固体废弃物的综合利用能力显著提升，利用规模不断扩大，新增大宗固体废弃物综合利用率达到 60%，存量大宗固体废弃物有序减少。2022 年，生态环境部公布"十四五"时期"无废城市"建设名单，大力推行"无废城市"的建设。在政策的推动下，建筑垃圾处理资源化利用前景广阔。

4. 建筑垃圾资源化率不断提高

我国建筑垃圾的回收和再利用率相对较低，尤其是再生建筑材料的利用率。部分原因是缺乏有效的建筑垃圾分类和回收体系，以及市场对再生建筑材料的认知度不高。在政策的推动下，多个地方积极响应，纷纷针对建筑垃圾出台了相关管理办法，其中山西提出，原则上不得再新设建筑垃圾填埋场，到 2020 年，各设区市至少建成 1 个建筑垃圾资源化利用设施，建筑垃圾资源化利用率达到 30% 以上；安徽提出到 2020 年，省辖市建筑垃圾资源化利用率计划达到 70% 以上。此外，河北、贵州、青海、湖南、云南、河南郑州、山东烟台、陕西西安等多个省市也明确提出了 2020 年资源化利用率的具体目标。从开展建筑垃圾治理试点的 35 个城市（区）统计来看，2019 年试点区域建筑垃圾的产生量为13.7 亿 t，推算全国建筑垃圾总量不低于 35 亿 t/年。试点城市通过"临时＋永久"及"现场＋固定"等布局和模式来设置资源化设施，已建设资源化项目总数为 445 个，总处理能力 3.12 亿 t/年，资源化利用率已达 22%。随着再生产品的生产与应用实践逐步深入，越来越多的产品应用技术趋于成熟，建筑垃圾资源化率不断提高。

1.6.2 行业发展趋势展望

通过我国有关建筑垃圾处理的法律法规相继的出台可以看出，建筑垃圾的处理及资源化利用已经受到重视。尤其是近几年，我国一些地方政府、科研院所、高等院校的科研人员和一些相关企业，已经逐步认识到了科学处置和综合利用建筑垃圾对于节约资源、美化环境的重要性，以及对于促进当地经济和社会发展的深远意义，看到了潜在的市场前景。逐步开始对建筑垃圾的综合利用进行了许多探索性研究和一些有益的实践。中国建筑垃圾处理和利用行业发展呈现如下趋势：

1. 政府政策进一步推动行业规模化发展

2020 年，中国政府公布了碳达峰和碳中和的目标，并提出了于 2030 年应对气候变化国家自主贡献的目标，努力争取 2060 年前实现碳中和。2021 年，《关于加快建立健全绿色低碳循环发展经济体系的指导意见》中提出建立绿色低碳循环发展经济体系，以确保实现碳达峰和碳中和。固体废弃物资源化利用对节约和替代原生资源及有效减少碳排放量起重要作用，是实现碳达峰和碳中和目标的有力手段。因此，碳达峰及碳中和等政府政策将进一步推动固体废弃物处理与资源化利用市场的发展。

2. 多元化的回收产品成为新的业务增长点，市场前景广阔

建筑垃圾资源化利用再生骨料，以及以再生骨料作为原料经进一步处理制成的再生砖和再生混凝土等回收产品，已被广泛应用到市政道路和高速公路建设及园林建筑中。在国家"十四五"规划和"双碳"目标的历史背景下，建筑垃圾的高效资源化利用成为其重要目标。伴随政策导向的变化，各级政府对建筑垃圾资源化处理工作的重视程度在逐步加深，行业标准规范体系更加重视环境污染防治以及再生产品应用范围的延展。随着"双碳"目标的推进，城市建设开启了以绿色转型为引领的新篇章。建筑垃圾处理技术的未来发展会贯穿整个建筑生命周期，成为绿色建造的物质基础，建筑垃圾回收与利用将成为新的业务增长点。

随着国家政策的不断完善和推进，建筑垃圾处理行业将迎来更大的发展空间和机遇。一方面，建筑垃圾处理行业将从传统的填埋、堆放方式向资源化利用方式转变，实现建筑垃圾的减量化、无害化、资源化和产业化。另一方面，建筑垃圾处理行业将从单一的资源化产品向多元化产品拓展，提高资源化利用率和附加值。例如，利用建筑垃圾制备再生混凝土、再生砂浆、免烧再生制品等产品，可用于基础设施和房地产工程；利用建筑垃圾制备再生粉体、冗余土等产品，可用于园林绿化、生态修复等领域；利用建筑垃圾制备再生砖、再生瓦等产品，可用于装饰装修等方面。

3. 建筑垃圾处理设备标准化、先进化不断提升

近年来，由于中国政府重视建筑垃圾处理，建筑垃圾处理设备制造商经历了快速发展。中国早期的建筑垃圾处理十分依赖进口建筑垃圾处理设备。由于我国的建筑垃圾处理与资源化利用系统解决方案市场迅速发展，部分国内设备制造商一直致力于增加研发投入并在国内生产设备，以较进口设备低的价格提供建筑垃圾处理设备，从而抢占行业市场份额。此外，开发标准化建筑垃圾处理设备可缩短设备制造商的生产及交付时间，同时提高设备的处理能力，可提升处理效率。

建筑垃圾处理行业的技术不断创新，主要体现在两个方面：一是建筑垃圾的收集、运输和处置技术；二是建筑垃圾的资源化利用技术。在收集、运输和处置技术方面，目前已经出现了智能化、信息化、标准化、集成化等新型技术和设备，如智能分拣系统、智能监测系统、智能调度系统、智能运输车辆、移动式处置设施等，这些技术和设备可以提高建筑垃圾的收集效率、运输效率和处置效率，降低成本和污染。在资源化利用技术方面，目前已经出现了多种新型技术和产品，如高性能再生混凝土技术、高强度再生砂浆技术、免烧再生制品技术、再生粉体改性技术等，这些技术和产品可以提高建筑垃圾的资源化利用率和质量，扩大应用范围和市场需求。

4. 研发投入将不断增加

《关于"十四五"大宗固体废弃物综合利用的指导意见》（发改环资〔2021〕381号）指出：鼓励企业建立技术研发平台，加大关键技术研发投入力度，重点突破源头减量减害与高质综合利用关键核心技术和装备，推动大宗固体废弃物利用过程风险控制的关键技术研发。依托国家级创新平台，支持产学研用有机融合，鼓励建设产业技术创新联盟等基础研发平台。加大科技支撑力度，将大宗固体废弃物综合利用关键技术、大规模高质综合利用技术研发等纳入国家重点研发计划。

由于建筑垃圾处理与资源化利用对设备及系统的严格要求，系统解决方案提供商一直致力于加大对研发能力的投入。因此，一些领先的系统解决方案提供商可能会加大投入，设立研发中心，以提升技术实力，进一步应用先进技术实现建筑垃圾处理设备的国产化制造，完善系统解决方案，从而有利于保持竞争优势。技术创新将是行业发展的关键驱动力。包括智能化垃圾分类设备、高效的建筑垃圾处理技术、绿色建筑材料等领域的创新将推动行业提高效率和可持续性。从目前来看，建筑垃圾处理行业还处于起步阶段，市场规模相对较小，竞争程度不高。但随着政府政策的不断推进和市场需求的不断增长，建筑垃圾处理行业将迎来快速发展期，竞争也将日趋激烈，更多企业将增加研发投入，增强竞争力。

5. 行业市场空间较大，未来前景可观

为了做到最大程度的实现建筑垃圾的资源化利用，建筑垃圾资源化已被国家列入可享受税收优惠政策的范围，目前，全国很多地方都对建筑垃圾资源化给予大力度扶持，投资建筑垃圾处理利用项目以及相关产业发展广阔。相较于我国巨大的建筑垃圾产生量，我国建筑垃圾资源化的行业空间远远还未发挥，若我国建筑垃圾资源化可达到欧美、日韩水平，将这些建筑垃圾进行资源化再利用，可创造万亿价值。

当前，中国城市更新已经成为国家城市发展的重要组成部分。城市更新项目的规模庞大，伴随着城市更新，产生大量建筑垃圾，这些建筑垃圾需要处理和利用，变废为宝，为行业提供了大量的固体废弃物处理和利用业务。建筑垃圾处理和再利用市场潜力巨大。从建筑垃圾处理设备制造到再生建筑材料供应，都存在广阔的市场机会。同时，城市更新和基础设施建设仍在持续进行，为行业提供了稳定的需求。

总的来讲，城市更新建筑垃圾处理与应用行业在中国有着巨大的发展潜力，但也需要克服一系列挑战，尤其是技术等方面的挑战。未来，城市更新建筑垃圾处理与应用行业将更加注重可持续发展。这包括降低建筑垃圾产生量、提高回收和再利用率、采用环保建筑材料等。政府、企业和社会将共同努力，推动行业朝着更环保的绿色方向发展。

1.7 本章小结

2022年，中国城镇化率已达65.22%，城镇化发展模式从"高速发展"转向"高质量发展"。城市更新是城市实现高质量、可持续发展的必由之路。城市更新在提升城市品质和居民生活质量的同时，产生了大量固体废弃物。如何变"废"为"宝"，实现内涵集约、绿色低碳发展的城市可持续发展的目标，是目前社会关注的研究热点。研究城市更新改造固体废弃物处理及利用技术，能够有效减少环境污染，促进资源的循环利用和经济的可持续发展，对于推动城市的绿色低碳转型和高质量发展具有重要意义。

本部分首先对城市更新的概念进行界定，然而，随着时间的推移，对城市更新内涵和外延的认识也在不断丰富和完善；根据"十四五"规划和各地城市更新内容，将城市更新分为：老旧小区改造、厂房商业有机更新、片区更新和公共空间治理四类，并对每一类的发展状况、定义及内容进行详细阐述；然后对城市更新改造固体废弃物概念进行界定，并从不同角度对其进行分类；梳理了国家及行业城市更新改造的相关政策的内容和要求，并对北京等十一个典型省（市）相关政策进行阐述；对国内外城市更新改造固体废弃物处理及利用的状况进行了介绍和对比分析；最后，对行业的发展和未来的趋势进行分析，城市更新建筑垃圾处理与利用行业有着巨大的发展潜力，但也需要克服一系列挑战。通过技术创新、政策支持、市场机会和公众教育，这一行业将迎来更加繁荣和可持续的发展，有助于实现中国城市更新可持续发展的目标。

参考文献

[1] 国家统计局：2022 年国民经济和社会发展统计公报［EB/OL］.（2022-2-28）［2022-3-10］. WWW. STATS. GOV. CN/TJSJ/ZXFB/202202/T20220227 _ 1827960. HTML.

[2] 邱春椿 . 广东省新型城镇化发展质量与建设用地利用效率耦合机制研究［D］. 广州：广东工业大学，2022.

[3] 霍振东 . 城市更新的政策把握与落地实施［Z］. 中建政研，2023-09-07. HTTPS：//WWW. ZJZY. ORG. CN/MEDIACENTERDETAILS？ID＝1699661522934571009.

[4] 许文婷 . Y 市 G 区老旧小区改造中存在的问题与对策研究［D］. 扬州：扬州大学，2023.

[5] 国务院办公厅 . 国务院办公厅关于全面推进城镇老旧小区改造工作的指导意见［R］. 2020.

[6] 于超，吴军 . 新时期老旧小区改造的主要问题及解决方法分析［J］. 住房与房地产研究，2023（增1）：87-89.

[7] 科思顿企业咨询管理（上海）有限公司 . 城市更新："存量时代"城市发展的必然选择［Z］. HT-TPS：//ZHUANLAN. ZHIHU. COM/P/453464246？UTM _ ID＝0，2022-01.

[8] 洁普智能环保 . 北京市关于加强建筑垃圾分类处置和资源化综合利用的指导意见，都在这里！［Z］. https：//zhuanlan. zhihu. com/p/581162815，2022-11.

[9] 上游新闻 . 建筑垃圾不得与生活垃圾混杂重庆发布这一专项治理规划［Z］. https：//baijiah-ao. baidu. com/s？id＝1725968617372309099&wfr＝spider&for＝pc，2022-02.

[10] 纸哥微创业 . 城市更新政策——成都市［Z］. HTTPS：//ZHUANLAN. ZHIHU. COM/P/444708156，2021-12.

[11] America：Advancing Sustainable Materials Management：2018 Fact Sheet.［EB/OL］.（2021-01）［2025-1-7］. https：//www. epa. gov/sites/default/files/2021-01/documents/2018 _ ff _ fact _ sheet _ dec_2020_fnl_508. pdf.

[12] 姜静波 . C 市建筑垃圾资源化再利用存在的问题及应对策略［D］. 长春：吉林大学，2023.

[13] Australian Government. National Waste Policy Action Plan，2019.［EB/OL］.［2025-1-7］. https：//www. agriculture. gov. au/sites/default/files/documents/national-waste-policy-acti-on-plan-2019. pdf.

[14] Du L，Zuo J，Chang R，et al. Effectiveness of solid waste management policies in Australia：An Exploratory Study ［J］. Environmental Impact Assessment Review，2023，98：106966.

[15] Australia：Construction and demolition waste guide-recycling and re-use across the supply chain. ［EB/OL］.（2012-1-17）［2025-1-7］. https：//www.dcceew.gov.au/environment/protection/waste/publications/construction-and-demolition-waste-guide.

[16] 李湘洲. 国外建筑垃圾利用现状及我国的差距 ［J］. 砖瓦世界，2012，（6）：9-13.

[17] 游迦. 长春市城市建筑垃圾资源化问题研究 ［D］. 长春：吉林大学，2022.

[18] Singapore：waste-and-recycling-statistics-2017-to-2021. ［EB/OL］.（2023-5-3）［2025-1-7］. https：//www.nea.gov.sg/docs/default-source/default-document-library/waste-and-recycling-statistics-2017-to-2021.pdf.

[19] 李俊，牟桂芝，大野木升司. 日本建筑垃圾再生资源化相关法规介绍 ［J］. 中国环保产业，2013，（8）：65-69.

[20] Republic of Korea：Construction waste recycling promotion act，2003. ［EB/OL］.［2025-1-7］. http：//faolex.fao.org/docs/pdf/kor163044.pdf.

[21] 张守城，王巧稚. 英国建筑垃圾管理模式研究 ［J］. 再生资源与循环经济，2017，（12）：38-41.

[22] 罗家强. 德国建筑垃圾资源化回收利用研究 ［J］. 环境与发展，2018，30（5）：52-53.

[23] 陈雅芝，黎江平，王婉怡. 德国建筑废弃物层级管理及其对中国的启示 ［J］. 建筑经济，2020，（3）：24-29.

[24] 董曦泽. 城市固体废弃物分类回收制度实施的适宜度评价研究 ［D］. 长春：吉林大学，2023.

[25] 蔡琦. 建筑垃圾资源化利用评价研究——以南京市为例 ［D］. 扬州：扬州大学，2023.

[26] 刘洪玉. 我国建筑垃圾综合利用的影响因素研究 ［D］. 北京：中国地质大学（北京），2021.

[27] 杨普. 新时代下我国建筑垃圾处理现状和应对对策 ［J］. 居业，2022，（1）：229-231.

[28] 中国砂石协会. 2021 年我国建筑固废市场将突破 1200 亿元 ［J］. 江西建材，2021，（8）：312.

[29] 张鑫. 2021 年中国建筑垃圾处理行业市场现状分析，资源化处理水平不断提升 ［Z］. HTTPS：//WWW.HUAON.COM/CHANNEL/TREND/812210.HTML.

[30] 郝粼波. 基于宏观环境分析法的我国建筑垃圾处理行业发展研究 ［J］. 环境卫生工程，2023，（4）：70-75.

[31] 同丰咨询. 2023 年建筑垃圾处理行业前景及市场趋向分析 ［Z］. HTTPS：//1777542602613027099&WFR=SPIDER&FOR=PC.

[32] 齐广华，鲁官友，张凯峰. 渣土类建筑垃圾资源化利用关键技术与应用 ［M］. 北京：中国建材工业出版社，2021.

[33] 马合生，鲁官友，田兆东. 建筑垃圾减量化技术 ［M］. 北京：中国建材工业出版社，2021.

[34] 中国城市科学研究会. 中国城市更新发展报告 2019-2022 ［M］. 北京：中国建筑工业出版社，2022.

[35] 赵友文. 我国固体废物处理处置产业发展现状及趋势 ［J］. 城市建设理论研究，2017，（5）：273.

[36] 潘凤清. 目前城市固体废弃物处理及利用状况 ［J］. 科技展望，2016，（2）：260-261.

[37] 袁蕾. 我国固体废物综合处理技术的现状与对策 ［J］. 江苏农业科学，2016，（9）：37-38.

[38] 观研报告. 中国建筑垃圾处理行业现状深度研究与发展前景预测报告（2023-2030 年），［EB/OL］.［2025-1-7］. https：//www.chinabaogao.com/baogao/202309/664926.html.

[39] 孙冰. 建筑垃圾资源化技术与应用及发展趋势分析 ［J］. 节能与环保，2023，（12）：66-71.

第 2 章

城市更新改造渣土泥浆处理与利用技术及案例

2.1 概述

改革开放 40 多年来，我国的城市化进程突飞猛进，取得巨大成就。随着经济的发展、社会的进步及工业化和城镇化的推进，城市发展逐渐由"增量时代"走向"存量时代"，对城市空间的改造及功能提升提出了新要求，这也标志着我国的城市发展进入了新阶段。2019 年中央经济工作会议首次提出"城市更新"的概念。2021 年"十四五"规划和 2035 年远景目标纲要提出，"加快转变城市发展方式，统筹城市规划建设管理，实施城市更新行动，推动城市空间结构优化和品质提升"，这是首次将城市更新写入政府工作报告。2022 年党的二十大报告提出，"实施城市更新行动，加强城市基础设施建设，打造宜居、韧性、智慧城市"。城市更新是目前推动城市发展方式转变和提升人民生活品质的重要举措。目前，城市更新行动在北京、上海、深圳、广州、厦门、天津等试点城市陆续展开，各城市相继出台了一系列更新政策、法律法规和规划。

城市更新改造主要包括老旧小区改造、厂房商业有机更新、片区更新、公共空间治理等多个方面。此次更新在内容上由物理环境治理为主转为系统性和多维度转变，在方式上由拆除重建为主转向拆除重建、综合整治、保护性修缮等多种方式并重，在组织方式上注重规划引领和政府统筹。随着城市更新的发展，建筑垃圾也随之增多，我国建筑垃圾年产量高达 35 亿 t，约占城市固废的 50%，其中 70% 是渣土类建筑垃圾。目前，关于渣土类建筑垃圾多采用直接消纳弃置处理，这不仅会造成资源浪费，还具有生态和安全隐患，严重制约着城市发展。

我国对建筑垃圾资源化技术的研发起始于 1995 年，先后颁布了百余部法律法规。近年来，随着国家对节能减排和循环经济发展模式的倡导，资源化技术进入高速发展期。目前，我国建筑垃圾的资源化水平正在逐步提高，但资源化利用率不足 10%，远低于发达国家的 70%～96%。现有的建筑垃圾资源化技术多集中在拆除类建筑垃圾和装修垃圾，对建筑垃圾的重要组分渣土泥浆的研究不多。由于渣土泥浆主要由砂、石和土组成，因此对其进行资源化利用既可减少废物排放，又可节约自然资源。目前，渣土泥浆的处理主要有直接消纳弃置和再生产品制备这两大类，工程回填、低洼填埋、矿山回填、固化回填等常见处理方式都属于前者，其中固化回填技术研究较多。对渣土泥浆进行泥砂分离，其中所得砂石可用做混凝土的粗骨料和细骨料，剩余的泥渣因黏土含量高，多用于制备烧结墙材。虽然，建筑垃圾的资源化技术已有所发展，但渣土泥浆类建筑垃圾的资源化技术尚处于起步阶段，其中再生产品制备技术是资源化利用的重点。

渣土泥浆类建筑垃圾具有量大、来源广、成分杂、地域差异大的特征。另外，渣土泥浆资源化过程还存在产生量大与处置技术单一、处置能力弱和资源化率低的矛盾，因此，在提高其资源化利用率的同时，促进其规模化和高品质应用是当前亟待解决的问题。另外，在城市更新和绿色低碳的政策背景下，建筑行业面临着绿色转型，其中渣土泥浆的资源化是建筑业减碳的重要途径，其可通过减少渣土运输、填埋和处置中的能耗及用制备的再生产品替代天然建材的方式减碳。鉴于此，本部分详细阐述了城市更新改造中渣土泥浆类建筑垃圾的资源化技术，并通过案例分析，展示了其处理与利用技术在实际项目中的应用。对渣土泥浆类建筑垃圾的减量化、无害化和资源化利用可推动公共空间的开发和城市的可持续发展。

2.2 工程渣土和工程泥浆的概况

2.2.1 工程渣土的概况

1. 工程渣土的概念

建筑垃圾主要是指建设、施工单位或个人对各类建筑物、构筑物、管网等进行建设、铺设或拆除、修缮过程中所产生的渣土、弃土、废旧混凝土、废旧砖石、弃料、淤泥及其他废弃物，主要分为工程渣土、工程泥浆、工程垃圾、拆除垃圾及装修垃圾5类。其中工程渣土是指在建筑、道路、地铁、水利等土木工程活动中产生的主要成分为土的建筑垃圾，但在采矿和冶金业中产生的赤泥、煤矸石及尾矿均不属于工程渣土。工程渣土主要由盾构渣土、地连墙渣土和基坑渣土组成，其中盾构渣土占比最高。地表修整和地下空间开发是工程渣土的两大来源，其中地下空间开发是主要来源，这是由于开发地下空间是解决城市发展空间资源紧张的有效途径。

2. 工程渣土的分类

因我国建筑垃圾具有来源多、无源头分类和杂质含量高的特点，所以产生的工程渣土具有成分复杂且变异性大的特点。除土壤外，工程渣土中还可能含有砂、石、混凝土、砖瓦陶瓷等杂质，其中所含杂质的类型及数量与工程类型相关。例如，地基开挖产生的工程渣土可能含有废混凝土、废砖、木材、塑料等杂质，而盾构渣土可能会含有膨润土、泡沫剂和高分子聚合物等。另外，土壤的矿物组成、颗粒级配、土层深度、地质背景及地域空间等均会对所产生渣土的性质产生影响。例如，工程渣土中黏土矿物含量的差异大大增加了其理化性质的变异性。鉴于工程渣土的上述特点，目前还没有统一的工程渣土分类与综合利用标准，阻碍了其资源化利用。目前研究者们多按照工程渣土的来源、理化性质和利用途径进行分类。朱伟等根据工程渣土的颗粒组成、击实后锥度仪贯入指数、含水率和流动状态等将工程渣土分为6个等级（表2-1）。

工程渣土的分类　　　　　　　　　　　　　　　　　　　　表 2-1

序号	类别	特征
1	砂、砾	主要由粗颗粒的卵石、砾石和砂构成
2	砂砾土	击实后锥度仪贯入指数大于800kPa，主要由砂及砂土构成

序号	类别	特征
3	硬黏土	击实后锥度仪贯入指数 400～800kPa,主要由砂土、粉土和部分黏土构成
4	黏土	击实后锥度仪贯入指数 200～400kPa,黏性土含水率在 40%～80%
5	渣泥	击实后锥度仪贯入指数小于 200kPa 的泥状土,以黏土、粉土颗粒为主,含水率>80%
6	泥浆	呈液体流动状,难以沉淀分离,流动度大于 300mm

3. 工程渣土的性质

根据《中华人民共和国固体废物污染环境防治法》的要求,并结合工程渣土的自身特性,重点关注其理化和环境性质。其中理化性质重点关注其颗粒级配、含水率、锥度仪贯入指数、无侧限抗压强度、加州承载比值和流动值。土壤颗粒的粒径是影响工程渣土物理性质的重要因素。当粒径小于 $5\mu m$ 的黏土含量高于 20% 时,因其对水分有较强的结合力,水分难以排除,渣土多呈软泥状。锥度仪贯入指数多用于表征工程渣土的理化性质,可用于区分原状土和松散渣土。无侧限抗压强度主要用于评估固化土的性质,渣土含水率高且不容易成型会影响该指标的测定。加州承载比值主要用于评估道路基础、堤坝等土建结构的力学性能,压实度是影响施工质量的关键;因此,可以用该指标测定渣土改良土在施工过程中的压实度,以确保安全可靠。在施工过程中,渣土改良土的流动性要满足自流平和自密实的要求,其流动值要在 200～300mm 范围内。针对工程渣土再利用对环境的影响,可通过《土壤环境质量　农用地土壤污染风险管控标准》GB 15618—2018 对其污染特性进行评估,以确保其处置的安全性。

2.2.2　工程泥浆的概况

工程泥浆中主要含有水、土壤、黏土、砂子和化学添加剂。废弃工程泥浆的不当处理和处置除了会提高工程造价和占用大量土地资源外,还会污染环境,威胁居民生命与生态环境安全。我国工程泥浆产生量大、综合利用率低,成为城市发展过程中亟待解决的重要环境问题和社会问题,对其资源化利用是未来的发展趋势。

1. 工程泥浆的概念

工程泥浆是建筑垃圾的一种,指各类建(构)筑物桩基础、基坑围护结构以及泥水盾构、管网暗挖等施工产生的废置和剩余泥浆。工程泥浆通常是由水、膨润土颗粒、黏土颗粒及外加剂组成的一种悬浊体系。在钻孔和掘进施工中,工程泥浆可通过形成泥膜平衡孔或掘进面的土压力,以支撑和稳定土壤,防止塌方。另外,由于泥浆颗粒细腻,在掘进作业中充当润滑剂和冷却剂以冷却钻头保证连续施工。

2. 工程泥浆的分类

按照泥浆来源的施工类型,工程泥浆分为钻孔桩基泥浆、地下连续墙成槽泥浆、泥水加压平衡盾构施工泥浆、水平定向钻机泥水顶管泥浆等。根据工程泥浆的应用条件和地质情况,将其分为松散层泥浆、水敏抑制性泥浆、水溶抑制性泥浆、硬岩钻进泥浆、低相对密度或加重泥浆和抗高温泥浆等(表 2-2)。根据工程泥浆所含渣土粒径的大小,其分为砂砾、砂、粉砂、黏粒四类(表 2-3)。

工程泥浆按适用条件分类 表 2-2

序号	类别	适用条件
1	松散层泥浆	用于砂层、砾卵石层、破碎带等机械性分散的泥浆
2	水敏抑制性泥浆	用于土层、泥岩、页岩等水敏性地层的抑制性泥浆
3	水溶抑制性泥浆	用于岩盐、钾盐、天然碱等水溶性地层的泥浆
4	硬岩钻进泥浆	用于较为稳定、漏失较小的硬岩钻进的泥浆
5	低相对密度或加重泥浆	用于异常低压或异常高压地层的泥浆
6	抗高温泥浆	用于超深井、地热井等高温条件下的泥浆

工程泥浆按所含渣土的粒径分类 表 2-3

序号	类别	粒径范围
1	砂砾	粒径 > 2mm
2	砂	粒径 > 75μm～2mm
3	粉砂	粒径 20～75μm
4	黏粒	粒径 < 20μm

2.2.3 工程渣土和工程泥浆处置不当的危害

由于不合理的堆存或随意倾倒和填埋等处理方式，工程渣土和工程泥浆的危害主要包括：占用土地、环境污染、破坏市容、影响航道和道路交通，甚至还会造成严重的工程安全事故。由于目前工程渣土和工程泥浆多采用堆放和填埋这些直接消纳的方式处理，一些不良开发商将渣土和泥浆随意倾倒，不仅会占用大量土地，其所含有害物质会逐渐释放到水体、土壤和大气中进而造成污染。渣土和泥浆在运输过程中造成的污染主要是对市政道路的破坏及遗撒和扬尘造成的路面污染，不仅会破坏市容，还会污染环境和影响居民健康。渣土和泥浆资源化利用度不高，长期露天堆放，不加分类处置，其中所含有害成分可能会随着雨水渗透到土壤和周围水体中，进而造成土壤污染和水体污染。这些有害物质如果随扬尘进入空气中，会造成空气污染。另外，渣土和泥浆的乱倾倒现象，不仅会造成航道和水利设施的堵塞，还会影响道路的通行安全。此外，不合理的堆放还会造成溃坝滑坡，造成人员伤亡。

2.3 工程渣土和工程泥浆的研究现状

2.3.1 工程渣土的研究现状

1. 国内渣土的研究现状

我国是世界上建设最活跃的国家，据统计，我国每年产生的工程渣土超过 10 亿 t，急需对其进行处置。与德国、日本、新加坡、美国、荷兰等发达国家 90% 的资源利用率相比，我国的工程渣土资源化技术起步较晚，但城市建设产生的渣土量却与日俱增，2021年我国建筑垃圾的年产量约为 20 亿 t，渣土资源化利用率接近 40%。发达国家主要采用源头削减的方法在工程渣土形成前进行减量化，对产生的渣土进行再生资源化。相比之下，目前我国工程渣土的处理方法存在简单粗放、方式单一、技术水平低和回收率低的问题，这导致渣土堆放量呈逐年递增趋势，生态环境风险高。国内主要城市渣土产生量与处置现状见表2-4。

国内主要城市渣土产生量与处置现状 表2-4

城市	近期年均渣土量(m^3)	主要处置方式	规划措施
深圳	9000万	外运、回填基坑、洼地、露天堆放	拟选定15处工程渣土受纳场作为储备场址，其中8处重点场址(编号S1~S8)已纳入近期实施计划
上海	5000万	外运、滩涂圈围、低洼回填、临时堆放	扩大滩涂圈围受纳容量
武汉	2100万	企业自行处置、矿坑回填、低洼回填	5年内完成11处消纳场地选址规划
杭州	8000万	水路外运、低洼回填	各区完成《工程渣土填埋场及综合处置设施建设三年行动计划》的编制工作，重点明确场地选址、处置规模、污染防治等核心指标
太原	2000万~3500万	填埋	规划新建陆域消纳场36座，扩建7座消纳场

2. 国内渣土的相关政策

2003年1月国家颁布了《城市建筑垃圾和工程渣土管理规定》，确定了市容环境卫生行政部门负责工程渣土的管理和监督，明确要求对城市区域内的工程渣土的产生、运输、处置和资源化进行管理，各级政府要把工程渣土的处理和处置纳入城市的总体布局和规划中。2008年财政部发布了《再生节能建筑材料财政补助资金管理暂行办法》，对建筑垃圾包括工程渣土的回收提供财政补贴，深化了对工程渣土的管理与利用。2009~2011年相继制定《建筑垃圾处理技术标准》CJJ/T 134—2019和《大宗固体废物综合利用实施方案》，明确提出要发展建筑垃圾资源化利用示范工程。2013年3月住房和城乡建设部发布《"十二五"绿色建筑和绿色生态城区发展规划》，重点要求加快发展绿色建筑产业。2013年以后，我国建筑废弃物法律法规的立法理念从"末端治理"转为了"源头防治"，立法原则也逐渐向环境友好型社会转变。2017年国家14个部委联合发布了《循环发展引领行动》，明确提出城市建筑垃圾资源化处理率达到13%的任务目标。随着《城市建筑废弃物管理规定》和《固体废弃物处理处置工程技术导则》等法律法规的出台，建筑废弃物的监管机制更加完善，监管范围从施工现场延伸到整个处理环节，从政策层面构建了较完善的工程渣土处置体系。受国家政策的影响，很多企业致力于建筑垃圾的再利用，但由于工程渣土的资源化利用方面还缺乏相应政策支持，暂未形成较稳定的产业链。

江苏、浙江、上海等长三角地区的城市建设中涉及大量地下空间开发，尽管国内尚无国家层面的法律法规约束工程渣土资源化利用，但建筑垃圾资源化利用相关政策给工程渣土的资源化指明了方向。各地方政府针对工程渣土资源化发布了许多引导性政策（表2-5），并将工程渣土资源化利用全过程划分为渣土产生（A1）、渣土减量化（A2）、渣土资源化及使用（A3）三个阶段。

地方性工程渣土和泥浆的资源化政策 表2-5

序号	地区	政策法规	时间	工程渣土资源化全过程
1	浙江宁波	《关于进一步加强建筑渣土和泥浆处置工作的通知》	2019	A1、A3

续表

序号	地区	政策法规	时间	工程渣土资源化全过程
2	浙江宁波	《关于进一步落实建筑工程泥浆固化处理有关工作的通知》	2021/6/1	A1、A3
3	浙江嘉兴	《嘉兴市建筑垃圾(工程渣土、泥浆)处置管理办法》	2021/6/1	A1、A2、A3
4	浙江嘉兴	《嘉兴市建筑垃圾(工程渣土、泥浆)处置管理实施细则》	2021/6/1	A1、A2、A3
5	浙江绍兴	《绍兴市区建筑垃圾资源化利用专项规划》	2020/8/17	A1、A2、A3
6	浙江绍兴	《绍兴市区建筑泥浆处置管理暂行办法》	2012/8/1	A1、A2、A3
7	浙江绍兴	《绍兴市区建筑泥浆处置管理实施细则》	2012	A1、A2、A3
8	浙江绍兴	《绍兴市工程渣土(泥浆)处置管理办法》	2020/4/21	A1、A2、A3
9	浙江绍兴诸暨	《诸暨市工程渣土(泥浆)处置管理办法》	2020/9/30	A1、A2、A3
10	浙江绍兴新昌	《新昌县工程渣土(泥浆)处置管理实施细则(试行)》	2021/9/28	A1、A2、A3
11	浙江绍兴嵊州	《嵊州市工程渣土(泥浆)处置管理办法》	2021/4/10	A1、A2、A3
12	浙江温州	《建筑工地废水及泥浆处置规范化管理实施意见(试行)》	2021/8/20	A2
13	浙江乐清	《关于在乐清市全域开展建筑泥浆专项整治行动的通知》	2020/12/4	A1、A2
14	浙江杭州	《杭州市工程渣土管理实施办法》	2016/6/1	A1、A2
15	江苏南京	《南京市建筑垃圾资源化利用管理办法》	2020/2/1	A1、A2、A3
16	江苏南京	《关于促进建筑垃圾资源化利用的实施意见(试行)》	2019/4/24	A2、A3
17	上海	《上海市建筑垃圾处理管理规定》	2018/1/1	A3
18	上海	《关于进一步规范本市工程泥浆处理管理的实施意见》	2019/6/5	A1、A2、A3
19	北京	《关于进一步加强建筑垃圾分类处置和资源化综合利用工作的意见》	2022/5/7	A1、A2、A3
20	佛山	《佛山市城市建筑垃圾管理办法》	2024/4/30	A1、A2、A3
21	深圳	《深圳市建筑废弃物治理专项规划(2020-2035)》	2021/4	A1、A2、A3

3. 国外工程渣土的研究现状

源头削减是国际社会普遍认可的工程渣土可持续处置的方式。在此方面发达国家起步较早，回收利用水平较高，已达到90%以上。当然，不同国家的政策与处理方式也有较大的差异性，各国建筑垃圾相关法律法规与资源化情况见表2-6。

各国建筑垃圾相关法律法规与资源化情况　　　　　　　　表2-6

国家	法律法规	资源化处理技术
美国	《超级基金法》《建筑垃圾运输准入制度》《建筑垃圾填埋场设计规范》《处理建筑垃圾行政许可制度》《固体废弃物处理法》等	(1)"低级利用"，如现场分拣利用，一般性回填等，占建筑垃圾总量的50%~60%； (2)"中级利用"，如用建筑物或道路的基础材料，加工成骨料，再制成建筑用砖等，约占建筑垃圾总量的40%； (3)"高级利用"，如将建筑垃圾还原成水泥、沥青等再利用
德国	《废物处理法》《公路循环材料标准》《受污染土壤、建筑材料和矿物材料再利用加工标准》《在混凝土中采用再生骨料的应用指南》等	(1)每个地区都有大型建筑垃圾再加工综合工厂，仅在柏林就建有20多个； (2)利用建筑垃圾制备再生骨料领域处于世界领先水平，已形成一套先进完善的制作工艺，并科学合理地配套了相应的机械设备； (3)至2002年，在德国国内已分布了2290座再生骨料加工厂

国家	法律法规	资源化处理技术
新加坡	《绿色与优雅建筑商计划》《绿色建筑标志计划》等	对于建筑垃圾回收工厂，新加坡环境局通过出租土地的方式予以支持，这些工厂回收的建筑垃圾占据新加坡全部建筑垃圾回收份额的 80%～90%。为了最大程度地回收建筑垃圾，新加坡政府也出台了建筑拆除行为准则，这是一整套的程序指南，帮助建筑拆除承包商更好地规划拆除程序
韩国	《建设废弃物再生促进法》等	其中包含了促进建筑废弃物再利用的三大推进政策：一是提高循环骨料建设现场的实际再利用率；二是建筑废弃物减量化；三是妥善处理建筑废弃物。而且既明确了政府、企业的义务，又明确了对建筑垃圾处理企业资本、规模、设施、技术能力的要求
丹麦	《环境保护法》879 号	自 1987 年，丹麦政府陆续推出相关法律政令，严禁建筑垃圾的粗放排放，强制要求对建筑垃圾进行分类处理，12 年间丹麦建筑垃圾循环率提高到了约 90%
英国	《废物减量法》《污染防治法》《家庭生活垃圾再循环法》等	英国政府为减少建筑垃圾的填埋量制定了严格的政策，包括一些建筑垃圾分类管理建议，并征收高昂的建筑垃圾填埋税，计划于 2020 年实现建筑垃圾零填埋
日本	《废弃物处理法》《资源重新利用促进法》《再生骨料和再生混凝土使用规范》《建设再循环法》《建设再循环指导方针》等	(1)日本建筑垃圾加工处理的生产工艺流程较德国细化程度更高； (2)建筑垃圾分选除了常规的诸如振动筛分设备和电磁分选设备外，还包括可燃物回转分选设备、不燃物精选设备、相对密度差分选设备等其他先进设备

　　德国作为世界上最早实行循环经济立法，也是最成功的西方发达国家之一，德国 1972 年便制定《废物处理法》，并在 1986 年与 1994 年修改推出《废物限制及废物处理法》与《循环经济与废物管理法》。其核心理念遵循"避免产生—减量—再利用—回收—最终处理"的优先级体系，规划出一套完整的环境友好型循环经济系统。实现从源头到末端的有效处理，达到轻量化、资源化、无害化的目的，从而构建出绿色和环保的渣土垃圾处理机制。德国法律明确规定，所有参与建筑垃圾处理的人员都必须采取行动，以减少垃圾的产生并实现再利用。建筑材料制造商应该采取措施，使产品更加环保，并且能够满足后续的回收利用要求。此外，建筑承包商（主要是施工单位和建筑设计师）也应该将垃圾处理列入建筑计划，并尽可能多地实施回收利用。此外，房屋拆迁工程商的拆除行为也必须符合建筑垃圾处理的要求。德国通过征收填埋税（如巴伐利亚州对未分类建筑垃圾征收 80～210 欧元/t 税费）等经济手段，推动建筑废弃物资源化率提升至 90% 以上（2020 年数据），远超欧盟平均水平。

　　20 世纪 70 年代，美国政府颁布了《固体废弃物处置法》，并且各州也依据本地的具体情况制订了有关再造资源循环利用的法规，以此来促进环境保护，并且大多数州都有自己的拆建废物法规。例如，1989 年的北卡罗来纳州固体废物管理法案要求将拆建废物从废物流中分离出来，并在卫生填埋场进行隔离。为了鼓励回收和再利用，国家法规将废物流分为四类：建筑或拆除废物、土地清理废物、惰性废物和庭院垃圾。从政府采取强制措施，要求企业实施污染控制，到鼓励公司采取市场经济措施，以及完善政策，以促进企业自觉遵守环保法规。美国政府采取了一系列措施来减少建筑垃圾的产生，其中最重要的是

《超级基金法》，它规定，凡是制造有工业废弃物的公司，应当进行妥善处理，不准擅自任意倾卸，并且对于进行填埋处理的公司，征收高额的处置费用，因而美国建筑弃土资源化率超过 90%。

日本是建筑垃圾立法最为完备的国家，在日本的专门立法中，企业、政府、资源再利用企业各方责任都规定得很清楚。严格的法律约束保证了"谁产生谁负责"原则的严格执行。日本将渣土称为"建设副产物"，有关其处理处置的具体法律法规见表 2-7，其中最主要的是《废弃物处理法》《建设再循环法》以及《建设副产物妥善处理推进纲要》。日本在 20 世纪 90 年代至 21 世纪初陆续出台《再生骨料与再生混凝土使用技术指南》（1994年）、《建设副产物处理推进纲要》（1997 年）及《资源有效利用促进法》（2001 年），以构建技术标准与法律协同体系，以此为基础，采取激励措施，鼓励企业及其他社会组织，积极推动再生资源的回收与应用，并且规定无力实行再生资源回收的企业及个人需缴纳较大的罚款。根据《建设副产物处理技术指南》，日本将建设副产物按材质（混凝土类、沥青类、木材类等）、污染程度（惰性/非惰性）及再生可行性分为 5 类，实施差异化管理（表 2-8）。日本通过"建设副产物信息平台"实现供需匹配，2020 年建筑垃圾再利用率达 97%（环境省数据），其中混凝土类达 98.3%，沥青类达 99.2%。

日本建筑垃圾资源化相关法规 表 2-7

法律法规	制定、修改时间	主要内容
《公害对策基本法》	1967 年 8 月	规定保护公民健康和维护生活环境应当以与经济健全发展相协调为前提
《废弃物处理法》	1970 年 12 月 25 日，法第 137 号；2012 年 8 月 1 日最终修改，法第 53 号	详细规定了废弃物的种类及各种废弃物如何妥善处理
《资源有效利用促进法》	1991 年 3 月	规定建筑施工过程中产生的渣土、混凝土块、沥青混凝土块、木材、金属等建筑固体废物，必须送往"再资源化设施"进行处理。按照此法进行再生资源的利用。从法律层面促进再生资源循环利用，如再生资源未能得到有效利用，将按照违反法律进行处罚
《建设副产物妥善处理推进纲要》	1993 年 5 月，1998 年 12 月，2002 年 5 月 30 日修改	为建设工程的业主和施工者妥善处理建设副产物制定了标准
《环境基本法》	1993 年 11 月 19 日，法第 91 号	是建筑垃圾处理方面最基本的法律，是环境保护的基本规定
《建筑垃圾对策行动计划》	1994 年 6 月	积极推进建筑垃圾再循环政策，建立有关建筑垃圾处理的制度和措施，由建筑工程业主、施工者和垃圾处理单位三者组成一体，共同推进该项政策的执行
《建设副产物再循环推进计划》	1997 年 10 月	从建立资源型节约社会的观点出发，要求建筑工程从规划、设计到施工的各个阶段需贯彻三项基本政策：(1)抑制建设副产物的产生；(2)促进建设副产物的再生利用；(3)对建设副产物进行妥善处理。提出了建设废弃物再生利用率的具体目标，最终处理量未来目标是零
《建设再循环指导方针》	1998 年 8 月	要求工程业主在建设工程规划、设计阶段制定《再循环计划书》；施工单位制定《再生资源利用计划书》和《促进再生资源利用计划书》

续表

法律法规	制定、修改时间	主要内容
《建设再循环法》	2000 年 5 月 31 日公布,法第 104 号;2002 年 5 月 30 日正式实施;2011 年 8 月 30 日最终修改,法第 105 号	(1)对于特定的建筑材料要分类拆除和促进再资源化,拆除业者要按规定登记; (2)该法对主管大臣、地方政府、建筑业者、工程发包方的责任作了详细的规定; (3)中央政府需要收集、整理和利用建筑物解体工程的必要信息,推进相关研究开发,促进分类拆除和建筑物废料的再资源化,并且采取措施普及相关成果。 此外,还要通过教育和宣传活动,获得国民的积极合作。中央政府还必须为促进建筑垃圾再资源化提供必要的资金
《循环型社会形成推进基本法》	2000 年 6 月 2 日,法第 110 号	规定了建筑垃圾废弃、回收、处理、利用的具体行动方针
《促进废弃物处理指定设施配备的有关法律》	1998 年 5 月 27 日,法第 62 号;2011 年 6 月 24 日修改,法第 74 号	使废弃物处理设施与该区域的公共设施联合,以达到合理、有效地处理产业废弃物
《绿色采购法》	2000 年 5 月 24 日制定,2001 年 4 月 1 日实施	尽量购买不污染环境的物品

日本余泥渣土分类基准　　　　　　　　　　　　表 2-8

余泥渣土分类	细区分	圆锥指数（kN/m²）	土壤材料的工程分类		含水比 W_n
			大分类	中分类（缩写）	
第 1 类	第 1 类	—	碎石土	碎石(G)、碎石砂土(GS)	—
			砂土	砂(G)、碎石质砂土碎石(SG)	
	第 1 类改良土		人工材料	改良土(I)	
第 2 类	第 2a 类	>800	碎石土	碎石(GF)	—
	第 2b 类		砂土	细砂(SF)	
	第 2 类改良土		人工材料	改良土(I)	
第 3 类	第 3a 类	>400	砂土	细砂(SF)	—
	第 3b 类		黏性土	淤泥(M)、黏土(C)	—
			火山灰质黏性土	火山灰质黏性土(V)	40% 以下
	第 3 类改良土		人工材料	改良土(I)	—
第 4 类	第 4a 类	>200	砂土	细砂(SF)	—
	第 4b 类		黏性土	淤泥(M)、黏土(C)	40%～80%
			火山灰质黏性土	火山灰质黏性土(V)	
			有机质土	有机质土(O)	40%～80%
	第 4 类改良土		人工材料	改良土(I)	—
第 5 类	泥土 a	<200	砂土	细砂(SF)	—
	泥土 b		黏性土	淤泥(M)、黏土(C)	80% 以上
			火山灰质黏性土	火山灰质黏性土(V)	—
			有机质土	有机质土(O)	80% 以上
	泥土 c		高有机质土	高有机质土(Pt)	—

2.3.2 工程泥浆的研究现状

中国作为全球最大的建筑和基础设施建设市场之一，每年产生大量的废弃工程泥浆，根据 E20 环境平台统计，目前我国工程泥浆的年产生量达数 10 亿 m^3。尤其是国内各经济发达城市与省份，工程泥浆产生量巨大，2022 年宁波中心城区处置的工程泥浆达到 4800 万 m^3，而上海市 2019～2023 年仅交通工程每年产生的泥浆量平均为 2600 万 m^3。

推进建筑垃圾减量化是建筑垃圾治理体系的重要内容，是节约资源、保护环境的重要举措，然而当前在国家层面上，国内对工程泥浆尚无明确的政策和规定。2020 年住房和城乡建设部《关于推进建筑垃圾减量化的指导意见》（建质〔2020〕46 号）提出建设和完善建筑垃圾减量化的工作机制，但主要工作目标是建筑垃圾的减量化，对于工程泥浆并未提出明确的处理目标。2023 年七部委联合印发《"十四五"建筑垃圾综合治理方案》，首次提出开展工程泥浆专章治理试点，但具体实施细则尚未出台。然而虽然尚未有从国家层面对工程泥浆资源化的规范出台，各地地方政府和相关行业以"节约资源和循环利用"为核心，根据相关研究成果与实践经验，编写了一批技术指南与指导规范，具体文件见表 2-9。

国内各地工程泥浆处理标准 表 2-9

性质	文件	施行范围与内容
浙江省台州市地方标准	《建筑泥浆固化处置服务规范》DB3310/T 46—2018	适用于台州从事建筑泥浆固化处置服务（含集中处置、现场处置）的企业，规定了处置服务的术语、定义、服务主体、服务监督和改进
浙江省绍兴市地方标准	《废弃泥浆再生利用规范》DB3306/T 031—2020	适用于绍兴地区废弃泥浆再生利用的生产和管理，规定废弃泥浆再生利用的术语、定义、再生利用工艺流程、分类、再生利用要求、管理要求等
绍兴市工程建设地方技术规程	《废弃泥浆干化土在路基中的应用技术指南》	适用于绍兴市各等级新建、改扩建城镇道路的工程建设，指导城镇道路泥浆干化稳定土路基的设计与施工
宁波市工程建设地方细则	《宁波市建筑泥浆固化处置暂行标准》2019 甬 DX-02	规定了建筑泥浆固化处置的术语和定义、泥浆固化、施工管理、环境保护与安全文明生产等要求
陕西省地方标准	《油气田废弃钻井液处理技术规范》DB61/T 1365—2020	适用于油气田勘探开发过程中钻井施工产生的废弃钻井液，规定了废弃钻井液的收集和贮存、处理与处置及检测的相关技术规程
广东省建设科技与标准化协会标准	《工程泥浆原地处理技术规范》	适用于工程建设工程中产生的工程泥浆的收集、原地处理和循环利用

我国早期处理工程泥浆的方法有填埋和自然干燥等，这些较原始的方法存在水土易流失、淤塞河道、影响水质、破坏市政设施、效率低、环境影响严重等问题，远不能满足日益增长的泥浆处理需要。2020 年，国家发展改革委印发《城镇生活垃圾分类和处理设施补短板强弱项实施方案》（发改环资〔2020〕1257 号），明确提出严控新建填埋设施，逐步减少污泥简易填埋规模。泥浆原位和环保处理势在必行。

工程泥浆常规处理方式是用罐装泥浆车外运和现场沉淀干燥，这些处理方式不仅处理成本高，还易在运输过程中造成环境污染。当前国内对工程泥浆处理处置主要集中在减量化上，研究重点与难点是泥浆的脱水问题。工程泥浆的最终去向多用于回填、回注或脱水后外运处置，处置途径分为海上处置和陆地处置。海上处置包括围垦造地、海洋倾倒，陆地处置主要包括堆填、绿化用地等。然而海上处置可能会产生生态污染和阻塞航道，需要花费大量人力物力，而陆地堆填因缺乏规模化的利用技术，主要以堆放为主，不仅会占据大量宝贵的土地空间，同时还存在安全隐患与环境污染的风险，例如深圳市红坳渣土受纳场滑坡事故就导致造成 73 人死亡。

近年来国内相关研究者多将重点放在泥浆固化技术、泥浆脱水固结一体化技术和水热固化技术上，试图寻求简便高效、经济适用、环保无害，并可资源化利用的新手段及方法。例如门本等使用阳离子瓜尔胶为基体，硼砂为交联剂形成网络结构的凝胶体系，将泥浆颗粒包裹起来，从而达到固化泥浆的作用，而且固结物在环境作用下不溶解、不分散，有一定的环境耐受性。郑国等研究了随着高分子量高活性絮凝剂，浆液体系从流体转化为胶体，通过化学胶体的破碎、凝结功能、酸化胶凝过程实现了废浆液的固液分离泥浆处理技术，结果表明，泥浆的分离效果取决于絮凝剂的类型。钱耀丽等将工程泥浆絮凝—机械压榨形成的干化泥进行制备蒸压加气混凝土砌块，结果表明，当干化泥取代率不超过10%时，干化泥蒸压加气混凝土砌块干密度和抗压强度符合《蒸压加气混凝土砌块》GB/T 11968—2020 对 A3.5、B06 级的要求。然而受限于国内产业和技术标准仍未完善，相关技术产品仍未得到落地应用，多处于实验阶段。

2.4　工程渣土和工程泥浆的处置技术

2.4.1　工程渣土的处置技术

2024 年发布的《建筑垃圾就地分类及处理技术标准（征求意见稿）》。该标准强调建筑垃圾的就地分类、移动式处理设备应用及资源化优先原则，要求工程泥浆通过移动式泥水分离设备实现源头减量，并设置防渗储存设施虽然强调了减量和就地利用的原则，然而由于实施难度与建设规模和空间的限制，我国针对城市工程渣土垃圾的处理方式较为粗放和直接，目前主要工程渣土处置方式有原地回填、围填海造地等方式，见表 2-10，并没有考虑到渣土垃圾的环保效用。对于建设规模较大的城市，大规模的工程渣土排放较大程度仍依赖于异地处置，然而由于回收利用水平较低，处置缺口大，处置量赶不上产生量，导致渣土堆放量呈递增趋势。同时异地处置过程中存在装运困难、遗洒道路、破坏市容、恶化城市环境及消纳场占用大量土地资源等。我国工程渣土短期内仍会以消纳为主，综合利用为辅。当前国内工程渣土综合利用和处置趋势如图 2-1 所示。

工程渣土利用与处置现状分析　　　　　　　　　　　　　表 2-10

综合利用和处置模式	实用渣土类别	优势	缺点	发展情况
原地回填	泥浆除外	就地消纳,成本几乎为零	存在时间和空间差,导致原位回填比例小	受限
异地回填	泥浆除外	异地消纳,仅需考虑运费	渣土交换信息不对称;时间空间差;受运距(辐射地域范围)的影响大	消纳方式之一

续表

综合利用和处置模式	实用渣土类别	优势	缺点	发展情况
围填海造地	泥浆除外	消纳量大,仅需考虑运费	受国家海洋局等主管部门的管控和许可要求;同时受生态环境和地质情况限制	受限
土地整理和生态修复	泥浆除外	仅需考虑运费	受城市建设和发展条件限制;消纳量有限,量小分散	受限
综合利用	部分类型	减量,具有资源化利用附加值	对原料有要求,具体利用方式与渣土特性有关;受多因素影响,包括经济、社会、环境等方面	试点示范阶段
受纳场填埋	全部类型	成本低,处置方式简单	侵占土地资源,辐射半径小	基本饱和
市外处置	泥浆除外	区域协同处置	海运/水运成本相对较低;但陆运成本高	主要消纳方式之一
倾倒(属违法行为)	—	—	侵占土地,破坏环境,存在安全隐患	全面禁止

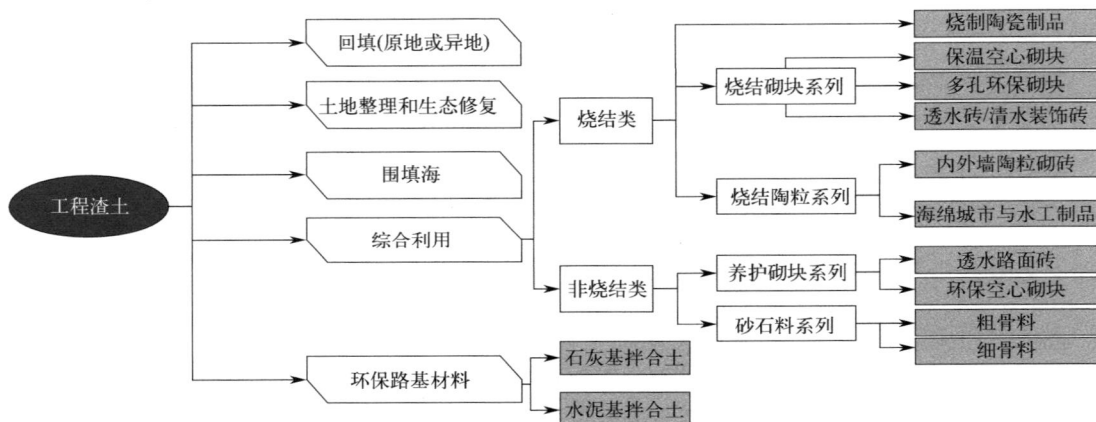

图 2-1 工程渣土综合利用和处置趋势

工程渣土的处置与资源化利用技术主要包括直接处置与再利用、简单处理与改良、固化以及高温烧制 4 种方式。其中直接处置与再利用方式仍用做土使用,如填埋、填筑路基、堆山造景和种植土等。简单处理与改良则通过对渣土的物理改良,以满足应用需求。固化技术主要是用胶凝材料来粘结土颗粒,如固化土、冷粘骨料和免烧砖等。高温烧制技术则通过高温使土发生物理化学变化,进而使土颗粒自身发生粘结,如烧结砖、陶粒和陶瓷等。

1. 工程回填

工程回填是一种广泛应用的渣土处置方式,尤其在土木建设和基础设施开发过程中具有重要作用,主要涉及将挖掘或剥离的材料重新放置到原来或新的地点,如深基坑、地下管道工程、公路建设等,涉及基坑原土回填、路基回填、还耕回填、抗涝保收回填等方式。受项目建设周期(如渣土周转)的限制,原地回填需求量一般较小,而异地回填需求量相对较大。若将需要外排的工程渣土运往需要回填的基坑或加高地面标高的工地,则可同时解决两个或多个工地的回填需求。需要注意的是,在进行工程回填时,通常会有严格的质量控制标准。例如，回填材料的种类、质量、紧实度、湿度等均需要严格检查和控制，因此无论何种应用都应先对渣土进行分选、分拣及破碎等处理后再进行回填压实，以确保工程质量和安全，并防止堆积造成的安全隐患和未来回填时需要面对的建筑垃圾处理问题。一般可通过使用技术手段，如物理干燥和脱水，将工程渣土转变为普通的填埋材料；此外，经过特定的化学固化技术，工程渣土也可用做固结填土材料。

近些年来，我国对于固化回填技术在路基工程材料方面的应用进行了深入的研究，发现该技术不仅可降低材料和工程成本，还能实现渣土回用，具有良好的环境和经济效益。李庆冰等先对宁波某高速公路施工路段产生的废弃渣土和泥浆进行固化脱水，再加入水泥、石灰等固化材料，以制备用于路基填筑的固化土。土壤常用的固化剂有三种：无机固化剂、有机固化剂和生物酶固化剂。研究发现，水泥、矿渣和粉煤灰等固化剂可显著提升渣土泥浆的可塑性、抗压强度、耐火特性。研究者们将废轮胎、木质素磺酸盐、泰然酶（一种特定领域的生物酶固化剂）等用于固化土壤，研究发现，这些固化剂可显著提升土壤的力学性能、抗压强度、固化效果等。由于渣土类建筑垃圾的矿物组成和物理特性具有区域差异性，固化回填技术的经济可持续性和普适性可能受到一定影响。另外，虽然直接消纳弃置处理工艺可实现部分源头减量，但其不仅消纳能力有限、占地多、不持续，还有严重的环境和安全隐患。发生在 2015 年 12 月 20 日的红坳村消纳场滑坡特大事故给城市渣土类建筑垃圾的处置敲响了警钟。因此，开发渣土类建筑垃圾的资源循环再利用技术是当前亟待解决的问题。

2. 土地整理和生态修复

土地整理与生态修复是另一种常见的工程渣土处置方式。这通常涉及对工程渣土进行改良，改善其物理、化学和生物特性，以便更好地利用工程渣土对受污染或退化土地进行修复。需注意的是，需要考虑到渣土的特性，如渣土中土质类型、水分含量、有机物质含量、pH 等。此外，也需要考虑到土地的利用需求，如是否需要建设设施、种植作物、恢复自然景观等。

当前主要利用去向是结合新建城市绿地如公园的建设，配合景观设计，选择适宜的公园利用工程渣土进行土地整理、生态修复或堆山造景，可消纳部分工程渣土。每完成一座人造景观的建设，就可以消纳大量的工程渣土。作为国内第一个利用建筑废弃物建造的"堆山造景"公园——西安文景山公园，堆山山体西侧高 40m，东侧高 35m，面积达 15 万 m^2，共消纳 332 万 m^3 建筑废物，不仅消纳大量工程渣土，更增设效果良好的人造景观，改善了周边的城市居住环境。

3. 围填海造地填料

围填海造地涉及将渣土作为填料，填入海洋中，以形成新的陆地。这种方式在一些缺乏土地资源，但有大量渣土产出的地区，如一些海滨城市，具有很高的应用价值。在进行围填海造地时，需要考虑到许多因素。首先，需要考虑到海洋环境的特性，如海水的深度、海床的稳定性、海水的盐度等对渣土作填料的影响。其次，还需要考虑到环境影响，如工程渣土对海洋生态的影响、对海水质量的影响等。因此，进行围填海造地的项目通常需要进行严格的环评，并需遵守相关的环保法规。填海工程中使用的渣土必须满足《围填海工程填充物质成分限值》GB 30736—2014 中规定填海工程使用物料的性能指标，以此来取代传统的填海填料，从而减轻填海工程中的环境污染和资源浪费，也是解决渣土堆置问题的有效途径之一。

4. 种植土

种植土的质量直接影响园林绿化质量。渣土类建筑垃圾可用于制备种植土。由于种植土的标准和农田用土一样高，也需要良好的理化性质和丰富的营养。渣土类建筑垃圾的产生与种植土的利用在时间和空间上不一致，故可通过收集、存放、改良等步骤，用尽可能低的成本将其转化为适合的绿化工程种植土。用渣土类建筑垃圾制备绿化工程用土不仅可实现废弃物的减量，还可节约土地资源，具有较高的经济和社会效益。用渣土类建筑垃圾制备绿化工程用土主要包括分析检测、收集存放、生产改良、分级利用等步骤。

渣土收集是制备种植土的关键步骤。渣土的土壤土质、理化性质、结构及肥力等直接决定绿化工程用土的成本、效率以及质量。与其他土层相比，渣土的表层土壤更适合作为制备种植土的原料。但由于不同渣土表层土壤的结构和性质差别很大，在制备种植土时所采取的措施和工艺也有所差别。因此，要先检测渣土的相关指标，再将可以用做种植土制备原料的渣土收集起来。由于渣土类建筑垃圾的产生和种植土的制备之间存在时间和空间差，所以要存放渣土。渣土类建筑垃圾的存放地要科学规划，分类存放，避免长期堆放及外界理化因素对其的干扰。渣土类建筑垃圾要达到绿化工程用土的标准还要进行生产改良，因此，该步骤是制备种植土的关键一环。在进行改良前，要对渣土类建筑垃圾进行除杂、晾晒、破碎等预处理。要根据渣土的特性确定改良方案、改良剂种类及材料配合比。

目前，我国在用渣土制备种植土方面的研究已经展开。例如，上海迪士尼项目施工过程中产生渣土的资源化方案主要包括表土保护和机械化改良两个步骤。在对表土进行充分的调查和分析检测的基础上，收集符合要求的优质表土作为制备种植土的原料。但是收集的渣土表土的理化性质、结构及肥力等指标离迪士尼绿化工程用土的高标准还有一定的差距，故对其进行了机械化改良。最终累计完成 120 多万 m^3 的高品质种植土的制备，有效解决了迪士尼绿化工程用土不足的难题。但渣土类建筑垃圾在该领域的应用还处于起步阶段，还比较粗放，仅有些尝试，今后要在还需改良材料、应用标准、材料配合比等方面进行系统研究，以期能有效降低生产成本和提高种植土的质量。

5. 再生产品制备

渣土类建筑垃圾不具备水化活性，因此不能通过水化反应产生强度，但其 SiO_2、CaO 和 Al_2O_3 含量较高，可用做水硬材料、火山灰材料和填料等。鉴于此，研究者们多采用烧结的方式制备粗细骨料以及烧结砖、砌块、陶粒等再生墙体材料等建材。渣土类建筑垃圾制备混凝土用骨料是固废资源再生应用的新途径。Chiou 等通过烧结方式分别将污泥和污泥灰制备成普通骨料和轻质骨料。但是烧结工艺不仅能耗高，而且碳排放量也大，这是该工艺亟待解决的问题。钟翼进等提出了一种建筑渣土泥浆复合免烧轻质骨料的制备工艺，研究了水泥掺量、矿物掺合料种类和掺量对免烧轻质骨料密度、吸水率和筒压强度的影响，并进行了微观分析。虽然，利用渣土泥浆制备的烧结骨料已达到工程利用的标准，但其还不能完全替代天然骨料，这是由于此类骨料的加入会降低混凝土的强度。

目前常用的资源化技术主要有泥砂分离技术、免烧结技术和环保烧结技术。泥砂分离技术是对渣土和泥浆进行水洗和筛分处理，以分离砂石和泥，其中再生骨料可替代部分天然砂石，泥饼可用做烧结原料或用于土地修复。免烧结技术是用拌料和压制等手段制备一定强度的透水砖、空心砌块等块状建材。环保烧结技术是用节能减排的技术制备砖和陶粒。这些绿色再生建材在城市基础工程建设中的大规模使用有效缓解了天然资源短缺的现状。渣土类建筑垃圾资源化利用技术及其优缺点分析见表 2-11。渣土土质不同使用的资源化技术也不同。泥砂分离技术适用于砂质土，虽然该技术具有减量明显和产品再生砂销售好的优点，但该技术具有运营成本高和产品附加值低的缺点。免烧结技术适用于粉质黏土，该技术虽然具有环境污染小、能耗低和排放限制要求低的优点，但运营成本高和产品应用范围有限限制了该技术的发展。环保烧结技术适用于黏土和页岩，与上述两种技术相比，该技术虽具有成本低和产品性能好的优点，但能耗高和环保限量排放制约了该技术的发展。

渣土类建筑垃圾资源化利用技术及其优缺点分析　　　　　　　表 2-11

资源化技术	渣土类型	主要步骤	优点	缺点
泥砂分离技术	砂质土壤	渣土成浆；筛选；泥浆调理；砂和砾石分选；泥浆脱水；尾水回用或达标排放	减量明显；再生砂销售好	成本高；产品附加值低
免烧结技术	粉质黏土	往粉质黏土中加入水泥和细砂，用混料机拌料；用压砖机将拌料挤压成渣土免烧砖	环境污染小能耗低；排放限制要求低	成本高；产品应用范围窄
环保烧结技术	黏土、页岩	原材料预处理；坯体制备；砖样烧结	成本低；产品性能好	能耗高；环保限量排放控制

6. 综合利用

工程渣土通过多种技术的结合，能够生产出各种不同类型的建筑材料，例如烧结砖、轻质微孔混凝土砌块、透水砖、透水混凝土路面砖、陶粒砌砖和海绵城市建筑材料（图 2-2）。此外，还可以通过免烧工艺制造出免烧透水路面砖与环保空心砌块等。经过泥砂分离处理的砂石料，可以作为再生骨料与再生砂使用。除了作为建筑材料外，处理后的砂石料还可以直接用做绿色路基材料，比如石灰基拌合土、水泥基拌合土。分离出的高岭土也能够被直接投放到窑炉中进行烧陶。

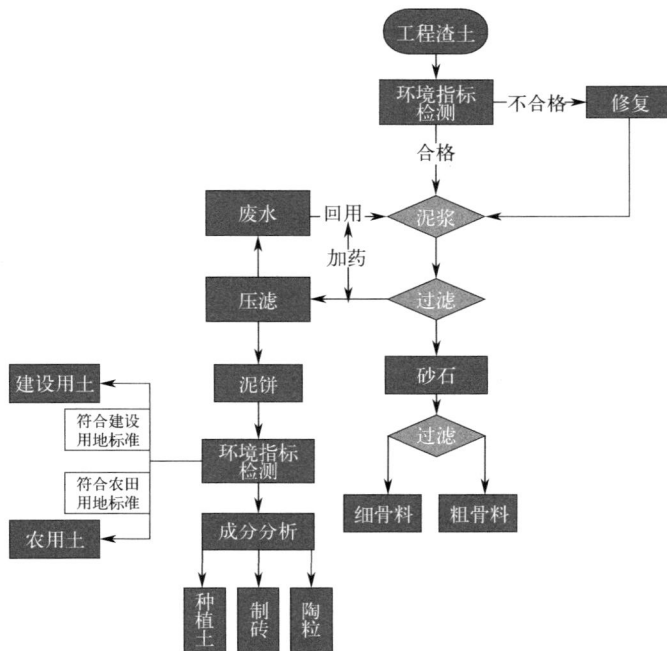

图 2-2　工程渣土综合利用流程

工程渣土资源化利用的核心原则是减量化、资源化和循环利用，以推动可持续发展。通过将工程渣土转化为有价值的资源，当前我国工程渣土的综合利用流程主要是：含砂量较大的工程渣土根据粒径进行泥土分离，符合骨料标准的部分直接进行销售，剩余部分渣土选择外运。含砂量较大的工程泥浆可进行剩余泥水、砂的分离，砂子直接销售，余泥与其他添加物按照一定比例进行混合制备再生产，表2-12列出了我国部分工程渣土、工程泥浆资源化相关专利。由表中列出的部分专利可知：工程泥浆、工程渣土资源化处置体系主要集中在砖砌类物质的烧制，利用工程渣土或泥浆经压滤后所得的泥饼与煤矸石、石灰等添加物混合制砖。渣土利用最多的仍是制砖，产品种类及用途单一，资源化处置技术单一，核心技术少，未能形成全面、多方位的建筑垃圾处置技术，导致建筑垃圾终端处置企业资源化能力有限，资源化利用效率较低。我国大部分工程渣土、工程泥浆类建筑垃圾采用低端处理方式——外运堆填，该处理方式对此类废弃物资源是极大的浪费。

我国部分工程渣土、工程泥浆资源化相关专利	表 2-12
专利名称	专利号（或申请号）
一种含有工程渣土的免烧结砖及其制作方法	CN201910349050.3
一种工程渣土处置工艺	CN201510594305.4
工程渣土替代天然砂制备的水泥砂土浆及制备方法与应用	CN201910143702.8
一种基于工程渣土制备泡沫砖的方法	CN201610062804.3
一种环保型砂浆及其制作方法	CN201910348853.7
一种再生环保砖及其制备方法	CN201910508183.0
一种余泥渣土再生免烧砖及其制备方法	CN201810789413.0
用于固化二氧化碳的渣土砖及制备方法	CN201710335206.3
一种免烧仿古青砖及其制备方法	CN201810496057.3
一种抗冲击余泥渣土再生免烧砖及其制备方法	CN201810495077.9
免烧渣土砖及其制备方法和其应用	CN201710755952.8
一种大掺量利用余泥渣土制备的免烧砖及其制备工艺	CN201710180413.6
利用废弃渣土制成生态砖	CN102515643A
一种使用建筑垃圾废弃泥浆制成的建筑用砖	CN201721427257.0
一种固化回收废弃砂性泥浆制得的桥背回填料及其配制方法	CN201610866167.5
一种地下连续墙废弃泥浆的泥水分离方法	CN201710264027.5

2.4.2　工程渣土领域存在的问题

工程渣土的处置和利用过程中存在处理场所短缺、配套政策和源头分类标准缺乏、转运体系及综合服务监管平台有待完善及缺少对成本与碳排放方面的系统研究。随着城市建设突飞猛进的发展，出现了城市空间资源紧缺与渣土消纳场所需求量增加迅速的矛盾。因为缺乏工程渣土资源化利用的场所，无法协调渣土产出与利用之间的时空矛盾，许多可再次利用的土方资源被浪费掉。目前工程渣土的资源化处理具有配套政策不足、转运体系不健全、成本高和严重影响城市环境、再生产品的认可度低及良好的市场运行机制未形成等问题。因为缺乏工程渣土的源头分类标准和资源化的技术指导，故在源头减量和科学合理利用其资源性方面还存在诸多不足。目前，关于工程渣土的综合服务监管平台存在渣土信息未强制申报、对工程渣土基本信息重视不足、不同城市和不同区域之间的渣土运输存在壁垒的现象。目前，对工程渣土处置技术的成本与碳排放方面的研究较少。为助推工程渣土资源化和国家的"双碳"目标，对工程渣土的处置技术进行可行性评价时要对其进行碳排放和经济成本的系统评估。

2.4.3　工程泥浆的处置技术

1. 工程泥浆的处置原则

当前国内外对废弃工程泥浆的处理遵循"减量化—资源化—无害化"的原则，以减量化为主；其基本特征为"低消耗、低排放、高效率"。处理方式主要包括先脱水，再对其进行进一步处置。减量化过程中应当遵循以下原则：

应根据施工现场的环境要求、地形、水文、土壤条件等相关情况，合理选择原位就地式处理和异位集中式处理，并合理规划工程泥浆储存池、沉淀池的位置，裂隙、溶洞发育地带应采取防渗漏、防流失等措施。

工程泥浆处理不当会对环境产生巨大污染，因此选用适当的处理技术才能有效地对工程泥浆进行减量化，处理方法宜根据施工现场的环境敏感性（水文、气象、土壤）及工程泥浆产量等因素确定。

2. 工程泥浆的处置方法

（1）自然沉淀法

废弃泥浆一般含水量非常高，对其进行脱水处理可大大减少后续运输的体积与重量，从而降低外运成本。将工程废弃泥浆运至郊外荒地或者干化场上摊铺成薄层，静置一段时间后泥浆逐渐沉淀，泥浆所含水分一部分自然蒸发，一部分则渗入土壤或通过滤水层收集排走。该处理方式优点是节能经济，在气候干燥、土地资源不紧张的地方有较好的适用性；缺点是处理效率低下，处理周期较长，需要占用大面积土地。

（2）高温脱水法

泥浆中含水率很高，大部分水分都是自由水，但泥浆具有胶体稳定性，常温下脱水速度慢，可是在面对高温时自由水很容易失去，即使是结合水也能在高温下被蒸发或去除。高温加热脱水是一种高效彻底的方法，系统通过用热气直接或间接对含水率 75%～80% 的泥浆进行加热，使泥浆含水率降至 10% 左右，这时泥浆体积大大减小，同时有效地灭绝泥浆中的致病菌。由于处理过程中只是将泥浆中的水分蒸发出来，泥浆制成品中有机物含量高，养分充足，可应用于园林绿化或农业。目前应用较多的就是焚烧与干燥等，同时可以利用工业生产中产生的余热进行泥浆干燥脱水，既能解决泥浆脱水又能充分利用多余的热能。

（3）机械脱水法

机械脱水法是基于分离与过滤原理，以机械设备产生的外部压力作为过滤压力，以土工布等材料作为过滤介质的脱水方式，主要分为板框压滤、带式压滤、螺杆压滤。通过振筛、旋流器等机械设备对污泥进行压力和旋转的作用，将污泥中的水分挤压出来，使固相颗粒与液相分离，再通过过滤介质筛选出简单机械方法无法分离出的微细泥浆颗粒。该方法具有工作稳定可靠、操作简便、占地面积小等优点而被普遍采用，但需要投巨资购置设备，而且处理量有限，成本较高。因此一般需搭配其他方法配合使用。压滤脱水原理如图2-3所示。

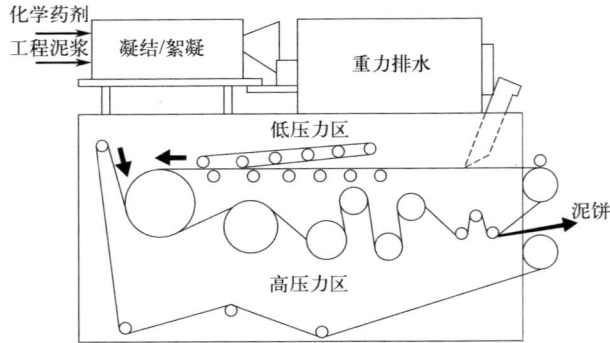

图 2-3　压滤脱水原理

（4）离心脱水法

利用离心沉降和密度差原理，当工程泥浆进入离心机后，会在离心机内产生强烈的旋转运动，在离心力、向心浮力、流体拽力作用下，泥浆中的固体颗粒会在径向上与流体发生相对运动，从而达到分离的目的。离心脱水原理如图2-4所示。

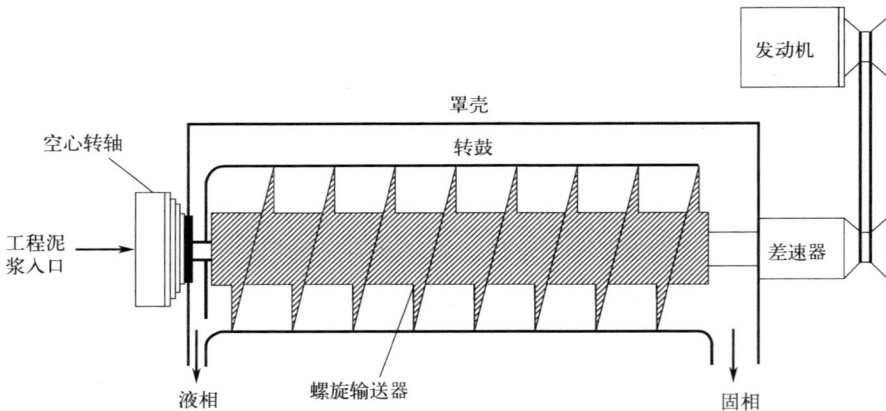

图 2-4　离心脱水原理

（5）絮凝脱水法

主要分为化学絮凝和物理絮凝两种方式：化学絮凝的原理是在工程废弃泥浆中加入絮凝剂生成特定化学结构，吸附土颗粒以破坏工程泥浆的胶体稳定结构；物理絮凝的原理是通过加入表面活性剂或通过加热等方式改变工程废弃泥浆土颗粒的表面张力，破坏双电层结构，加速工程废弃泥浆固液分离过程。絮凝脱水在污水处理中已被证实是一种较有效的预处理方法，具有便捷高效的优点。目前絮凝脱水主要是采用添加化学试剂的方法，依靠与泥浆发生物理化学反应实现工程废弃泥浆固液分离。这导致絮凝脱水的脱水效果并不稳定，絮凝效果取决于所用试剂的性能与分散效果。同时要用到大量的絮凝药剂和凝聚作用药剂，将固体和液体分离的仪器设备价格昂贵，处理成本高，并且操作流程复杂繁琐。同时，分离出来的液体一般还需要进一步净化处理后才能达标排放。因此，絮凝脱水更多作为一种预处理方法进行使用。泥浆多级固液分离流程如图 2-5 所示。

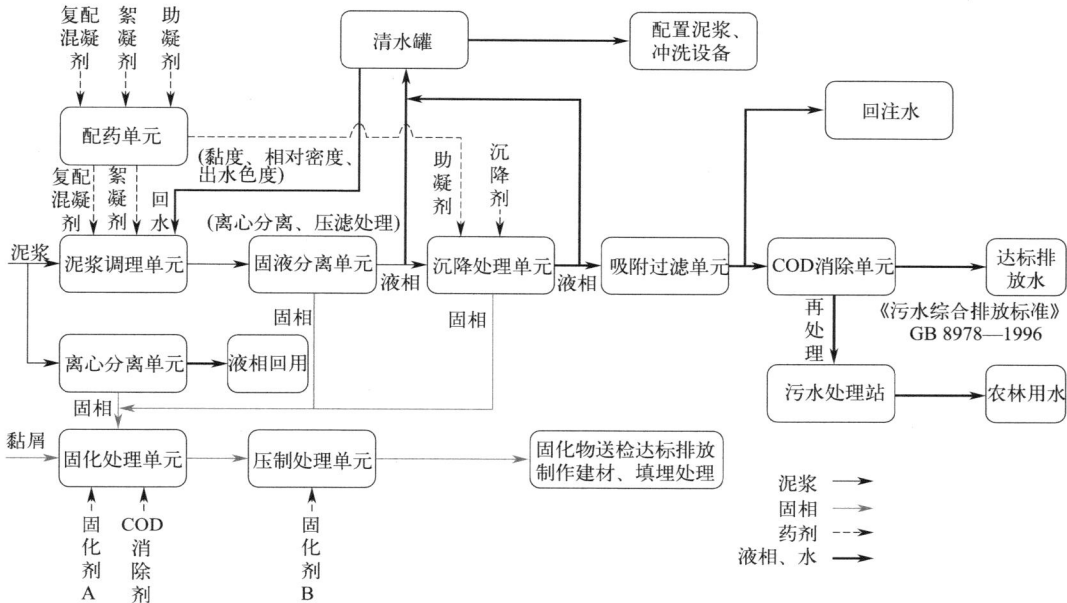

图 2-5　泥浆多级固液分离流程

（6）固化法

在一些含固量较高的泥浆中，絮凝沉淀脱水效果较差，泥浆固相不易絮凝沉淀，对泥浆进行固化是近些年的研究热点之一。泥浆固化处理是目前面对各类工程泥浆最直接有效的办法。化学固化法是在泥浆中直接加入固化剂，使泥浆直接固化。泥饼与固化药剂反应后经过复杂的物理和化学变化，生成具有一定强度的固体，将其中的有害成分降低到最低限度，并限制其自由流动，或抑制其构成组分的迁移扩散，最终达到环境污染控制标准。同时固化后的泥浆可以覆土还田、作为路基填埋材料、作为制作建材原料等。固化剂的种类很多，有凝聚型的树脂类、胶凝材料类、无机盐类和有机聚合物类。比较经济的是以水泥为主体的固化剂配方，它以普通硅酸盐水泥为主，辅以适当的助凝剂和调凝剂。近些年出现了矿渣、电石渣、钢渣等工业废渣以及复合磷基固化剂、碱激发材料等新型固化剂。

经固化处理的泥浆成为有一定强度的固体，既便于处理工业固体废弃物，也有利于保护环境。

（7）回注法

对于普通工程的废弃泥浆一般都会选择填埋或者回收利用，但是往往面对一些含有多种污染物甚至带有毒性物质的废弃泥浆以及填埋和回收困难的特殊施工类型比如海上钻井等。面对这类极端情况时我们可以选择将废弃泥浆回注到地下安全层内。一般回注方法分为两种：其一就是将废弃泥浆注入非渗透层，利用高压将废弃泥浆强行注入地层中，用高压在地层中挤出缝隙，待泥浆注入完成后撤除压力，废弃泥浆被夹在非渗透层内无法移动。其二是探寻地层中的空洞或者环形空间，人为开凿细小孔道将泥浆注入其中，然后封闭孔道。这两种方法不论是高压注射还是开孔道，都需要大量经费、人力，对地层特性具有一定要求。一般这类方法应用比较少，泥浆虽然封存在地层中，但其中的毒性物质需要很长时间才能被自然过程分解或稀释，可是如果地层发生移位渗出仍然具有较大危害性。

（8）回填法

当泥浆性质不能满足循环利用要求或施工结束时，废弃泥浆需要进行适当的处理。选择机械与化学剂（絮凝剂、水泥等）相结合的方式对泥浆进行脱水处理后，将处理后的泥浆回填于基槽或基坑中。在面对桥梁、隧道施工时往往都是在地域开阔之处，工程泥浆的成分简单无污染物，一般选择就地修建沉淀池后排入泥浆，对泥浆进行简易脱水后待泥浆自然干化后进行就地填满。回填对填埋处承载力有所要求时，往往可通过加入适量的絮凝剂和固化剂对泥浆进行处理，加入固化剂可将泥浆变为具有一定强度的固体，固化后的泥浆直接或进一步处理后即可回用于工程填方等。当前国内基槽回填常采用泥浆做预拌流态固化土工艺，预拌流态固化土主要成分为土、水泥、砂、外加剂与水，具有高流动

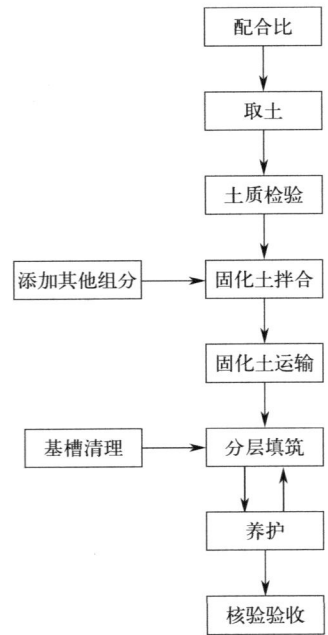

图 2-6 预拌流态固化土基槽回填施工工艺

性、免压实、强度可控、取材方便的特点，预拌流态固化土基槽回填施工工艺如图 2-6 所示。

（9）资源化处置

工程泥浆的含水率高、强度低，直接资源化利用的方式较少，多对其采取脱水或固化处理后再进行资源化处置，脱水处理后产生的泥饼成分与性质一般类似于工程渣土，因此泥浆处理后的泥饼资源化利用途径也可借鉴工程渣土的相关技术。所得泥饼主要被用做土壤材料和工程材料。废弃泥浆再生工艺流程如图 2-7 所示。

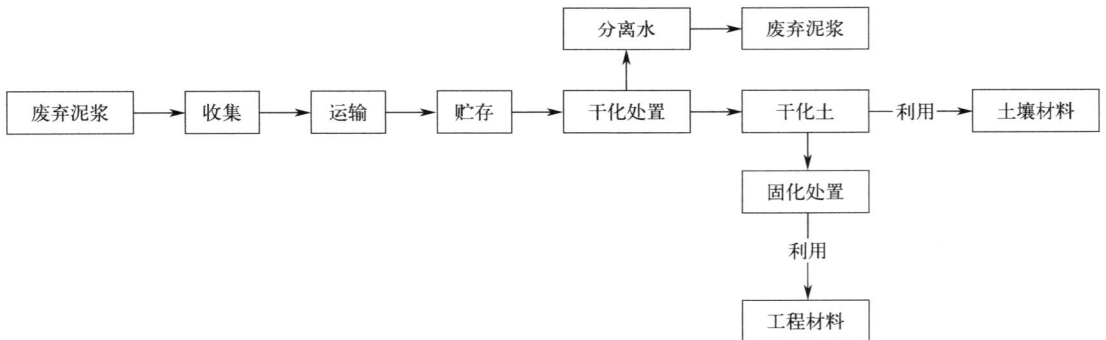

图 2-7 废弃泥浆再生工艺流程

丁飞鹏利用水泥、生石灰、粉煤灰等材料对钻孔灌注桩泥浆进行现场固化并用于填筑路基，结果表明水泥对泥浆的固化效果优于生石灰，而拌合完成的闷料时间对其最大干密

度、最优含水率及 CBR 值有较大影响。方春林针对南京某工程泥浆开展了复合固化剂的研制试验，在最优固化剂配方下，7d 龄期最优含水率为 30.22%，CBR（全称）值为 23.4%；28d 龄期最优含水率为 31.12%，CBR 值为 29.1%，满足路床和路堤的强度要求。刘泽等对两种不同来源的桩基泥浆分别开展固化路用性能研究，结果表明源自淤泥质黏土和粉质黏土层的泥浆固化后路用性能较差，仅能作为底基层填料；而源自岩层的泥浆固化后可满足基层填料要求。罗伟对钻井废弃泥浆采用破胶剂改良后加入复合固化剂用做路基材料，在最优配合比下 CBR 达到 19.4%，无侧限抗压强度达到 1.55MPa，满足规范要求。董庆梅等将不同比例的脱水泥饼、干化剂、矿渣等进行混合搅拌，按照黏土制砖的技术方法，将泥浆残土制作成免烧砖，经检验完全符合相关国家标准。张翔宇等向脱水后的钻井泥浆中加入骨料、水泥及促凝剂进行固化，处理后的泥浆可用于制备免烧砖、边坡加固等工程。上海市横沙东滩圈围八期工程施工过程中，采用工程泥浆混合某些物质进行了吹填造地；李治宏在金山区廊下镇中联村采用工程泥浆进行了土地复耕。

2.5　老旧小区改造渣土泥浆的处理及利用

在老旧小区改造过程中，由于涉及建筑物拆除、设施更新和绿化改造等工作，会产生大量的固体废弃物。这些废弃物主要来源于以下五个方面：渣土、泥浆、旧家具和电器、旧管网设施和包装材料。其中渣土和泥浆是老旧小区改造中重要的废弃物，主要产生于管道的升级改造及新建设施的土方工程。老旧小区改造是重大民生工程和发展工程，而不同城市不同老旧小区面临的问题和矛盾各有不同，应切实考量城市经济发展水平、地域地理环境特点、城市不同地段特征、居民生活环境改善需求、居民精神文化追求等，识别老旧小区特点与改造需求，"因地制宜、精准施策、对症下药"，科学确定改造目标和实施路径，保证老旧小区改造的稳步推进，维护居民利益，激发各方改造积极性。

2.5.1　老旧小区改造渣土泥浆的综合利用

1. 渣土泥浆生产砂石骨料

将渣土泥浆转化为砂石骨料是一种常见的资源化利用技术，可以有效地减少渣土的危害和浪费，同时为建筑材料提供了替代品。常见渣土泥浆生产砂石骨料步骤如下（图 2-8）：

（1）渣土分类和预处理：对于工程渣土，首先需要对其进行分类和预处理，将不同类型的渣土进行分离，如混凝土碎块、砖石材料、土壤等。

（2）粉碎和破碎：将分类后的渣土送入破碎设备进行粉碎和破碎，将较大的渣土块破碎成合适的颗粒大小，一般为 5～20mm。

（3）筛分和分级：通过筛分设备将渣土按颗粒大小进行分离，分离出较大颗粒和较小颗粒，以便后续处理和利用。

（4）洗涤：利用水流冲洗渣土，去除表面污垢和部分有机质，使渣土更适合后续利用。

（5）脱水：使用脱水设备将渣土中多余的水分去除，降低湿度，减少体积，便于后续运输和利用。

（6）储存和出售：处理后的砂石骨料可以储存并用于建筑工程、道路建设等，也可以出售给相关企业作为建筑材料的原料。

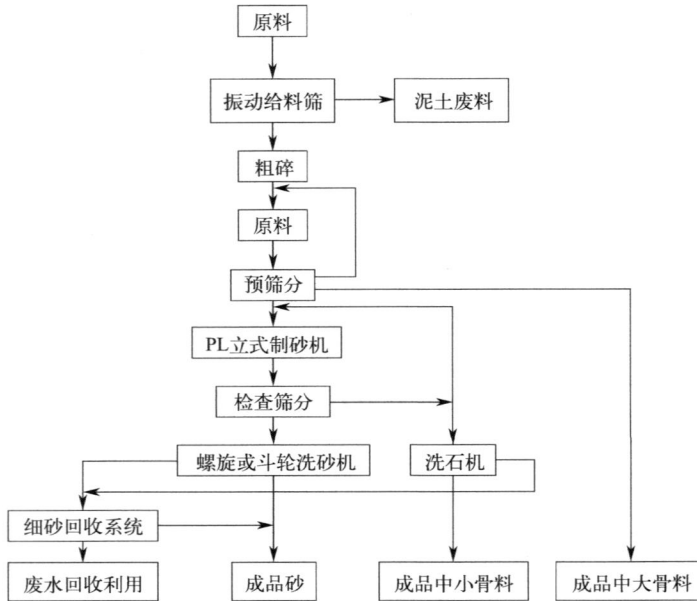

图 2-8　渣土泥浆生产砂石骨料流程

2. 渣土泥浆制备再生制砖

将工程渣土进行粉碎、筛分等处理，然后与适量的水泥、石灰等原材料混合，可以制成环保砖瓦，用于建筑或景观工程。

常用工艺是脱水处理后的泥饼辅以粉煤灰和底泥。制备的烧结砖具有传统砖的强度和抗水性，且泥饼中含有絮凝剂等有机物，焙烧过程会产生气孔，焙烧过程中产生的气孔可能会在一定程度上影响烧结砖的抗压强度，同时提高了其隔热保温性能（图 2-9）。烧结砖是砖坯晾干后在 900～1000℃ 条件下保温 4h 后烧结成型；非烧结砖成型主要依靠水泥和石灰的水解和水化反应、颗粒表面的离子交换和团粒化作用，以及高压物理机械作用。

2.5.2　老旧小区改造渣土泥浆的利用案例

1. 温州市瓯海区老旧小区改造中产生的渣土泥浆的利用案例

调研数据显示，"十四五"期间，温州市建筑渣土和泥浆工程渣土将高达 1.92 亿 m^3，占四类建筑垃圾总产量的 96%。而温州市主城区人均城市用地面积仅 $86m^2$，为浙江省倒数第一，土地资源非常紧张。因此，一些老旧小区的改造提上日程。在老旧小区改造中由于管道系统的升级改造及地下空间的开发，产生大量渣土泥浆，产生量约为 2600 万 m^3。由于该区土地资源紧张及填海造田路径被关闭，这就造成渣土泥浆的消纳场地紧缺，辖区渣土消纳处置能力严重不足，各类渣土并未分类收集，绝大多数渣土混杂直接运输至瓯飞或瓯江口围垦区填埋处理。市区的渣土基本是通过水运，运到外地处置，渣土车偷运偷

（a）

（b）

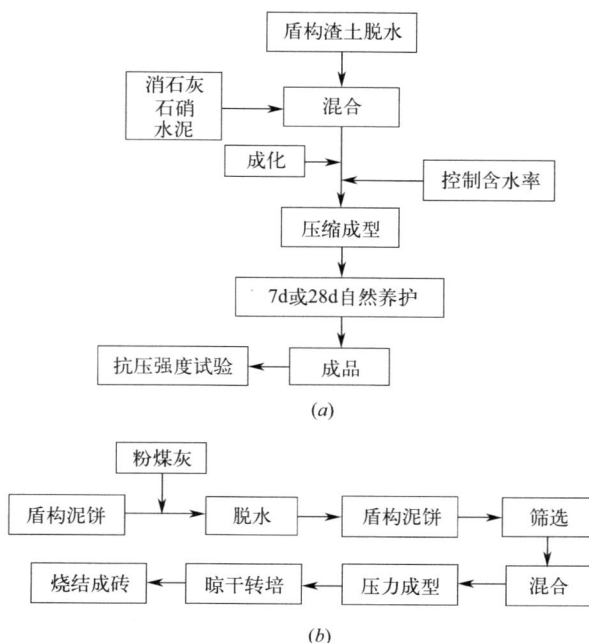

图 2-9　工程渣土制砖流程

（a）非烧结砖；（b）烧结砖

倒、超载、超速、超限、滴撒漏、车容不洁等违法现象时有发生。为解决上述困境，温州市以"无废城市"为切入点，加大建筑渣土资源化利用项目建设，最大程度挖掘潜在的渣土泥浆消纳潜力。温州市针对全市建筑渣土处置弱项，高点谋划，加速推进。项目分短期和长期，短期内布局（渣土）蒸压砖示范和渣土固化处理再生路基填料示范项目，投建娄桥建筑渣土循环利用基地；长期规划将在瓯飞工程围垦区和瓯江口围垦区合计建设不少于500亩的资源化循环利用基地，全面缓解温州市区渣土和泥浆的消纳压力，进一步提升全市建筑垃圾资源化利用水平。该项目因其创新性和实效性，成功入选浙江省2022年度建筑领域碳达峰相关工作优秀案例。下一步，温州建设集团资源化利用科技有限公司将加速推进瓯飞种植土及固化回填土项目建设，力争业务布局再有新突破，形成具有覆盖面广、消纳力强、碳排放低等特点的温州市建筑垃圾资源化平台，以助推温州市老旧小区改造及"无废城市"建设。

娄桥建筑渣土循环利用基地位于温州瓯海区，总用地面积约40145.28m²，总建筑面积69281.2m²，项目总投资约14574万元。主要包括一条水热固化制备免烧建材生产线和一条再生路基填料生产线及配套设施等。其中水热固化制备免烧建材生产线由辅料配料、液压成型、蒸压养护等工段组成，以水热固化模拟地下水热成岩机理，将加压成型和加热固化分离，使难溶或不溶的物质变得易溶，利用免烧工艺实现渣土高效资源化（图2-10和图2-11）。制作成的成品砖，由90%的建筑垃圾（70%渣土，20%拆除垃圾、工程垃圾）和10%按级配设计要求添加的辅料组成，能替代高能耗的水泥砖，作为高强度的墙体、市政水利等途径使用。该生产线可实现单位资源化产品中渣土掺比超过70%，远高于传统的资源化方式利用率（<20%），同时，与传统烧结工艺相比，所需能耗仅为其1/6，碳排放仅为其1/10，残次品和边角料均可循环利用，实现低碳环保，不产生新污染

物。该项目制成的产品符合《新型墙材》和《绿色建材》等目录的标准，可被列入其中，广泛用于建筑行业、道路修造行业，有效缓解该区建筑渣土、泥浆消纳难的问题。

工 艺 流 程

```
┌ ─ ─ ─ ─ ─ ─ ─ ─ ─ ─ ─ ─ ┐
│  ┌──────────────┐      │
│  │  一般固体废弃物  │      │
│  └──────────────┘      │
│  ┌──────────────┐      │
│  │ 固体废弃物预处理 │      │
│  └──────────────┘      │
└ ─ ─ ─ ─ ─ ─ ─ ─ ─ ─ ─ ─ ┘
   ┌──────────────┐
   │   配料搅拌    │
   └──────────────┘
   ┌──────────────┐
   │   消化粉混    │
   └──────────────┘
   ┌──────────────┐
   │   机械成型    │
   └──────────────┘
   ┌──────────────┐
   │   水热反应    │
   └──────────────┘
   ┌──────────────┐
   │   资源化产品   │
   └──────────────┘
```

水热转

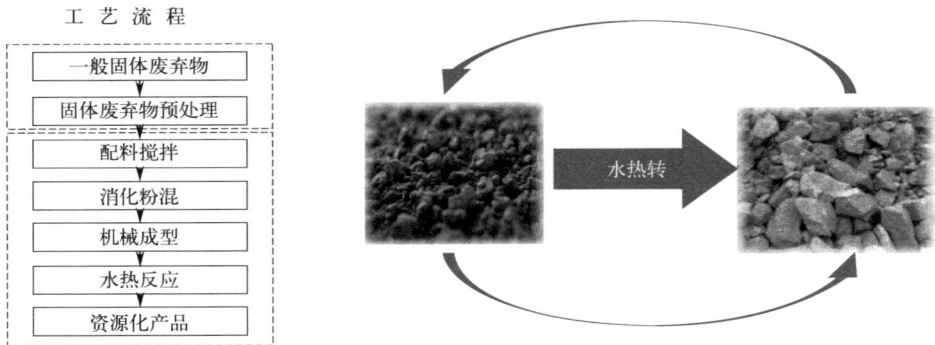

图 2-10 水热固化制备免烧建材流程

图 2-11 水热固化制备免烧建材生产线

建筑渣土和工程泥浆固化再生路基填料生产线通过自主研发专用固化剂，配套使用定向开发研制的专用搅拌混合设备，降低了温州建筑渣土塑性指数、水敏感性，增强水稳定性，生产的再生路基填料可替代传统宕渣等路基填筑材料，减少对天然材料的开采和对山体的破坏。该生产线的年消纳渣土量可达 70 万 m^3，流程简练高效，易于产业化应用并大规模推广，实现二氧化碳减排约 2 万 t/年，具有显著的社会效益（图 2-12）。

图 2-12 再生路基填料生产线

在处理渣土的过程中，会涉及渣土质量划分、运输优化决策、处置场地堆填方量动态跟踪以及再生产品智慧交易等相关问题，为实现建筑渣土全过程闭环管理，温州市着力探索"天—空—地"一体化监控技术（图 2-13），计划融合浙江省建筑垃圾综合服务系统及后端处置工厂的智慧工厂系统，打通信息壁垒，协同建立基于多源数据融合的建筑渣土全过程信息化管理。通过卫星遥感、无人机倾斜摄影及三维建模、渣土质量贯入触探检测与RFID 电子标签，实现建筑渣土从产生到资源化利用再到末端处置全过程周期管理。目前，智慧工厂系统已完成初步设计，正准备性能验收。

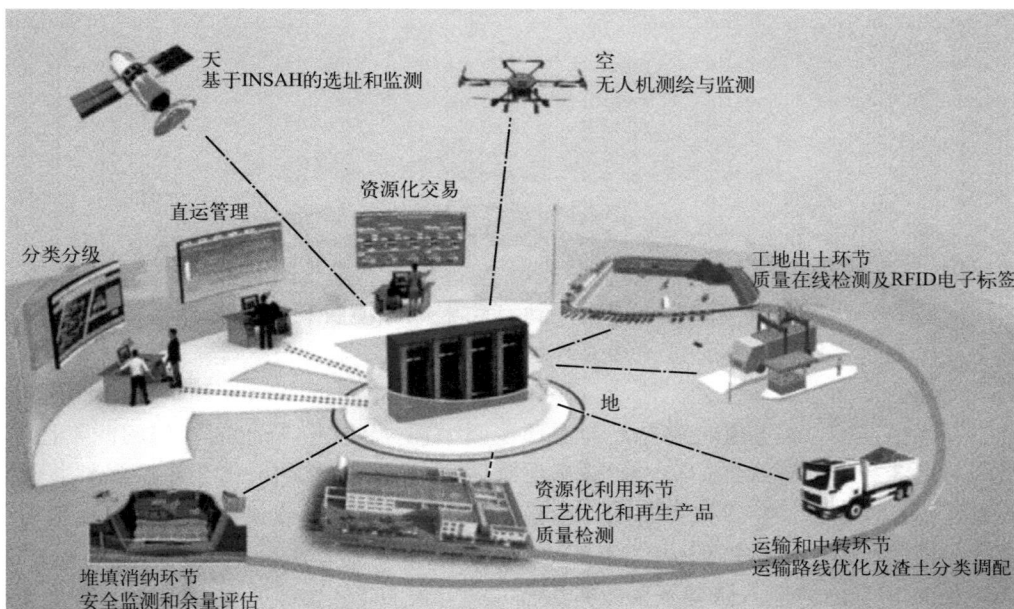

图 2-13　"天—空—地"一体化监控技术

2. 沙县区建国片老旧小区改造项目

由三明市住房和城乡建设局牵头，沙县区人民政府承担主体责任，沙县区人民政府办公室牵头协调指导的沙县区建国片老旧小区改造项目。涉及居民户数 1519 户，楼栋数251 栋，总面积 33.89 万 m^2。项目以"以人为本、因地制宜、居民自愿"为原则，以"提升居民生活品质"为目标，以"完善配套设施"为内容，以"提高环境品质"为效果。改造平面规划如图 2-14 所示。

该项目在保留原有建筑风貌和文化特色的基础上，对小区内部及与小区联系的供水、排水、供电、弱电、道路、供气、供热等基础设施进行了全面提升，并对小区内部及周边适老设施进行了增设或改造。该项目还对小区内部及周边绿化进行了美化，并对周边道路进行了整治。对该项目所产生的工程泥浆也进行了规范化的处理利用，遵从了经济性原则：充分利用工程所在区域现有地形加以改造，以节约土地，尽量减少临时工程的投入。实用性原则：现场布置规划设计尽量靠近施工地点，实用方便，不重复建设，确保各项设施的高效使用。方便管理原则：便于施工管理，便于劳动力、机具设备和材料等调配，有利于减少施工干扰，有利于文明工地建设。安全性原则：场地布置将符合有关安全生产、

图 2-14　改造平面规划

劳动保护、防火、防洪等法律、法规和要求，将方便安全措施的有效实行，有利于安全救助。环保性原则：根据现场调查获得的当地有关施工环境资料，结合当地环保部门要求，有利于环保和水土保持，尽可能减少对环境产生的不利影响。根据施工现场的实际情况设计现场泥浆池平面布置。每个泥浆池分循环池、储浆池，中间设泥浆通道。循环池与桩基钻孔用泥浆槽连接，泥浆在桩基钻孔与循环池间循环。泥浆运输采用专门的泥浆运输车。泥浆车采用全封闭的罐式运输车。运输车在罐顶和底部设进浆口和排浆口。泥浆通过泥浆泵打入罐车，装满后，将进浆口封闭，运输至指定地点进行排放或处理。运输罐车的封闭性较好，杜绝了泥浆运输过程中的污染。

3. 温州市温州大道人防地下商业街工程

温州市温州大道人防地下商业街工程位于温州大道与车站大道交叉处，工程总长度约为 700m，西起温州汽车新南站，东至华盟场南侧，宽度约 44～157m，北起鱼鳞浃河，南至温州火车站广场北端。本工程用地面积 44729.28m²，总建筑面积 43766.98m²，西区地下一层，基坑开挖深度约 8.6m，东区地下二层，基坑开挖深度约 13m。本工程采用钻孔灌注桩排桩外加一排双排搅拌桩止水帷幕，被动区采用搅拌桩加固的支护体系，基础采用钻孔灌注桩，其泥浆量约达到 21 万 m³。该项目在场地 2、3、6 区域挖置三个容积 400m³ 左右的中转池用以收集钻机排出的废浆，4-1 区挖置一个容积 1800m³ 的总池。分别在 4 个池装置 22kW 排污泵，通过排污管将废浆排到总泥浆池进行沉淀。在钻孔灌注的过程中，利用挖掘机及时清理池中沉渣，清理出来的沉渣集中运出，运至政府指定的渣土处理中心处理。

2.6　厂房商业有机更新渣土泥浆处理及利用

2.6.1　厂房商业有机更新概述

随着我国社会经济的发展和城市化进程的逐步推进，许多老厂房被淘汰，面临着空置和废弃的危机。因此，我们要对旧工业厂房实行改造设计，确保其经过改造后，成为城市转型发展的重要资源。厂房商业有机更新是指对产业层次低、产出效益低、创新能力弱、环境面貌差的存量旧工业厂房，进行重新规划建设和提升改造。厂房有机更新改造的内容主要包括：建筑结构改进、空间优化规划、节能改造、功能转换、工业遗产保护与活化利用等。在厂房商业有机更新过程中产生的固体废弃物主要有渣土、泥浆和旧设备及机械等。渣土和泥浆作为厂房商业有机更新过程中产生的重要固体废弃物，其资源化利用具有重要意义。

2.6.2　厂房商业有机更新渣土泥浆综合利用途径

1. 工程渣土用做道路基层

工程渣土用做道路基层的工艺流程主要有以下步骤（图 2-15）：

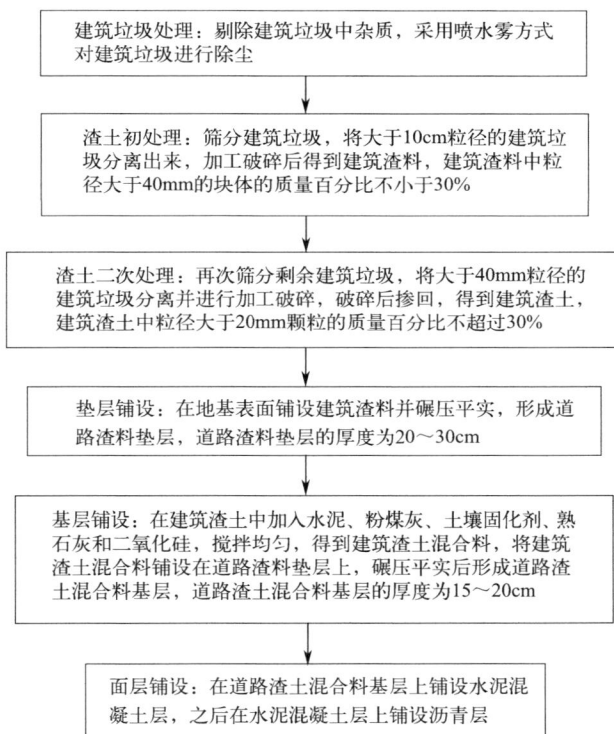

图 2-15　工程渣土用做道路基层的工艺流程

（1）建筑垃圾处理：将建筑渣土场地进行清理，清除杂物和垃圾。

（2）渣土初处理：对建筑渣土进行筛分，分离较大的碎石和杂质，保留细粒土壤。

（3）渣土二次处理：对较大的建筑渣土块进行破碎，使其颗粒大小均匀，并对细粒渣土进行加水稳定处理，使其达到一定的稠度和黏性，提高其承载力和抗冲刷性。

（4）垫层铺设：整平地面上均匀铺设石子，保持平整作为基层。

（5）基层铺设：处理后渣土与固化剂混匀后均匀覆盖在垫层上，形成路面基层。

（6）压实：使用压路机等设备对处理后的建筑渣土进行压实，确保道路基层的均匀致密。

（7）调平：使用平地机或其他设备将道路基层进行调平，使其达到设计要求的平整度。

（8）面层铺设：将水泥洒在道路填料层上，浇水快速固化，使填料粘结在一起，保证道路填料达到足够稳定性与强度。

2. 工程渣土用做免烧砖

工程渣土用做免烧砖的工艺流程主要有以下步骤（图 2-16）：

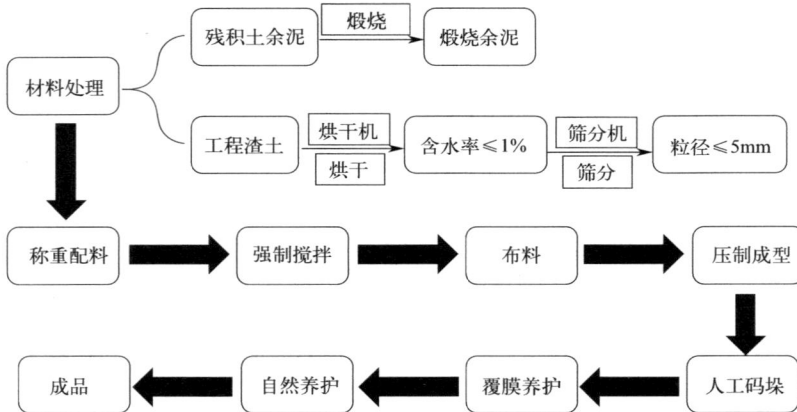

图 2-16　工程渣土用做免烧砖的工艺流程

（1）清理和筛分：将工程渣土场地进行清理，去除大块杂物和垃圾。然后对渣土进行筛分，分离出较大的碎石和其他杂质，留下细粒土壤。

（2）破碎：对较大的工程渣土块进行破碎，使其颗粒大小均匀。

（3）混合配比：根据需要的免烧砖配方，将破碎后的工程渣土与适量的水泥、石灰、煤灰或其他掺合料进行混合配比。配比的目标是确保免烧砖具有足够的强度和稳定性。

（4）搅拌：将混合后的渣土和配合料放入搅拌设备中，进行充分的搅拌，使各组分均匀混合。

（5）加水稳定：对搅拌后的混合料进行加水稳定处理，使其达到一定的稠度和黏性，提高其成型性和抗压强度。

（6）成型：将稳定处理后的混合料放入免烧砖成型机或手工成型，制作成免烧砖的形状。

（7）自然养护：完成成型后的免烧砖进行自然养护，通常需要在阴凉、通风的地方放置一段时间，让免烧砖逐渐获得足够的强度。

（8）硬化养护（可选）：根据需要，可以对免烧砖进行更长时间的硬化养护，以进一步提高其强度和耐久性。

2.6.3　厂房商业有机更新渣土泥浆综合利用案例

1. 上海世博园——工程渣土在世博会道路上再利用的案例

2010 年世博会在上海举办，5.28km^2 的上海世博会园区不仅创下世博会历史之最，也是上海有史以来最大的单体建设项目。2010 年上海世博会原址是工业用地，园区内有江南造船厂、上钢三厂等多家大中型企业。在拆迁和建设过程中产生了大量的建筑渣土，整个上海的世博工程约产生 4000 万 t 建筑渣土。上海世博园区渣土主要是碎石、碎砖、混凝土碎块等混杂在泥土中，泥土以亚黏土为主，腐殖质含量小于 5%。

上海常规的道路设计方案是路基采用石灰土处理，垫层采用砾石砂垫层，基层采用水泥稳定骨料。常规方案需要采用新的道路材料，一方面要增加外部土石方资源的开采；另一方面要将道路材料运输到世博园区内。而对于世博园区内如此大量的建筑渣土，如果简单地将大量的建筑渣土运出世博园区，需花费几千万元财力，以及大量人力和物力，同时对周围环境也产生污染，而且也是资源的巨大浪费。鉴于渣土外运的高成本、对环境的潜在污染以及可持续发展的理念，将厂区拆除产生的原有渣土用做世博会道路路基，减少土方外运，减少了工程费用，符合"科技世博"和"生态世博"的理念。

建筑渣土再生利用技术施工采用路拌法铺筑实体工程，主要工序包括：备料摊铺渣土、洒水闷料、摊铺 HEC（High-performance Earth Consolidator，高性能土体固结剂，掺量 5%～8%）、拌合、洒水复拌、整形、碾压（压实度≥95%）与养生（养护周期 7 天），其工艺流程详见图 2-17 与图 2-18。利用 HEC 固结建筑渣土作为道路下基层与垫层、路基属我国首次，材料强度高，水稳定性好，同时取料方便，施工简捷，费用低，具有较好的经济性。HEC 固结渣土回弹模量较强，水稳定性好，减少土方外运，有利于环境保护，缩短工期，降低工程费用。HEC 固结渣土稳定土路基下层和上层做好后的地基回弹模量分别约 40MPa 和 60MPa，回弹模量从 40MPa 增至 60MPa，实际增长 50%。HEC 固结渣土不易出现裂缝，施工便道通车至今，路面没有发现裂缝。相较于传统石灰土路基，采用 HEC 固结渣土作为稳定土路基，减少了渣土的外运量 47.8 万 m³，节省费用 1673 万元。减少了石灰土用土量的运入量 38 万 m³，节省费用 1330 万元，共计节省费用 3003 万元。世博园区的市政道路均采用 HEC 固结渣土作稳定土路基，车行道路面积达 58 万 m²。目前，园区市政道路，已采用 HEC 固结渣土稳定土路基进行施工，浦东段Ⅲ标西环路及浦西段的道路下基层也采用 HEC 固结渣土实施。

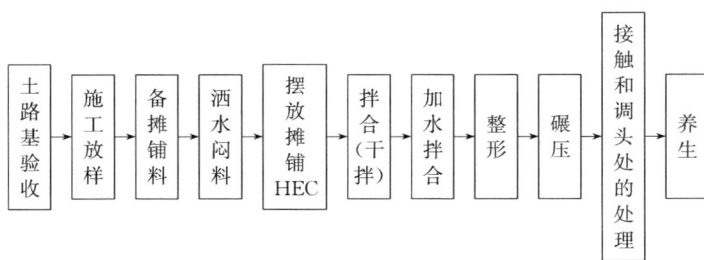

图 2-17　HEC 固结渣土施工程序

2. 厂房商业更新泥浆处理处置案例

某泥浆处理站采用砂石分离机对工程泥浆进行砂石分离处理，并对分离后的产物进行资源化利用。砂石投入混凝土生产系统中用于生产混凝土，砂石分离后产生的泥浆滤液用于制砖，工艺流程如图 2-19 所示。该工艺流程的组成系统主要包括：砂石分离机、沉淀池/搅拌池、配料系统、搅拌系统及制砖模具等。泥浆沉淀系统由并列布置的 3 个沉淀池和 1 个搅拌池组成。前两个沉淀池作为一级沉淀池使用，第三个沉淀池作为二级沉淀池使

图 2-18　工程渣土流水线化处理

用；搅拌池内部装有搅拌装置和泥浆泵，搅拌装置用于生产时防止泥浆沉淀；泥浆泵用于往搅拌机里输送泥浆；配料系统主要由砂配料系统、水泥配料系统、发泡剂配料系统组成，主要用于制砖浆料的配置。

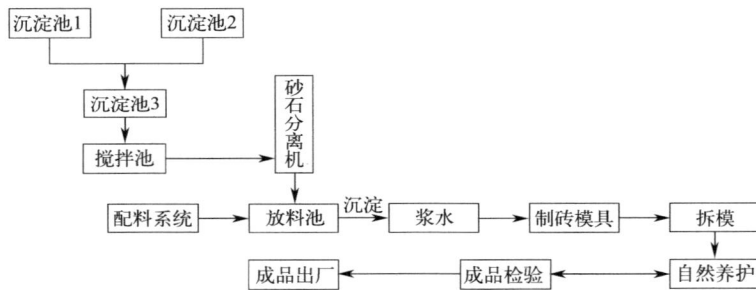

图 2-19　砂石分离后产生的泥浆滤液用于制砖工艺流程

　　工程泥浆由沉淀池经管道抽入沉淀池 1、2 进行沉淀，沉淀 8～10h 后，抽出表面清水。然后将底部泥浆抽至沉淀池 3 进行二次沉淀，沉淀 10～15h 后，抽出表面清水。抽出的清水由原管道返回至砂石分离清水池，用于场地冲洗。生产前，将沉淀池 3 中的泥浆抽至搅拌池中进行搅拌，搅拌池中的泥浆浓度为 40%～60%，若浓度过高可在搅拌过程中加入适量清水，若泥浆浓度低于 40%，可适当增加沉淀池 3 中的泥浆沉淀时间。泥浆搅拌充分后注入砂石分离机进行砂石分离，同时计算该批次分离后的浆水用于制砖时所需配料量，将配料输送至配料系统。配料及分离后的浆水全部进入放料池后启动出料泥浆泵，控制出料管口，将混合泥浆装入各模具中。装好后对模具中的泥浆上面抹光。待 2h 后再进行二次抹面。模具中的混合泥浆静置 20h 左右方可进行拆模。此时的蒸压加气混凝土砌块已经有一定强度。拆模后将其搬运至自然养护室，进行自然养护，养护 28d 后，即可销售出厂。

　　采用此处理方法生产的产品为蒸压加气混凝土砌块（图 2-20），该产品可直接使用于建筑物的非承重墙体，其强度等级符合国家标准的要求。

图 2-20 工程泥浆制备蒸压加气混凝土砌块

2.7 片区更新渣土泥浆处理及利用

随着我国城镇化进程的推进，城市建设的目标转为对已建成区内城市空间形态和功能的更新升级。片区更新是对城市中的特定片区进行综合性的改造和更新。片区更新的内容主要包括基础设施改善、房屋拆迁与改造、社会设施建设、社会设施建设、经济发展和商业设施等。片区更新过程产生的固体废弃物主要有拆除产生的建筑垃圾、建筑装修产生的废弃物、城市基础设施建设产生的固体废弃物等。在片区更新改造过程中，可能会新建一些基础设施，如道路、管道等，这个过程中也会产生一些渣土和泥浆。

2.7.1 片区更新渣土泥浆综合利用途径

1. 资源化用于土壤改良

（1）收集和筛选：首先，收集工程渣土并对其进行筛选，去除大块杂物和不适宜的成分，确保渣土的质量和纯度。

（2）样品分析：从筛选后的工程渣土中取样，并将样品送往实验室进行分析，包括测定其含有的营养成分、pH 值、有机质含量、重金属等。

（3）调整 pH 值：根据样品分析结果，如果工程渣土的 pH 值过高或过低，可以通过添加酸性或碱性物质来调整，使其适合植物生长。

（4）添加有机质：工程渣土通常缺乏有机质，因此可以添加腐熟堆肥、腐殖土或其他有机质来源，增加土壤的肥力和保水能力。

（5）施加养分：根据土壤分析结果和植物的需求，施加适量的肥料，提供植物所需的养分。

（6）混合和均匀：将调整后的工程渣土与有机质和肥料进行混合，并确保充分均匀，使改良土的成分均衡。

（7）封闭养护：将改良后的土壤进行封闭养护，保持一定的湿度和温度，使改良效果更好。

（8）土壤检测和调整：在使用改良土进行种植前，进行土壤检测，确保改良土的质量符合植物生长的要求。根据检测结果，可以再次调整土壤的成分，以达到最佳的改良效果。

2. 用做回填流态固化土

（1）渣土收集和筛选：首先，收集建筑渣土并对其进行筛选，去除大块杂物和不适宜的成分，确保渣土的质量和纯度。

（2）样品分析：从筛选后的建筑渣土中取样，并将样品送往实验室进行分析，包括测定其含有的主要成分、水分含量、颗粒分布等。

（3）调整配合比：根据样品分析结果和需要的性能要求，调整建筑渣土的配合比，包括添加适量的水泥、粉煤灰、石灰等胶凝材料，以及可能需要的掺合料。

（4）混合：将调整后的建筑渣土与胶凝材料和掺合料进行混合，确保各组分充分混合均匀。

（5）加水搅拌：将混合后的渣土料与水进行搅拌，使其达到适当的湿度和流动性，形成流态固化土料。

（6）流态固化：将流态固化土料投入模具中，进行压实和振实，使其达到一定的致密度和强度。

（7）固化养护：流态固化土完成压实后，进行固化养护，通常需要在阴凉、通风的地方放置一段时间，让其逐渐获得足够的强度。

（8）检测和评估：在固化养护后，对流态固化土进行检测和评估，确保其符合设计要求和性能标准。

（9）应用：经过固化和评估后的流态固化土可以用于路基、填方、边坡加固、土工合成材料等工程用途（图2-21）。

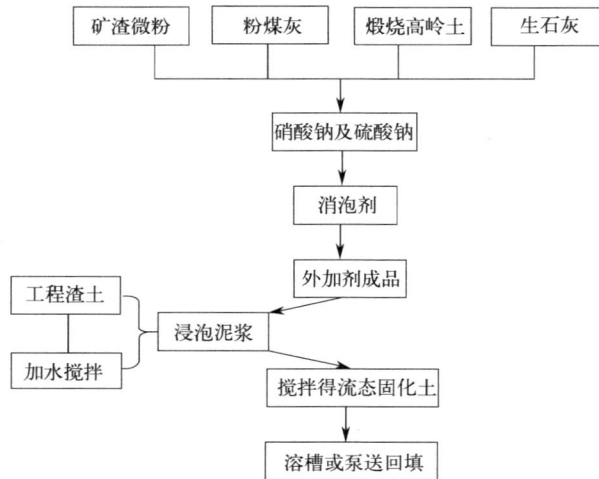

图 2-21　渣土用做固化土工艺

2.7.2　片区更新渣土泥浆综合利用案例

1.“坏土”快变“好土”技术在上海世博文化公园试点

“困难立地”一般指砂地、砾石戈壁、盐碱地、滩涂海岛、崩岗区、水土流失严重等自然条件差的土地，需要投入大量的人力、物力来改良后，才能用于常规造林。比如，上海世博文化公园范围内的大部分土地就属于"困难立地"，无论是营建山体还是大面积种植绿化，土壤的数量和质量都不足够。这些土壤往往黏度较高、通气性差、透水性不强，同时，有机质含量低，没什么营养，不利于植物生长，导致花卉苗木黄化、落叶甚至枯死。另外，随着公众对优质生态环境的需求越来越强烈，许多城市迫切需要在短期内将大量"坏土"修复成适合大多数绿植生长的"好土"。上海世博文化公园（图 2-22）已成功应用一项"困难立地"快速成景配生土技术，形成了成片的绿色种植区块（图 2-23），科研人员通过人为干预，将"不争气"的土壤调配成了满足植物健康快速生长条件的"配生土"。调制"配生土"的"食材"和"调料"主要有四种（图 2-24）：客土、有机改良材料、无机改良材料以及微生物菌剂。视绿化场地的具体情况，每一个配方都不尽相同。为让一个配方能够最大限度地改善土壤质量，研究人员需要进行反复的检测和试验，一般需耗时三四个月才能基本确定最终方案。

图 2-22　上海世博文化公园地块鸟瞰

图 2-23　桃浦中央绿地

图 2-24 调制"配生土"

上海西部某区域的一块土壤，具有黏度高、有机质低、偏碱性等特点，调配时就要加入砂子等物质降低黏度，并加入经腐熟的枯枝落叶，加入偏酸性的有机介质中和酸碱度，提高有机质含量。此外，还有一味重要的"调料"——芽孢杆菌等功能微生物菌群。芽孢杆菌的生命力很强，可以耐受130℃的高温和−60℃的低温，生长繁殖迅速，形成种群后，具有防止土壤养分流失、增强土壤活性、抑制有害微生物、除臭等功能。目前，配生土技术在国内虽处于起步阶段，但前景广阔。有数据显示，上海建成区范围内80%～90%的建设绿化都是在废弃地、城中村拆迁、旧工厂搬迁等地块上开展的，同时，还有大量的绿化将被种植到化工厂搬迁形成的棕地、沿海城市的新成陆盐碱地、垃圾填埋场等"困难立地"，用以改善当地的生态环境。在这些领域，配生土将大有可为。上海举行的城市困难立地生态修复与绿化工程技术高峰论坛上传出消息，上海市园林科学规划研究院已受邀参与编制《雄安新区街道树种选择与种植设计导则》，主要牵头编写雄安新区街道绿化立地条件标准，为该区域绿植找到合适的高品质用土等提供技术支撑。

2. 无锡市太湖新城渣土堆山造景工程

无锡市太湖新城渣土堆山造景工程位于无锡市区南部，北至高浪路，南至观山路，东至贡湖大道，西至立德路，原场地标高3.5m，规划山体基底面积54.39hm²，南北向长约820m，东西向长约950m，山体南北轴线长510m，山体坡度15°～30°，由主峰及东西2座次峰组成，主峰高度为58m，东西两座次峰高度分别为19m和23m，总土方量约350万 m³。

山体地基采用清表碾压处理，地基采用砂井排水系统，用直径10cm袋状砂井埋至地表以下15m，穿透第一承压水层，堆山范围内呈4m×4m方格网排列，再在地表铺设0.8m砂垫层，在砂垫层外围设计多条盲沟与之连通，形成排水系统。砂垫层之上用建筑垃圾和素土隔层填筑至13m，13m以上均用素土填筑，填土采用分层碾压处理，每层层厚控制在0.3m。施工采用先主峰后次峰的顺序，主峰堆至30m，东西2座次峰开始堆填。

3. 无锡市常态化泥浆案例

无锡市建管中心在312国道新吴段改扩建工程中探索变废为宝的方法，利用常态化泥浆处理中心，对建设高架桥桥墩时产生的施工泥浆进行闭环处理（图2-25）。312国道新吴段改扩建工程共有 4 个标段，经过前期测算，钻孔灌注桩产生的泥浆预计将达到 106 万 m³。这些深达地下 70m 左右钻孔产生的泥浆，采用防渗漏智能槽罐车运输至处理中心，经添加 PAC/PAM 絮凝剂、三级旋流分离（去除率 ≥90%）、高压隔膜压滤、石灰稳定化处理后，产出符合《城镇污水处理厂污泥处置　制砖用泥质》GB/T 25031—2010 标准的再生骨料和达到《城市污水再生利用　城市杂用水水质》GB/T 18920—2020 要求的回用水，实现泥浆资源化率 98.5%。据悉，该泥浆处理中心是无锡建设的首个规范化、长效化、常态化的淤泥/建筑泥浆处理中心，在规模、技术、装备等方面处于长三角地区引领水平。

图 2-25　无锡市首个常态化泥浆处理中心

在泥浆检测车间，对运输来的待处理泥浆进行采样检测，采用具有自主知识产权的淤泥固化全套施工工艺，并且对固化过程和出厂的泥饼、尾水进行检测，确保尾水参数符合使用要求，固化土达到农业用土或建设用土环保标准。目前，泥浆处理中心现有装备每天能处理泥浆 1 万 m³ 以上，自 2021 年 10 月启动至今，累计处理项目泥浆 45 万 m³，处理后的淤泥变废为宝，可作回填、筑岛、堆山、绿化种植、建筑利用等资源化利用，实现泥浆闭环处理。

4. 城市铁建设盾构泥浆环保处理案例

地铁盾构渣土颗粒细小、含水率高，处理不当容易造成环境污染和安全隐患（图 2-26）。在盾构施工过程中为了使土体具有较好的塑性和流动性，使用了发泡剂、稳定剂等试剂。现在盾构施工中使用的发泡剂多为表面活性材料，也有在发泡剂中加入高分子类水溶性聚合物。发泡剂和发泡添加剂的添加可使泥浆呈乳化状态。虽然发泡剂本身具有生物降解性对环境不产生污染，但是泥浆中的发泡剂易产生飞沫，造成民众恐慌，药剂的降解消失也需要时间，所以，要进行泥水盾构废浆处理。若不能及时解决渣土外运带来的城市道路破坏及环境影响，还会因渣土不能及时外运而带来盾构施工受阻的问题。

盾构泥浆减量化固化环保处理系统共分两部分：筛分系统和污水处理系统（图 2-27）。筛分系统主要是将盾构过程产生的渣土泥浆中的砂石骨料和泥浆分离。采用挖机上料，经过研磨化浆筛分机将原料充分打散。泥砂浆进入水洗系统，泥浆及粗/中/细

图 2-26　地铁盾构泥浆料

砂经过三次水洗流程，将砂与泥浆进行分离。分离后的污水通过细砂回收机进行二次回收，所得砂石可以在基础建设中直接使用。分离后的污水进入污水处理系统中的污水收集池。收集池的污水通过添加相关化学药剂对泥浆进行消泡处理，以消除泥浆中的发泡剂残留，实现环保处理。污水通过大型的泥浆分离浓缩罐进行初步的清水分离。浓缩后的泥浆通过专属的高压设备进行固化环保处理，所得减量后的干方泥饼装车运走。通过上述工艺处理盾构产生的渣土泥浆被分离成石头、砂子、清水和泥饼。经过减量化处理，压缩后的泥饼体积减小到原来的 1/3。所有的污水经过处理后马上变成了清水在场地内循环使用，实现了零污染。

图 2-27　盾构泥浆减量化固化环保处理系统

2.8　公共空间治理及其他渣土泥浆处理及利用

随着城市的快速发展和人口的增加，对于现有公共空间的更新与改善变得迫切而必要。通过充分利用渣土泥浆的潜力，我们可以实现资源的循环利用，减少环境污染，促进经济发展，同时也可为公共空间的建设和改造创造可持续、绿色和宜居的未来。公共空间治理旨在提升公共空间的功能性、可用性、可持续性和美观性，以适应城市发展和社会需求的变化。公共空间治理的主要内容包括道路和人行道改造（图 2-28）、公共设施升级、公共广场和花园改造、建筑外立面翻新（图 2-29）等。公共空间治理产生的废弃物主要有拆除建筑材料、施工建筑废料、旧材料和设备、渣土和泥浆、绿化废弃物、污水和垃圾、包装废弃物等。

清理路面 → 路基土石方填筑 → 排水施工 → 支排水管施工 → 管线施工 → 基层 → 路面

图 2-28　传统的路面改造的主要步骤

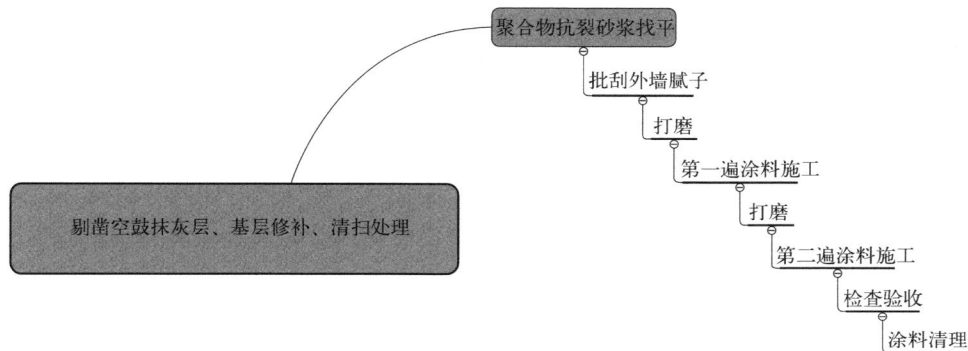

聚合物抗裂砂浆找平
批刮外墙腻子
打磨
第一遍涂料施工
打磨
第二遍涂料施工
检查验收
涂料清理

剔凿空鼓抹灰层、基层修补、清扫处理

图 2-29　建筑外立面翻新的工艺流程

公共空间治理渣土泥浆综合利用案例——湖北武汉箱涵淤泥处理项目。

在公共空间治理过程中，地下管道系统面临着升级改造的问题。在很多城市建设中采用箱涵替代明渠排水系统的方式，因此很多城市普遍存在城市箱涵。随着运行时间的增加，箱涵内部出现了淤积、堵塞等问题，增大了管道阻力，从而影响排水，不仅造成城市内涝，箱涵内沉淀聚集的污泥也成为水污染的原因之一，对河湖水质产生重要影响。武汉箱涵淤泥处理项目采用了一种河道淤泥多级处理系统，其系统与多级分离处理工艺流程如图 2-30 和图 2-31 所示。

图 2-30　河道淤泥多级处理系统

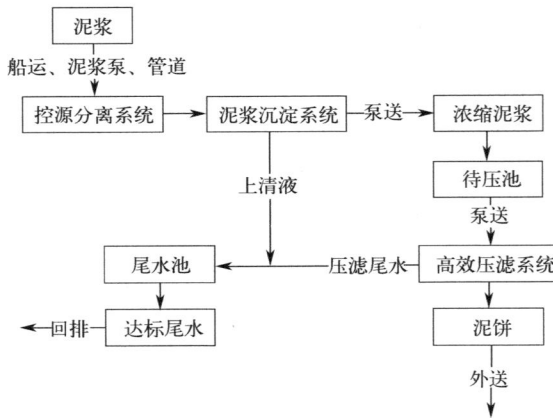

图 2-31 多级分离处理工艺流程

清淤工作首先由工人进入箱涵中，在需要清淤的管段两端设置围堰，并通过导流孔进行导流。排干围堰内的水体后，通过高压水枪将淤泥冲成泥浆。针对水力清淤产生的大量高含水率泥浆，武汉市管网及渠道清淤混错接改造工程采用了"清淤泥浆—板框压滤—处置利用"工艺，如图 2-32 和图 2-33 所示。清淤产生的泥浆首先通过吸淤车 1 泵送至车内，运输至淤泥处理场地，暂存在原浆池 2 中。由于箱涵淤泥单位长度内清淤方量少，无法满足处置场地连续运转的要求，故清淤泥浆首先在原浆池中暂存一段时间，达到一定方量后再进行后续处理。露天放置的泥浆随着水分蒸发使含水率下降，无法实现泵送，需通过工人水力冲刷 3 将泥调制成易于泵送的状态，通过管道输送至泥砂分离器 4。泥砂分离器由

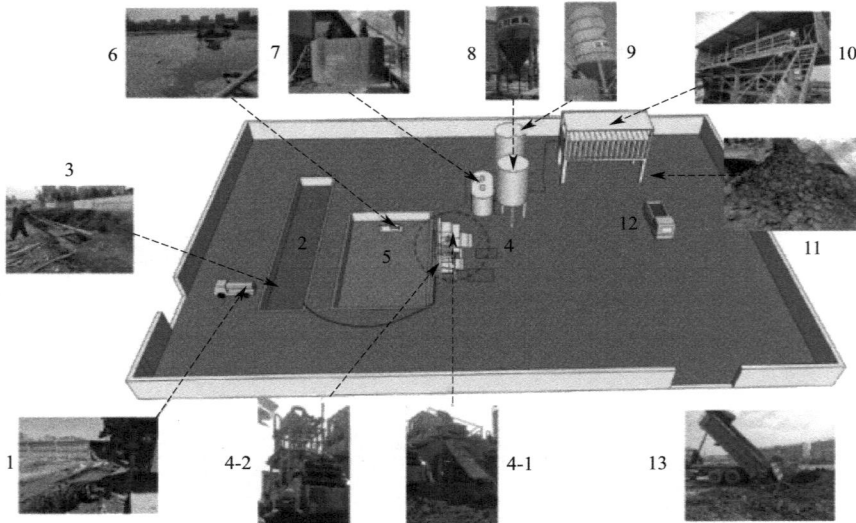

图 2-32 清淤流程示意图

1—吸淤车；2—原浆池；3—水力冲刷；4—泥砂分离器；4-1—粗砂分离器；
4-2—细砂分离器；5—沉淀池；6—绞吸船；7—调节池；8—储药罐；
9—储浆罐；10—板框机；11—泥饼；12—运输车；13—处置场地

两部分组成，泥浆首先通过粗砂分离器 4-1 筛出大垃圾、石块等粒径大于 3mm 的物质。过筛后泥浆通过泥浆泵送至细砂分离器 4-2 的旋流分离器，实现泥浆和砂浆的初步旋流分离。分离后的泥浆回到沉淀池 5，混合部分泥浆的砂浆通过振筛后筛分出细砂，过筛的泥浆通过管道回到沉淀池。在沉淀池中沉淀一定时间后，由绞吸船 6 将沉淀池底泥绞吸泵送至调节池 7。储药罐 8 中的絮凝药剂通过加药装置输送至调节池，在调节池中与泥浆进行充分混合，混合后的泥浆通过管道输送至储浆罐 9，等待板框压滤。经过板框机 10 压滤后产生尾水和泥饼 11。尾水通过管道排放至沉淀池 5。整个过程产生的粗砂、细砂及泥饼通过运输车 12 运送至处置场地 13。处理后的液体符合排放或循环再利用的标准，泥饼符合土方外运标准，相比传统泥浆处理方式，成本降低 30% 以上，处理效率提升 2～3 倍。

处理前的淤泥浆　　处理后的液体　　处理后的泥饼

图 2-33　处理效果图

2.9　本章小结

随着我国城市化进程突飞猛进，作为建筑垃圾重要组分的渣土泥浆大量产生，对其进行资源化利用是当前急需解决的问题。工程泥浆主要来源于地铁建设中的泥水盾构施工工程和部分地区基坑开挖工程。大量的多余的工程泥浆的处置一直是困扰工程施工的难题，将工程泥浆偷排乱排，不仅会产生环境污染和加剧水土流失等严重后果，而且偷排入江河的泥浆还会破坏河道生态安全，造成河道淤塞，影响船舶航行。

虽然我国在渣土泥浆资源利用方面取得了长足的进步，但渣土泥浆利用仍然存在一些问题。由于我国不同地区的资源丰富程度、经济实力和基本建设规模的差异，国家并未出台统一的分类与综合利用渣土泥浆的法律规范和标准，使各地方综合利用存在明显的地区差异。同时渣土泥浆高附加值利用技术迫切需要突破。目前，我国渣土泥浆的资源化利用主要集中在砖砌类物质的烧制等低附加值产品的生产上，且产品种类与用途单一。而渣土泥浆在高价值领域的利用（制备烧结砖、陶粒陶土和再生混凝土粗、细骨料等）有待提高。此外，渣土泥浆的高附加值利用仍处于研究初期，目前主要局限于试验阶段，许多高附加值利用领域仍存在技术问题，缺乏大规模、高附加值的重大技术和装备。

目前我国泥浆处置周期较长，在处置过程中泥浆的长期堆积不仅占用大量土地资源，而且大幅度增加工程造价，有必要寻求简便高效、经济适用、环保无害，并可资源化利用的新手段及方法。同时需要国家可通过进一步规范泥浆从产生地运输至资源利用企业的过程，通过建立必要的监督体系和严格执法，来确保工程泥浆的资源化利用。

参考文献

[1] 任荣荣，等.我国城市更新问题研究［M］.北京：经济管理出版社，2022.

[2] 齐广华，鲁官友，张凯峰，等.渣土类建筑垃圾资源化利用关键技术与应用［M］.北京：中国建材工业出版社，2021.

[3] 徐永强.深圳光明新区"12.20"余泥渣土受纳场滑坡［J］.中国地质灾害与防治学报，2016，27（1）：14.

[4] 彭亮.不同形态盾构渣土资源化利用工艺与应用［J］.现代城市轨道交通，2022，（增02）：100-105.

[5] 黄修林，卞周宏，彭波，等.建筑垃圾资源化利用现状分析及武汉市对策研究［J］.湖北大学学报（自然科学版），2017，39（3）：285-290.

[6] 罗志强，毕世明.我国疏浚土脱水减量化技术及资源化利用途径研究综述［J］.中国水运，2022，22（6）：161-163.

[7] 鲁雪利.城市建筑渣土处理存在的问题与解决措施分析［J］.工程技术研究，2022，7（23）：98-100.

[8] 中华人民共和国住房和城乡建设部.建筑垃圾处理技术标准CJJ/T 134—2019［S］.北京：中国建筑工业出版社，2019：2-3.

[9] 杨凯.工程泥浆和工程渣土可资源化的全过程处理处置研究［D］.北京：北京交通大学，2020.

[10] 肖建庄，沈剑羽，段珍华，等.工程渣土资源化基础问题与低碳技术路径［J］.科学通报，2023，68：2722-2736.

[11] Tanner S，Katra I，Argaman E，et al. Erodibility of waste (loess) soils from construction sites under water and wind erosional forces［J］. Sci Total Environ，2018，616-617：1524-1532.

[12] Zhang N，Duan H，Sun P，et al. Characterizing the generation and environmental impacts of subway-related excavated soil and rock in China［J］. J Clean Prod，2020，248：119242.

[13] Yin Y，Li B，Wang W，et al. Mechanism of the december 2015 catastrophic landslide at the shenzhen landfill and controlling geotechnical risks of urbanization［J］. Engineering，2016，2：230-249.

[14] 方春林.工程建设废弃泥浆资源化利用试验研究［D］.江苏：东南大学，2019.

[15] 宋勤奋，朱子杰，王佳鑫，等.城市工程渣土资源化利用现状［J］.中国资源综合利用，2021，39（8）：90-92.

[16] 陈盛达，张文琦，李孝安，等.快速城市化背景下工程渣土处置与再利用［C］.//2019年中国城市规划年会论文集，2019：1-7.

[17] 刘佳颖，陈妍希，徐月梅.城市工程泥浆资源化利用政策研究［J］.再生资源与循环经济，2022，15（12）：10-15.

[18] 王琼，於林锋，方倩倩，等.国内外建筑垃圾综合利用现状和国内发展建议［J］.粉煤灰，2014，（4）：19-21.

[19] 张一伟，王章琼，石钊，等.国内外建筑垃圾资源化利用现状及对策分析［J］.山西建筑，2022，48（16）：173-176＋188.

[20] 罗家强.德国建筑垃圾资源化回收利用研究［J］.环境与发展，2018，30（5）：52-53.

[21] 梁波.基于国外建筑垃圾综合利用谈我国建筑垃圾再生利用对策［J］.上海建材，2015，（4）：12-15.

［22］ 黄桐，寇世聪，赵玉龙，等．日本余泥渣土管理经验与启示［J］．环境卫生工程，2020，28（5）：61-67.

［23］ 李庆冰，宋冰泉，王毓晋，等．宁波市建筑工程渣土和废弃泥浆应用现状［J］．广东土木与建筑，2022，29（5）：40-43.

［24］ 门本，马强．关于废弃工程泥浆的水凝胶固结方法的研究［J］．山西建筑，2021，47（18）：154-156＋161.

［25］ Guo Z，Cailin W，Yu S. A Fast and efficient dehydration process for waste drilling slurry［J］. Matec Web of Conferences，2017，88.

［26］ 钱耀丽，陈宁，夏月辉．工程泥浆干化泥在蒸压加气混凝土砌块中的应用研究［J］．新型建筑材料，2021，48（5）：143-145＋148.

［27］ 柏静，张宇，刘恒，等．深圳市工程渣土产生特性及其优化管理特征研究［J］．环境卫生工程，2021，29（2）：16-21.

［28］ Xiao J，Shen J，Bai M，et al. Reuse of construction spoil in China：current status and future opportunities［J］. J Clean Prod，2021，290：125742.

［29］ 侯逸青，肖建庄，高琦，等．工程弃土真空挤出成型及干燥特性研究——以许昌市为例［J］．环境卫生工程，2021，29：71-81.

［30］ 周永祥，王继忠．预拌固化土的原理及工程应用前景［J］．新型建筑材料，2019，46：117-120.

［31］ 高琦，肖建庄，沈剑羽．园林垃圾对工程弃土烧结砖性能的影响．建筑材料学报，2022，25：1195-1202.

［32］ Chiou I J，Wang K S，Chen C H，et al. Lightweight aggregate made from sewage sludge and incinerated ASH［J］. Waste Management，2006，26（12）：1453-1461.

［33］ 刘强，邱敬贤，何曦．土壤固化剂的研究进展［J］．再生资源与循环经济，2018，11（2）：41-44.

［34］ Kampala A，Horpibulsuk S. Engineering properties of silty clay stabilized with calcium carbide residue［J］. Journal of Materials in Civil Engineering，2013，25（5）：632-644.

［35］ 李珊珊．废旧轮胎颗粒与淤泥质软土混合土的力学特性研究［D］．青岛：山东科技大学，2015.

［36］ 肖建庄，张青天，段珍华，等．建筑废物堆山造景工程探索［J］．结构工程师，2019，35（4）：60-69.

［37］ 董波．园林景观项目全面质量管理体系研究［D］．西安：长安大学，2012.

［38］ 高育慧，周文君，王业春．泥渣资源再生种植土及其应用前景［J］．广东园林，2019，41（3）：4.

［39］ Chant，Z，Lont G，Zhou J L，et al. Vxlorizxtion of sewage sludge in the fabrication of construction and building matcrials：a review［J］. Resourcesn and Recycling，2020，154：104606.

［40］ 钟翼进，王毓晋，宋冰泉，等．建筑渣土泥浆制备复合免烧轻质骨料及性能试验研究［J］．新型建筑材料，2022，（5）：37-41.

［41］ 姚清松，蔡坤坤，刘超，等．粉质黏土地层基坑渣土免烧砖配比及力学性能研究［J］．隧道建设2020，40（增1）：145-151.

［42］ 王若飞，张广智，王宁，等．施工建筑垃圾相关标准和专利分析［J］．环境工程，2020，38（3）：27-32.

［43］ 丁飞鹏．钻孔灌注桩泥浆固化处理以及在路基填筑中的应用研究［D］．杭州：浙江大学，2015.

［44］ 刘泽，李长利，廖鹏，等．桩基泥浆固化土工程特性试验研究与路用可行性分析［J］．湖南交通科技，2021，47（2）：70-73.

［45］ 罗伟．钻井废弃泥浆固化路基材料性能研究［D］．成都：西南石油大学，2015.

[46] 董庆梅，王云鹏.大港油田免烧砖技术研究与应用 [J].油气田环境保护，2019，29（3）：16-18.

[47] 张翔宇，茆明军，赵永庆，等.钻井废弃泥浆固相物资源化利用 [J].科技导报，2012，30（13）：49-52.

[48] 李治宏.上海市建筑垃圾资源化利用现状及发展前景 [J].环境卫生工程，2020，28（3）：49-54.

第 3 章

城市更新改造工程垃圾处理与利用技术

3.1 概述

在我国目前贯彻新型社会发展理念、强调城市化高质量发展的大背景下，进行城市更新是中国新型城市化建设发展到一定阶段的必然要求，至 2020 年末，全国常住人口城镇化率已经超过了 60%，并保持着稳步增长趋势。在部分东部发展区域，人口城镇化率也已达到 75%以上，步入了城市化进程的中后期阶段，要想使中国城市化建设从大面积扩张转为存量提质改善与产业结构调整并重，从"有没有"转为"好不好"，必须通过城市更新才能够逐步促使中国城市化建设优质发展。

目前我国已有建筑物中，有相当部分的建筑建造于 20 世纪 50～60 年代，经过几十年的使用后，已有不同程度的损伤或老化，或是已不能满足当前的使用要求，或已因长期失修而产生裂缝、严重变形，已存在大量不可逆的老化，尤其是城市的老城区的基础设施、居住环境已不能满足现代城市化发展的要求。拆除重建或新建建筑需要消耗大量的能源与资源，产生大量废弃的建筑垃圾，直接对环境产生危害。与拆除重建相比，对既有建筑进行改造更为经济，建设周期也更短，符合我国低碳环保建设的要求。目前，城镇建设逐步由重视"新建建筑"转变为"新建建筑"与"既有建筑"并重。更新改造的方式有拆除重建、整治改造、保留提升、有机更新等。更新改造工程与新建工程相比具有很大的不同，对原有房屋建筑主体结构进行二次施工，以延长建筑物使用寿命或改善使用功能及使用条件为目的。

随着对建筑物加固改造所产生的巨大价值和进行建筑物改造所带来的优势越来越明显，我国对建筑物的改造也越来越重视，编制了一系列技术规范，使建筑物加固改造技术有了很大进步和发展，现在对建筑加固改造已经成为我国建筑行业的一个发展方向和重要组成部分。对建筑物进行加固前一定要先对房屋进行可靠性鉴定，在鉴定评估的基础上对建筑物进行加固方案设计，然后按照加固设计方案进行施工。因为建筑物的加固改造是在已建建筑物上进行的，所以在进行建筑物加固设计时要考虑到新旧建筑结构强度、刚度、构造和材料等方面的协调性和整体性，以及施工条件的限制性和其他因素对施工的影响，因时、因地、因材地对建筑物进行加固设计。对一般建筑物的改造加固步骤如下：建筑物的鉴定评估、选择更新改造方案、更新改造设计、更新改造施工组织设计与施工。以上每个步骤都会对建筑物的更新改造工程以及其施工方案产生巨大的影响，同时也决定了更新改造工程产生的工程垃圾的种类及数量，需要选择合理的更新改造方案以及施工方法，从源头上减小工程垃圾的产生量至关重要。

3.1.1 城市更新改造工程垃圾分类与特性

更新改造工程在原有房屋建筑主体结构的基础上进行二次施工，与新建工程相比具有很大的不同之处。首先需要了解已有建筑物进行改造的目的、建筑物的损坏程度、建筑物所需改造的原因等。根据这些条件，选择适当的建筑物更新改造的方法和内容也不同。所以城市改造工程的步骤包括：对已有建筑物进行可靠性的鉴定评价、对已有建筑物进行抗震或者维修加固、对已有建筑物根据业主需求进行改造，比如改变建筑物的平面布置和增层。需要结合具体的工程要求和工程情况采用不同的方法。

1. 城市更新改造工程分类

（1）增层改造

在我国存在大量的中低层建筑，这些建筑一般多为居民楼或者百货大楼，一般位于城市黄金地段，既不能停止使用，又急需扩大建筑面积，这就需要对建筑物进行增层改造。对建筑物的增层改造是通过在原有建筑物的基础上，通过新增加建筑物的层数把原有的中低层建筑变为中高层建筑的重要途径。

对已有建筑的增层改造有四种方法：

1）直接加层法。即不改变原有房屋的结构承重体系和平面布置，直接在原建筑上增加层数的改造方法。该增层方法能充分利用原有建筑物，而且施工简便、造价低、速度快，适用于原有建筑物地基基础和上部结构均能满足增层后建筑物所需的承载力和变形要求或经加固处理后满足增层所需承载力和变形要求的情况。

2）改变荷载传递加层法。即通过增设部分墙体、柱子和梁或者经加固处理，改变建筑物结构布置及其荷载传递途径后直接增层的方法。该方法可以充分利用原有建筑物，不过该方法要求原有建筑物的地基基础和上部结构具有一定的承载力。适用于原有建筑物的地基基础和上部结构不能满足增层后所需的承载力和变形要求，也适用于由于原有建筑物使用功能或用途改变从而导致建筑物平面布置及结构的改变，其原有的结构布置和承重构件无法适应改造后所需的承载力和变形要求的情况。

3）外套结构加层法。即在原有建筑物外面通过新建外套结构，将原建筑完全包在内，使增层所增加的荷载全部由外套结构承担并传递给地基基础的方法。该方法的优点是通过外加结构避免了加层部分对原有房屋的不利影响，且加高层数不受限制，只要原有建筑具有使用价值就可以进行加层，不需要考虑原有建筑物的承载力和变形能力，且原有建筑在增层施工期间可以继续使用，较新建建筑投资少、工期短、收效快，是现在使用最多的一种增层方法。缺点是由于增层使外套结构的底层柱过高，易形成"高鸡腿"现象。该方法适用于大部分增层工程，尤其适用于增高层数较高或原有建筑物地基基础和上部结构的承载力及变形不能满足增层后所需的承载力和变形要求的建筑。

4）组合增层法。即前面三种组合在一起对建筑物进行增层改造，这样可以充分地利用建筑物也最大化地降低了造价，避免了浪费。

（2）对建筑物进行结构改造

老旧建筑经过几十年的使用后，已有不同程度的损伤或老化，或是已不能满足当前的使用要求，或已因长期失修而产生裂缝、严重变形。在这种情况下，一般要求对已有建筑物的结构进行局部结构的改造和加固，以完善和提高建筑物的使用功能满足使用的要求。再加上有的房屋使用用途的改变，比如有些临街建筑物想把居住建筑改为商业建筑，这就需要房间有更大的开间，而原有的建筑物不能满足要求，这些原因促使对原有建筑物的平面布置进行重新分配，进而对建筑物的结构布置和荷载传递途径也要进行重新分配，现在对原有建筑物进行最多的改造就是小开间改造为大开间。由于原有承重墙体的拆除使荷载的传递路线和结构受力发生变化，造成结构的安全性降低。所以需对结构进行承载力代换，使原有荷载能够安全地传递到地基和基础，现在通常用梁代替墙体和柱体承重来增大建筑物的开间和进深以满足使用要求，所采用的方法为拆墙换梁或者拆柱换梁的托换梁方法和组合钢梁替换方法。

（3）对建筑物使用功能进行改造

原有的建筑功能已经无法满足人们的居住要求，人们在满足了遮挡需求之后，更注重于居住的舒适性，对建筑的空间、日照、通风、节能和卫生等方面都有了更高的需求。

可见，城市更新改造工程都包括拆除工程和新建工程两部分，但是不同的更新改造工程类型会影响拆除工程以及新建工程的种类及数量，是影响工程垃圾的类型和数量的最重要因素。

2. 城市更新改造工程垃圾特点

（1）工程垃圾产生的原因和过程

中华人民共和国住房和城乡建设部发布的《建筑垃圾处理技术标准》CJJ/T 134—2019 中将建筑垃圾定义为新建、扩建、改建和拆除各类建筑物、构筑物、管网等以及居民装饰装修房屋过程中所产生的弃土、弃料及其他废弃物，不包括经检验、鉴定为危险废物的建筑垃圾。建筑垃圾主要分为五大类，包括工程渣土、工程泥浆、工程垃圾、拆除垃圾和装修垃圾。工程垃圾即施工过程中产生的建筑垃圾，因此也被称为施工垃圾。相较于其他四类建筑垃圾，工程垃圾的来源涉及整个建筑物的施工周期，组成成分通常更加复杂，建筑的建设时期、结构功能、施工活动性质及现场管理水平等因素都会使其组分发生变化，导致回收难度大。

城市更新改造过程中的垃圾主要来源于原有建筑物拆除产生、施工过程产生。不同产生方式所带来的建筑垃圾其影响与危害也是不同的，主要组成成分也有着较大的差异性。施工拆除产生的大部分建筑垃圾为废弃建筑材料。施工过程中产生的垃圾以废弃建筑材料、废弃包装为主。来源不同的垃圾其应用价值与处理方式也是不同的。

建筑拆除是城市更新改造工程垃圾产生的主要方式，以老旧小区改造为例，在施工过程中需将原有废旧措施拆除，而后再次进行施工。在这个过程中会产生大量的建筑垃圾。拆除过程中所产生的建筑垃圾通常是原有的建筑结构，以钢筋、混凝土、砂浆、砌块为主，此外还可能有门窗、电梯、扶手栏杆等设备设施。拆除之后的大部分材料都是没有任何利用价值的，仅能作为垃圾进行处理，这些垃圾普遍自重较大且体量较多。对于建筑位置存在既有建筑的也会进行拆除，桥梁与道路重建工程中，同样会因拆除产生大量的建筑垃圾。

项目施工阶段所产生的建筑垃圾主要产生于施工操作过程和剩余材料中。在项目进场前期需要对场地进行清理，展开三通一平的工作，而建筑场地可能会存在杂草、垃圾堆放、临时建筑等情况，均需要进行统一的处理，在整个过程中会整理出大量的建筑垃圾。建筑正式进场阶段，随着车辆与设备的增多，所从外部带来的泥土和生活垃圾也会逐渐增多；建筑材料运到工地最终有四种可能结果，如图 3-1 所示：转化为建筑物组成部分、剩余材料、重新利用材料和废料。剩余材料有三种结果：退货/出售、存储、垃圾废料，而退货/出售和存储一般不易实现，也不方便，因此剩余材料大多数成为废料，即工程垃圾。各种材料的使用均会产生消耗，如长度较短的钢筋余料、尺寸较小的泡沫板，这些施工材料均已经无法正常使用，仅能作为垃圾处理；施工阶段还可能因质量问题或设计方案问题导致重建拆除，但与建筑拆除所产生的大体量垃圾不同，此时拆除的面积通常是比较小的，拆除所产生的垃圾同样需要处理。在建筑施工完成阶段，要对整个施工厂区进行全面清理，此时遗留在现场的机械设备、个人物品、建筑材料等均会作为垃圾统一处理。

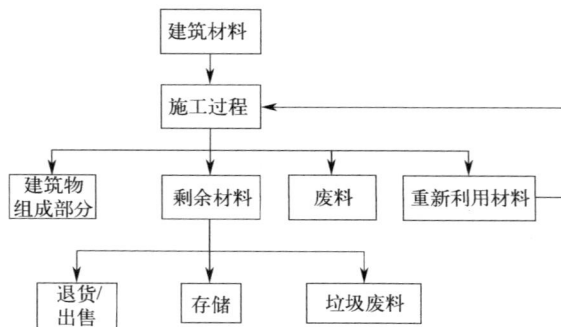

图 3-1　建筑施工材料处理流程图

工程垃圾产生于施工的全过程，牵涉到业主方、设计方、承包商、施工单位、施工技术人员等各个方面。为了减少工程垃圾，必须加强对建筑活动的全过程综合管理。

（2）工程垃圾的组成及特点

总体来看，工程垃圾组成主要包括破碎桩头、废混凝土、碎砖（砌块）、废砂浆、废模板、废木材、钢筋余料及各种包装材料等。表 3-1 列出了不同结构形式的建筑工地所产生的工程垃圾的组成比例以及单位建筑面积产生的工程垃圾量。对于不同结构形式的改造工程，工程垃圾中主要组成部分的比例有所变化。而垃圾数量因施工管理情况的不同，差异很大。施工管理水平是影响工程垃圾数量的关键影响因素。

工程垃圾的组成比例及单位建筑面积产生的工程垃圾量　　　　表 3-1

垃圾组成	工程垃圾的组成比例（%）			工程垃圾主要组成部分占材料购买量的比例（%）
	砖混结构	框架结构	框架-剪力墙结构	
碎砖（碎砌块）	30～50	15～30	10～20	3～12
砂浆	8～15	10～20	10～20	5～10
混凝土	8～15	15～30	15～35	1～4
桩头	—	8～15	8～20	5～15
包装材料	5～15	5～20	10～20	—
屋面材料	2～5	2～5	2～5	3～8
钢材	1～5	2～8	2～8	2～8

续表

垃圾组成	工程垃圾的组成比例(%)			工程垃圾主要组成部分占材料购买量的比例(%)
	砖混结构	框架结构	框架-剪力墙结构	
木材	1～5	1～5	1～5	5～10
其他	10～20	10～20	10～20	—
合计	100	100	100	—
单位建筑面积产生的工程垃圾(kg/m²)	50～200	45～150	40～150	—

垃圾数量与建筑物建造中所购买材料总量密切相关，因此用占所购买材料总量的比例反映垃圾量大小更准确。表 3-1 也列出了工程垃圾主要组成部分占材料购买量的比例。各类材料未转化到工程上而变为垃圾废料的数量为材料购买量的 5％～10％。其中，由于对混凝土的管理和控制一般较重视，且目前施工中主要购买商品混凝土，用量控制比较准确，由其产生的工程垃圾量占其购买量的比例为 1％～4％。而对桩头，由于对地质条件预先往往不易准确掌握，由此产生的施工垃圾量占其购买量的比例较大，为 5％～15％。另外，各类工程垃圾废料占其材料购买量比例的数值同样比较离散，反映了工程管理水平对工程垃圾产生量的影响。

碎砖（砌块）主要用于建筑物的承重和围护墙体。产生碎砖（砌块）的主要原因是：1）组砌不当、设计不符合建筑模数或选择砖（砌块）规格不当、砖（砌块）尺寸和形状不准等原因引起的砍砖；2）运输破损；3）设计选用过低强度等级的砖（砌块）或砖（砌块）本身质量差；4）承包商管理不当；5）订货太多等。

砂浆主要用于砌体和墙面顶棚的抹灰，是工程垃圾的主要组成部分。砌体砂浆产生垃圾的原因有：1）砌筑砌体时，由于铺灰过厚，多余的砂浆被挤出；2）砌体砌筑后产生的舌头灰未回收；3）运输过程中使用的运输工具有漏浆现象；4）在垂直运输时由于运输车停放不妥造成翻车；5）搅拌和运输工具未及时清理。抹灰砂浆产生垃圾的原因：1）落地灰未及时清理利用；2）抹灰质量不合格。砂浆废料的主要原因是在施工操作过程中不可避免的散落；拌合过多、运输散落等也是造成砂浆废料的原因。

混凝土是重要的建筑材料，用于基础、构造柱、卷梁、柱、楼板和剪力墙等结构部位。施工过程中产生垃圾的主要原因有：1）由于模板支设不合理，造成胀模面，需要把多余的混凝土凿除；2）浇筑时的溢出和散落；3）由于模板支设不严密，而造成漏浆现象；4）拌制多余的混凝土。

建筑工程中使用的木材主要由方木和多层胶合木（竹）板组成，用于建筑工程的模板体系。其垃圾组成原因有：1）截去多余的木方；2）刨花、锯末；3）拆模中损坏的模板；4）周转次数太多而不能再利用的模板；5）配制模板时产生的边角废料。

散落在施工现场的各类建筑材料的包装材料成为垃圾废料的一部分。其主要有：1）防水卷材的包装纸；2）块体装饰材料的外包装；3）设备的外包装箱；4）门窗的外保护材料。

建筑工程所使用的钢材主要用于基础、柱、梁、板等构件，产生垃圾的主要原因是：1）配料所剩余的钢筋头；2）钢材的包装带；3）不合理的配料造成的浪费部分；4）多余的采购部分。

装饰材料主要用于建筑工程的内外装饰部分，材料多样、品种繁多，产生施工垃圾的原因主要有：1）订货规格不合理造成切割；2）运输、装卸不当而破损；3）设计装饰方案改变；4）施工质量不合格返工、其数量约占垃圾总量的 6%。

施工过程中产生垃圾废料是不可避免的，但其数量可通过加强管理予以减少。这一方面可以通过加强对建筑活动全过程的综合管理来减少垃圾的产生，另一方面可通过回收加以利用。工程垃圾减量定义为在工程场地红线内外运的施工垃圾总量的减少。工程垃圾减量化应从施工的各阶段进行控制，需要多个部门协同合作，不仅要从源头预防与控制工程垃圾的产生，而且要对已经产生的工程垃圾及时分类与资源化回收利用。目前在国内，工程垃圾的减量化工作主要由政府管理方和建设施工方参与。所以实现工程垃圾减量化需要从政策法规、过程规划、技术措施、材料控制和设备质量等入手，严把施工质量关，强化各工种之间相互协作和配合，最大程度降低工程垃圾产量，达到"无废工地"的期望。

3.1.2 城市更新改造工程垃圾处理技术

城市更新改造拆除工程和重建施工过程中难以避免的会产生垃圾，对垃圾进行妥善处理也是很有必要的。按照垃圾产生的必要性可分为必须产生垃圾与非必须垃圾，减少非必须垃圾的产生是减少建筑垃圾总量的关键。以建筑材料为例，通过明确现场用量，对现场材料进行规范化管理，减少因管理因素造成的材料浪费，促使不超标采购材料；又如建筑设备的过度包装问题，本质上是防止建筑设备在运输过程中出现损坏，但过度包装的问题不仅会使设备价格溢价，同时会产生大量的垃圾。基于此问题，完全可设置能够回收的包装形式，回收后无需使用复杂工艺处理，即可继续作为设备包装使用。施工现场比较有代表性的工程垃圾大致有 9 个种类，其产生原因、污染特性及处理方法见表 3-2。

施工现场工程垃圾的产生原因、污染特性及处理方法 表 3-2

工程垃圾	产生原因	污染特性	处理方法
碎砖（碎砌块）	劈砖、凿砖	扬尘和占用土地、影响市容	收集为碎砖石，铺路或者作为骨料
砂浆	砌筑或抹灰中多余的砂浆	有一定化学污染，有扬尘、影响市容	收集集中，埋入地下作为回填或者路基
混凝土	灌泵溢出、胀模、成型凿除	有一定化学污染，有扬尘、影响市容	收集集中，埋入地下作为回填或者路基
塑料制品	废弃管材、桶料	混入农田影响耕种和作物生长	集中回收
包装材料	各种建筑材料的包装材料	有一定化学污染，有扬尘、影响市容	集中燃烧或者外运集中处理
屋面、防水材料	大理石等石材、防水沥青	有一定化学污染	集中外运
钢材	弯剪钢筋造成的末段筋	有一定化学污染	集中回收
木材	模板损坏	有一定生物污染	集中外运
其他	化学废弃物、防护网等	有一定化学污染	集中回收

1. 填埋处理

填埋处理就是将建筑垃圾深埋于地下或作为建筑回填土来使用。能够成为回填材料的建筑垃圾需具有体积稳定性与低吸水率的特点，进而保障在回填土壤中具有稳定的性状，以满足整个建筑系统的稳定性。由于建筑垃圾可能会对质量完备性造成影响，所以并不提倡将其作为回填材料进行应用，但行业中也并未明令禁止将建筑垃圾进行回填。回填处理的主要垃圾为经过粉碎的废弃混凝土材料和废弃砌块。填埋的处理方式较为普遍，但无论是作为回填材料还是深埋于大地中，均不是垃圾处理的最优方式。回填会面临质量不可控的问题，而深埋处理则是对土地资源的浪费。

2. 焚烧处理

对于垃圾中的可燃物和生活垃圾，可以采取焚烧处理的方式。有条件的焚烧处理将在火力发电厂中进行，将建筑垃圾作为火力发电材料进行充分焚烧。当前已经对环境保护和碳排放达成初步共识，露天焚烧垃圾的情况也在逐渐减少。小规模焚烧生活垃圾后，将燃烧后残留的灰土填埋。但这种处理方式虽然简单便捷，但安全性不可控，同时对环境可能造成污染与破坏，不符合可持续发展的理念。

3. 回收处理

对于建筑垃圾中仍具有回收价值的材料，可进行回收处理。钢筋与其他金属建筑废弃材料作为金属回收至处理厂重新熔炼；聚苯板等保温材料经过清洗粉碎后可作为保温浆料继续使用；建筑材料设备的纸质包装也能够作为废纸进行回收二次加工。

建筑垃圾的减量化与妥善处理在建筑工程项目管理的过程中通常被忽视，在当前能源背景与经济形势下，需要重视从建筑垃圾的产生与处理角度上实现高效利用资源、降低建筑行业的综合成本。建筑垃圾的产生虽无法避免，但可通过加强管理与人工干预的形式，减少不必要的垃圾产生，同时优化现有回收形式，真正实现可持续发展。

在施工管理中，首先要合理安排施工工序，编制废弃材料清单。实行"工完场清"的管理措施，每段施工工序结束时，把垃圾清扫干净并编制可利用材料清单，递交给下一工序交接人员，以便于废弃的落地砂浆、混凝土等材料的二次利用。需要综合考虑施工用料，合理利用废弃材料：利用废弃模板制作一般性围护结构，如遮光棚、隔声板等；利用废弃钢筋头制作楼板马凳、地锚拉环等；利用木方、木胶合板搭设道路边和后浇带的防护板；浇筑后剩余或洒落的混凝土用于制作构造柱、水沟预制盖板和后浇带预制盖板等小型构件。

联手材料厂家，分类回收废弃材料：与胶合板厂和造纸厂联手回收可利用的木料、木板、废弃纸张；与钢铁厂联手回收废旧钢材；办公使用可多次灌注的墨盒，不能用的废弃墨盒交于制造商回收再利用。废弃砖、石、混凝土材料，经过除土、破碎、筛分等工艺，制成混凝土和砂浆用的再生粗、细骨料。

3.1.3　城市更新改造工程垃圾利用技术

工程垃圾再生利用需要考虑其运距、运价以及再生材料可达到的技术标准，填埋处理或再生利用需要综合权衡。工程垃圾的利用技术主要包括前期的分离技术和渣土、砂浆、混凝土、钢材、木材等再利用技术。

1. 工程垃圾分离技术

高效分选、再生骨料高品质提升的工艺、技术和装备是工程垃圾高效利用的关键技术。在固体物料分选技术方面，国内外学者有基于物料中 Fe_2O_3 含量的差异采用磁选的方式，基于密度原理，利用气流、水流上下流动形成的动力，达成对固体物料的有效分选，也有通过色彩的差异将物料分离的研究。采用红外光谱电子智能系统，根据感应器收到的密度、尺寸信息通过自动化机械辅助实现物料的分离。巴西的 Carlos Hoffmann Sampaio 等研究人员于 2016 年通过跳汰方式，采用专门的设备实现建筑拆除垃圾再生骨料中混凝土/砖块/砂浆的初步分层，但目前的技术仅限于试验研究或室内研究的初级阶段，尚无可将砖块与混凝土分离的有效技术。德国 KHD 公司生产出 200 多种新型振动筛分机，KUP 公司研发的双倾角筛分设备兼顾了筛分生产效率和高效分离率。STK 公司生产的筛分设备实用且经济，占据了较多的市场席位；日本研发出了针对细料的一次分级垂直筛体，英国研制的旋流概率筛可以从湿原煤中筛分出细粒的末煤。

目前国内一般使用移动式或半移动式的设备在现场分离，将大块混凝土或砖垛初粉碎，将钢筋、木材、布、塑料等基本分开，进行必要的消毒处理后，再将垃圾分类运至堆放场或处理厂。

2. 工程垃圾的资源化利用

根据发展循环经济的要求，把工程垃圾经分拣、粉碎后，进行资源化利用：废电线、废铁丝、废钢筋以及各种废钢等金属，经分拣、集中、回炉可进行再利用；废木材则用于制造人造木材；砖、石等废料经破碎后，可以取代砂子用于砌筑砂浆、抹灰砂浆、混凝土垫层等，还可以用于制作砖块、铺路砖等建材制品；尤其是废弃混凝土，经过相关的处理，可以生产再生骨料以取代天然砂石应用到混凝土中，可以节约大量的砂石资源。工程垃圾的资源化利用方式如图 3-2 所示。

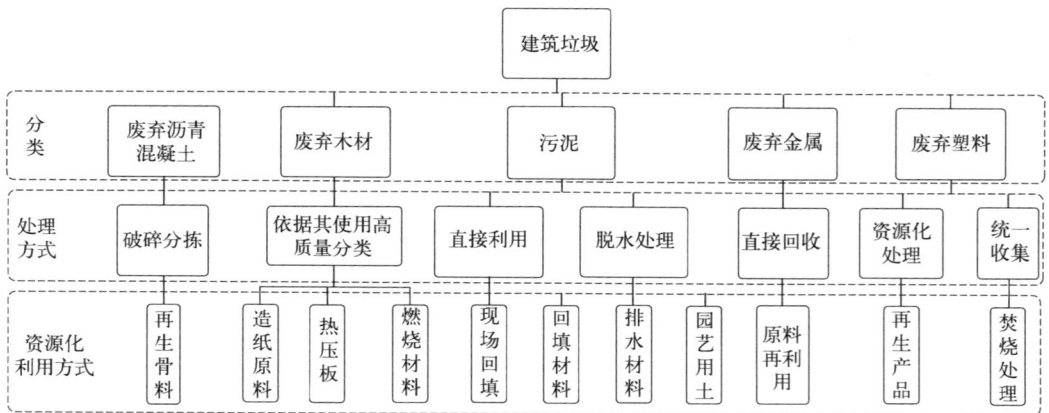

图 3-2 工程垃圾的资源化利用方式

与建筑废弃物填埋处置相比，资源化利用具有显著的经济效益。它不仅通过减轻环境对人类健康造成的损害降低了医疗成本，而且通过避免建造新的垃圾填埋场减少了土地占用面积及建设成本。不过，尽管资源化利用在建筑废弃物的管理中占据了较高的优先级，但该处理方式并不总是适用于所有任何种类的建筑废弃物。有研究表明，资源化利用处理可以节省53％的建设能源，但是节能效率因废弃物的材料类型而异。对于废弃混凝土而言，最好的处理方式是资源化利用；而对于废弃金属材料，重复使用则是更好的方式。金属类废弃物的资源化利用在工程施工阶段，能够减少铝制造所耗费能源的95％，铜制造耗费能源的85％，钢制造所耗费能源的62％～74％，以及有色金属制造所耗费能源的50％。从经济角度来看，由于需要额外的加工方法，再生物质的生产成本可能会高于自然物质，这大约占生产成本的64％。但是，这种情况因行业规模而异，可能导致再生产品的成本降低。

3. 工程垃圾的路用技术

在国外，将建筑垃圾再生利用于道路工程领域已经是比较广泛的形式，主要是应用于道路基层或作为路基填料使用。由于该技术消纳建筑垃圾量大、对再生骨料品质要求不高而且再生材料的路用性能比较稳定，已经成为建筑垃圾消纳的主要方案。虽然再生骨料其性能差于天然骨料，但是可以将大掺量的再生骨料用于低等级公路的基层，使再生骨料得到大规模的应用。

还可以利用再生粗细骨料取代天然骨料作为路面混凝土材料，但是掺入粗细再生骨料对混合料强度存在不同的影响。研究表明，掺加了各种粒径再生粗骨料的混凝土的疲劳性能和抗压强度均小幅下降，但是符合水泥混凝土路面的技术要求。有学者将水泥处理的建筑垃圾用做路面的基层，重点研究了干缩收缩和温度变形等关键因素，建立了其力学性能和与所有混合变量有关的收缩行为的预测模型。这些模型的建立对建筑垃圾在公路工程的应用节省时间并降低成本。将建筑垃圾再生骨料与标准的碎石所制备的混合料的弹性模量进行比较试验，发现两种材料表现出相似的特征。不同学者将建筑垃圾制备成再生骨料分别用在沥青混合料、基层、面层及路堤上，尽管各项指标均有小幅下滑的趋势，但掺入少量的再生骨料均符合相应的技术要求。从路用的实际情况来看，掺入再生骨料的混合料运用状况良好。

我国在研究再生骨料在道路上的应用起步较早，开发了渣土、碎砖瓦、废混凝土的再生利用技术。渣土经筛分或直接利用，主要用于地基、基础回填，桩基填料和道路的垫层；碎砖瓦适合作为生产再生砖（砌块）的原料，而建筑市场又大量需要砖（砌块），且再生砖（砌块）的生产设备和工艺比较简单、成熟，适于中小投资者，生产技术易于掌握，产品性能稳定。因此，建筑垃圾制砖（砌块）是当前建筑垃圾资源化的主要实施方向。

在施工现场固废管理领域的研究和实践中，目前已有部分学者对施工现场固废量化、减量化、资源化利用等领域进行了一定的探索，相关研究成果为后续的研究提供了有益的参考和基础。然而，由于国内外建筑工程及施工现场固废管理水平的差异性，目前国内施工现场固废排放量数据缺乏，减量化研究尚处于起步阶段，资源化利用关键技术研究的深度尚显不足，需要进一步研究与创新。

3.2 老旧小区改造垃圾处理及利用

3.2.1 老旧小区改造现状及特点

老旧小区的改造也是城市更新的一种手段。我国虽然在这方面起步较晚，但是在政策制定、经济鼓励、资本导入、社会参与等各方面，都可以从发达国家的城市更新历程中，找到可以参考的经验和教训。

第二次世界大战后，西方各国相继开始了大规模建设以解决当时住宅严重不足的问题。到 20 世纪 70 年代，其中大部分住宅已经不能够满足居民的生活功能需求，甚至引发了深刻的社会问题和环境问题。在经历了推倒重建的时期之后，许多国家都进行了既有建筑改造，并提供了政策和经济上的支持。这种做法比拆除重建成本节约了近 1/3，减少了资源的消耗，降低了对环境的污染。其中欧洲又以德、法两国的做法最具代表性，两国皆从住宅节能改造入手，重视居民的参与，鼓励社会资本的介入。此种做法不仅解决老旧房屋结构安全性、节能、建筑形象与城市风貌的问题，同时对基础配套管网进行改造，对周边环境、道路及绿化也进行了提升，而且通过改造适当拓展了现有房屋的使用面积。在这种背景下，荷兰学者哈布拉肯（N. John Habraken）提出开放建筑思想，用肌理、支撑、填充三个层级代表居住环境、居住单体和建筑内部，并为每一个层级都埋下了适应性的种子，建立可持续的建筑改造方向。1991 年，在德国达姆施塔特，德国建筑物理学家沃尔夫冈·菲斯特（Wolfgang Feist）建造了世界上第一座"被动房"，之后，在欧洲，低能耗建筑的数量逐年递增。按照欧盟的规定，2020 年欧盟国家全部采用被动房标准建设。英国作为老牌的资本主义工业强国，在 20 世纪 60 年代就提出了强调公众参与的既有住宅建筑改造与城市更新，但是在实际操作过程中仍采用自上而下的更新策略，导致忽略了居民的真实需求，使改造工作最终浮于表面。进入 20 世纪 70 年代，城市更新引入了社会资本，出现了大量以房产开发为目的的大拆大建，造成了一定程度的资源浪费，也与城市更新的理念背道而驰。从 20 世纪 90 年代中期至今，英国政府鼓励形成政府—社会资本—社区参与的三方合作机制，有效地促进了城市更新从单一层面的更新，转向更为广泛和整体性的综合更新。

日本在 20 世纪 60 年代通过大量的新盖房屋基本解决了第二次世界大战后的住房短缺问题，但是在 90 年代遇到了人口老龄化、住宅供大于求而大量空置、住宅功能落后于需求等问题。政府提出了存量活用的更新策略，有效地降低了房屋的空置率，促进了社会公平，减少了资源的浪费。以上两个阶段的城市更新，由于其改造聚焦于建筑本身的物质条件，而忽略了相对应的配套设施建设和环境整治。于是日本在 2007 年提出了不仅要改造住宅本身，也要对环境和配套进行提升，并采取了集约重建、存量活用、用途转换等手段达到这一目的。日本学者松村秀一在哈布拉肯（N. JohnHabraken）开放建筑理论的基础上，深入地研究了欧洲各国在既有建筑改造中的资金来源、工作组织的方式，总结出欧洲既有住宅的再生方式。松村秀一认为，由于日本已有的空置住宅数量已经达到了 800 万套，对既有建筑的改造重点在于对大量空置、但质量较好的住宅及公共建筑植入创造性的功能，让已有的建筑盒子成为场所空间，提高街区和城市的活力，逐渐唤回人们对于城市未来的信心。

老旧居民小区改造工程是城市更新行动的有机组成部分，也是党中央高度重视的民生工程和社会发展工程。我国对于城市更新和既有建筑改造的研究与实践工作开展于 20 世纪 80 年代。以清华大学吴良镛先生的菊儿胡同为代表的改造实践，取得了具有革命性的成就，接着全国相继出现了对于城市历史街区，或具有重要文化价值街区的改造，如苏州的桐芳巷、上海的武定坊、沈阳的铁西区工人新村等；以及从城市风貌角度开展的北京

"夺回古都风貌"、上海"平改坡"工程等。但是，对于历史或文化价值较低、仍有居民居住的多层砖混住宅的改造，缺乏系统的理论研究和有借鉴意义的实践工作。

我国在 2000 年前后启动的老旧小区改造工作，主要是棚改和对危旧房的推倒重建，老旧小区改造进展缓慢。2019 年以来，随着棚改工作告一段落，老旧小区改造成为城市更新和改善民生的重要手段。2007 年，中华人民共和国建设部发布《关于开展旧住宅区整治改造的指导意见》，但改造工作的重点为节能改造和房屋的安全性加固，缺乏对于基础设施、环境提升、城市风貌的协同改造。2017 年，中华人民共和国住房和城乡建设部确定国内 15 个城市开展老旧小区改造试点。截至 2018 年年底，试点城市已改造老旧小区 106 个，惠及 5.9 万户居民。2019 年中华人民共和国住房和城乡建设部会同三部委发布《关于做好 2019 年老旧小区改造工作的通知》，将老旧小区改造工作纳入城镇保障安居工程，对具体改造的细则和要点进一步明确，并投入大量资金给予支持。国务院参事仇保兴在《城镇老旧小区改造正当时》一文中从应对老年化、稳投资、促进消费以及改善宜居性等四个角度，对当前老旧小区改造工作的意义作出了阐释。中国城市规划研究院教授级高级规划师李迅，在《以老旧小区改造推动社会治理和城市有机更新》中，提出了系统设计的方法，将适老化、绿色化、社区化、生活圈化和人文化定为改造目标；将改造工作与城市有机更新联系在了一起。目前我国老旧小区改造的技术，主要聚焦于结构性加固、电梯安装、适老养老、海绵城市、节能改造几个方面。

在改革开放前后所建造的一些老旧小区房龄已超 40 多年，在当前这个经济快速发展的时代，这些老旧居民小区普遍存在着房屋结构简单、建筑标准低、服役时间长、配套设施简陋等不适应现代生活的问题，而简单的维护修缮已无法满足居民群众的美好生活需要。同时，老旧小区内人员构成复杂，大部分小区缺少专业物业公司进行长效管理，街道社区托底管理压力大。目前我国发布的国家级文件中对城镇老旧小区仅是以建成年代 2000 年为简单划分，但对于各个老旧小区的现状、规模、类型、特征等细分不到位。因此，加大对城市衰落区域的整治改造力度，破解老旧小区的更新改造势在必行。

3.2.2　老旧小区改造垃圾处理技术及应用

综合整治旧住宅区是近年来提出的新课题，其关注点在那些已经经历了若干年使用之后需要维护而又非历史性建筑的旧住宅区，这些住宅大多是 20 世纪 70~80 年代的集合式城市住宅，建于我国改革开放的第一个十年，是我国经济的复苏起步阶段修建的。由于受到经济基础、技术手段和日常维护等因素的影响，大部分住宅建筑质量较差，外观破损，严重影响了城市中心区的整体风貌。此类住宅的整治注重功能性，一般采取改建、扩建、部分拆除、维修养护、内部设施改造等方式，主要目的是改善居住区环境质量，保护旧住宅区的原有尺度和风貌，优化其居住功能及建筑质量，从而提高原住居民的生活质量。这种更新方式是对目前社会资源紧缺、社会能源节约的大形势的顺应，是符合民生和可持续发展基本国策的工作方法，因此在未来的一段时期内将成为旧住宅更新的主要方式。

如今的房地产开发大多是以追逐最高利益为首要目标，最高利益的等价物就是高容积率、高密度。城市中心区的尺度一再扩大，楼房的层数总是在不停的攀升，建筑的尺度也与周围的环境极其不相称。而旧住宅区由于当时的用地相对宽松，大多是 6~9 层的集合式住宅，多为板式一梯两户型结构，建筑尺度相对较小且层数较低。对其进行保留不仅可以丰富城市中心区的建筑及街道肌理，同时可以保存原先由"单位大院"而集结的邻里结构，对现代城市的发展具有十分重要的意义。

目前，我国老旧小区存量巨大且多处于老城区，或者新老城区的衔接地带，由于长期缺乏管理和维护，其严重破坏了城市空间的连续性及城市风貌的协调性。老旧住宅更新的目标已经不单单是对旧住宅本身的物理环境和设施进行翻新了，它更多的是对社会以及人文内涵的保护与再利用。例如大部分老旧小区建筑在外立面上多使用目前已极少见的水刷石、剁斧石、清水砖墙等工艺。这些具有强烈时代印记的材料语言，随着时间的流逝，越发散发着独特的魅力，塑造出了独特的城市风貌。而老旧小区改造工作有一项重要的内容就是外立面的改造翻新和增加节能措施，尽管这项工作十分具有必要性，但是无差别地对待这类老旧建筑，会使我们丢失一部分城市记忆。因此，老旧小区改造工作应建立整体性的改造思想，将老旧小区改造的工作生活圈化，发展智慧社区，纳入智慧城市建设的统筹考虑，对整个片区的建筑风貌进行分析，作出评估。对于有代表性的小区或单体建筑，采用适宜的改造技术，把改造工作与延续城市文脉相联系，尽可能地在协调整体城市风貌的同时，保留城市的记忆，推动城市的有机更新。整体性的思维可以让老旧小区更好地与城市衔接、更好地分配公共资源、更好地设置配套服务设施、避免重复投资和资源浪费。

其次，节能建筑也成为未来建筑业发展的一个新趋势，建筑的节能性能改造也成为旧住宅更新的主要目标之一。由于之前的建筑技术发展比较落后，人们的节能意识薄弱，造成了旧住宅区内的建筑不仅在外观上破损度严重，在能耗上也十分惊人。由于外墙的保温层破损或者未实施防潮、隔热保温层的处理，这些旧建筑的能耗是现代建筑的几倍。

目前老旧小区改造的具体工作主要从四个方面入手：（1）基础配套设施；（2）房屋质量及居住功能；（3）小区环境景观；（4）公共服务设施。但是随着改造工作的不断深入，除了楼体老化、市政管网设施老旧、配套设施不足等共性问题之外，我们还面临着很多与改造之初设想有差距的现实问题。从我们自身情况出发，借鉴国外城市更新的经验和教训，有利于我们对这些问题进行梳理，并拿出科学有效的办法，来促进改造工作的顺利进行。

3.2.3　老旧小区改造垃圾处理及应用案例

项目名称：李沧区居民区整治项目。

1. 李沧区居民区现状分析

李沧区老旧住宅小区多位于李沧区中西部区域，建于20世纪80~90年代，由于受历史的局限，老旧住宅小区无论在公建配套设施的规划设计、建设标准方面，还是在管理模式、运作机制方面，都无法适应当前市场经济的要求，特别是随着住房制度的改革，老旧住宅小区形成产权逐步多元化，小区维护和管理资金渠道逐步枯竭，管理水平降低，管理功能退化，致使老旧住宅小区人居环境普遍较差，并不断恶化。居民区共有老旧住宅小区222个（座），涉及居民近10万户，占地面积1119.16万 m^2，建筑面积1160.94万 m^2。

社区周边现状功能相对良好，已形成成熟的社区环境。通过对片区空间围合现状、交通组织、停车系统、场地竖向、场地空间、绿地系统、照明系统及其他环境现状进行综合分析，发现目前社区主要存在以下问题：

（1）社区空间无清晰的围合界面，缺乏管理性与组织性，现有围墙已失去围合功能，且各类空间围合形式较多，风格杂乱，缺乏辨识度与社区特色，小区出入口人车混行，存在较多安全隐患。

（2）外部车辆借用片区内部道路严重，混乱片区内部交通组织；因社区疏于管理，原道路拥堵不畅，需重新梳理并组织路网结构。

（3）社区外来车辆较多，且内部未进行良好的停车系统规划，车位严重不足，现状停车散乱；宅间绿地内停车严重，已严重破坏植被生长，占用绿化面积。

（4）片区北部楼间标高相差过大，现状为绿化放坡处理，如遇暴雨易发生土方滑坡，存在安全隐患；现场局部高差过高，并未设置防护措施，存在安全隐患。

（5）宅间中心广场地势开阔，绿化杂乱，缺少组织性功能规划；铺装面积过小，活动空间狭窄；现状活动健身器材损坏严重，儿童活动空间无游乐器材；现状无邻里空间，楼与楼之间仅为大片空地与绿化，空间场地利用率低。

（6）局部片区绿化斑驳，乔木果树生长良好，缺乏中层乔木及地被，绿化无层次感；片区楼前绿化率相对较高，道路绿地原有植被因停车碾压被毁，现场露土严重；局部空间因长期无人打理，绿化杂乱，荒草丛生。

（7）社区现状路灯较少，且现有路灯均固定于电线杆之上，多围绕车行道布置，不满足全区照明要求；社区宅间步行道无照明，不利于居民夜晚通行，存在安全隐患；现状灯具灯头出现不同程度的损坏，灯具无法起到正常照明的功能。

（8）社区道路现状为水泥路面。现状道路均破损严重，水泥路面出现裂缝、坑槽、面层脱落等情况，严重影响社区居民正常通行。路缘石破损严重，道路两侧现状均为老式石质路缘石，与路面高差大都不足10cm，满足不了功能要求。社区内小挡墙破损严重，现状水泥台阶出现掉皮、裂缝等现象，影响通行并存在安全隐患。

2. 改造目标及主要内容

老旧居民小区改造原则为以功能性整治为主，满足小区功能性需求，修复小区内损坏的功能设施以及处理居民最迫切需要解决的问题。

（1）完善功能、体现人性化关怀。优化公共空间，突出文化氛围，增强社区凝聚力。合理规划宅间邻里空间，必须根据不同的场地空间、不同的居民生活习惯、不同的户外活动要求来进行活动场地及功能分区布局，为居住区建设创造优良的居住环境和配套设施，满足不同职业家庭生活行为活动的需要。处处体现细致入微的人性化设计，让居民感受到无处不在的关怀。

（2）改善环境，创造生态景观。优化小区景观环境，为小区增绿添新，提升居民的生活舒适度，以达到最佳的生态和美化作用，采用雨水收集技术，营造生态和可持续的景观环境。

（3）提升安全性、便捷性。围合小区空间，安装监控系统；实现人车分流，停车划分明确；让住户以最快捷方便的路线到家，给居民安全感和便捷感。针对老人及儿童的不方便和安全问题，采用无障碍设计，保障居民日常活动的安全性。

（4）经济实用，因地制宜。居住区改造以满足居民生活、为小区居民营造舒适、智能、优美的居住环境为宗旨，本着因地制宜的原则，充分利用原有地形及地下基础，尽量减少土方工程，用最少的投入、最简单的维护，达到居住区治乱、增新、添彩的目的。

小区整治方向：拆除小区内违章建筑，对车行道维修、宅间路铺装、排水设施维修、雨污水管道维修、落水管维修、公共窗户更换、楼体（楼道）粉刷；增设停车位、信报箱、楼梯栏杆等设施；完善活动场地，提高绿化水平；完善服务设施，达到整洁有序。小区具体建设内容为：根据现状小区基地条件，增加监控与门禁系统，保障居民安全；解决社区停车问题；增加照明设施；更换片区内长势不良好的植物，增加绿化层次；融入海绵城市理念；修缮增补现有铺装、台阶、井盖、雨水箅子；增设挡墙、无障碍坡道、防护栏杆等设施。

3. 改造施工过程中工程垃圾的利用

在建筑工程主体结构施工阶段产生的建筑垃圾以废弃混凝土、废弃砂浆和废弃加气混凝土砌块为主，施工单位针对不同种类的建筑垃圾放置收集容器或安装输送管道，运送至集收集、破碎、再利用为一体的建筑垃圾临时处理车间，完成建筑垃圾再利用，可以生产混凝土预制过梁、排水沟、盖板、雨水箅子、道沿石等，砌块可通过破碎用于回填处理或者屋面找平、找坡。施工现场浇筑混凝土余料用来硬化临时场地，随后进行分割再利用。建造一座建筑垃圾处理车间，日处理建筑垃圾约 40t，主要生产的产品有市政道沿、雨污水箅子、排水沟、盖板等。

将 BIM 优化设计用于施工阶段，实现施工工序的合理性、高效性以及材料使用的可控性，有利于节省工期，节约材料。装饰装修施工阶段建筑垃圾种类繁多，数量较小，前期策划采用 BIM 进行优化设计，现场采用精密测量、精细化排版、工厂化生产，部分材料做到定尺加工，能够实现装饰装修建筑垃圾的现场减量化。部分施工企业在装饰装修施工现场针对不同的建筑垃圾设置专用的收集容器，通过降级使用、简单加工再利用和垃圾处理站回收利用等方式实现装饰装修垃圾的资源化。所有装饰装修工程设计和施工由同一家企业完成，在前期策划的基础上，采用精密测量、精细化排版、工厂化生产、部分材料定尺加工的方式，有效地减少了装饰装修垃圾的产生。其中金属材料送往垃圾处理站进行粉碎再利用，有机材料全部送往垃圾处理场处理。

3.3 厂房商业有机更新工程垃圾处理及应用

3.3.1 厂房商业有机更新工程现状及特点

随着工业化的发展以及城市化的推进，现代科技革命的影响，产业结构的调整，城市的职能也在不断变化，人们物质水平的提高，也需要城市满足他们不断增长的物质需求和精神需求。新的形势下，我国告别了物资紧缺时代，城市不再作为单一的生产基地，而是一个功能完善宜人宜居的场所。无论是原来的重工业城市，还是一般的省会城市，均对城市性质作出调整。如表 3-3 所示，目前大部分省会重点城市的生产职能已大大减弱。进入21 世纪以后，知识经济的发展和人们物质生活的富足，使人们在精神方面的需求比较旺盛，旅游会展功能、商务办公功能、娱乐休闲功能、教育培训深造功能需求增长迅猛，城市功能由生产主导变得多元化。这些新的需求，给城市中衰败的工业区带来了发展的新契机。

旧工业区作为城市的组成部分，随着产业结构调整，引起城市功能变化，必然导致旧工业区的生产功能的萎缩和弱化，进而升级为适应时代发展潮流需要的功能以满足人们的需求。

我国主要城市性质演变及用地结构变化表

表 3-3

城市	城市性质		用地结构（km^2）			
			工业用地		公共设施用地	
	历史	规划	现状	规划	现状	规划
上海	中国重要的工业基地	我国最大的经济中心和航运中心,国家历史文化名城	24.4	12.1	8.8	8.4
沈阳	工业生产基地	省域政治、经济、文化中心,全国重要的工业基地	21.8	19.3	10	13.3
哈尔滨	工业生产基地	省域政治、经济、文化中心,全国重要的工业基地	25.9	19	11.2	11
太原	以能源、重化工为主的工业基地	以能源、重化工为主的工业基地,华北地区重要的中心城市之一	31.9	26.7	13.6	13.7
成都	四川省省会,西南地区政治、文化经济中心	省域政治、文化经济中心,西南地区科技、金融中心、交通、通信枢纽,重要的旅游中心、国家级历史文化名城	21.3	14.4	16.4	14.7
郑州	河南省省会	区域中心城市,全国重要的交通枢纽,著名商埠	20.3	15.8	18.5	18
南京	江苏省省会	省域政治、文化经济中心	17	10	16	15
南昌	江西省省会	省域政治、文化经济中心	23.3	18.4	17.7	17.1

可见,就旧工业区亟须更新转型,转型升级之于旧工业区更新的内涵可以包含以下三个层次:理念层——旧工业区的转型升级是一种发展理念,是旧工业区更新改造活动应秉承的准则。现阶段的转型升级应持有的理念为科学发展观,实现人与自然、人与社会、人与经济和谐和可持续发展,旧工业区更新改造实践应以科学发展观为理念的一切行为的准则;要素层——旧工业区转型升级的实现,是通过对系统的要素进行提升、整合优化实现持续的发展,以适应新的历史发展阶段的要求。要素是非常丰富和广泛的,但对于旧工业区来说,集中体现了城市产业、城市功能、生态环境三方面;管制层——指各项制度的完善,通过管治引导旧工业区更新改造实践活动规范有序地开展。

由于近代中国对工业的需求,大城市中留下了许多工厂区域。20 世纪 70 年代,我国兴起旧工业建筑改造与利用的浪潮,然而由于政策、经济、观念等诸多因素的影响,城市中的旧厂房改造以立面修整式的装修为主,旧厂房原有的场所精神多被抛弃。相较于国外的旧厂房改造再利用情况,国内的旧厂房改造在方法、思路、完整度、理论体系等方面都有明显差距。在一些新兴的城市里面,如深圳,其在发展的最初阶段也在城市中建设了大面积的轻工业厂房区。位于城市中心附近的厂房已经基本被拆除,处于城市郊区的工厂区建筑在城市化的浪潮中也逐步被侵蚀。在工业地块改变了其用地性质的背后,这些旧厂房的土地使用主体是怎样从一个类型变成另一个类型的,更值得人们关注。

从建筑空间层面来看,旧工业厂房有着极为鲜明的特点,比如在空间尺度、体积比例、总体规模、造型形态及场地空间的文脉上都具有一定的标识性、独特性,这使得旧工业厂房场所与空间改造既有较大的发挥空间,亦存在不少限制。首先,从旧厂房的建筑平面来看，其通常为大跨度空间结构，内部空间多为大开间，而且有简单规整的平面和整齐的柱网，具备二次分隔空间的可能性，有利于根据改造需要进行灵活分隔，设计出舒适、合理的空间；其次，从旧厂房的建筑剖面来看，层高通常较高，在改造时可以通过加层把单层变为双层甚至多层，还可以局部加层，构造满足特殊需求的空间结构；再次，从旧厂房的建筑立面上看，其立面通常比较大气、简洁，可根据需要重新设计成赋予现代气息和市场需要的新立面。这些都是旧厂房所具有的不可替代的优势。建筑师在进行改造设计时，应该使旧厂房既具有现代建筑的美感，同时又能成为连接过去与现在的桥梁，让人们在感受建筑美的同时体会到旧厂房返朴归真的魅力。

从合理利用城市空间资源的角度来讲，城市旧工业建筑再利用具有先天的优势。一般来讲，这些旧工厂房绝大部分建成于我国工业化的全面恢复和发展阶段，当时的城市生活以工业生产为核心，这些厂房一般都处于城市中的关键位置，这就为其在新的经济条件和城市环境下向第三产业转化提供了便利。如果这些闲置或废弃的厂房得不到及时有效的利用，不仅白白浪费了大量宝贵的城市土地资源，还会进一步造成城市或社区的衰落，而大量的新增用地又将导致城市的恶性膨胀。反之，如果我们可以有效利用原有的土地、厂房等资源，就可以最大限度地节约资源，使城市发展处于良性循环。

从社会经济效益方面来看，城市旧工业厂房的长期闲置、废弃将导致其加速贬值，而对其进行合理的改造再利用，不仅盘活了资产、减轻了企业和政府的负担，又能在资金投入相对较少的条件下获得非常可观的收益，同时还为城市带来了更多的创业和就业机会，给城市发展提供新的动力。

3.3.2 厂房商业有机更新工程垃圾处理技术及应用

旧工业建筑空间开敞，平面规整，立面平整简捷，改造利用的可塑性强。在平面形式上：旧工业建筑的平面形状大都规则整齐，可以适应多种建筑功能的使用要求。在立面造型上：我国旧工业厂房大都为近代建造，建筑立面一般简捷、整齐，而且其外墙一般为围护墙，改造时可以根据需要拆除重砌或直接加以利用，为立面的改造提供了更大的可塑性。

一般工业厂房有机更新工程主要包括：修复和加固、构件和部件置换、增加新构（部）件、设备更新。

1. 修复和加固

非受力构（部）件的修复是在原有建筑结构承重体系良好的条件下，对不受力的构（部）件做局部的更新或加固，保证建筑的完整性。一些结构坚固、外形完好的旧工业建筑仅需修复破损的墙面、门窗、屋顶等就能满足新的需要，甚至有些保存完好的旧工业建筑无需修复即可改作他用。这种修复设计的特点是不对原建筑进行整体结构方面的增减，而是只修缮建筑的破损部位。旧工业建筑的改造应充分考虑原有结构的牢固性以及采取相应的加固措施，对不同部位可选择不同的加固方案。工业建筑在使用 10~20 年后即进入安全性劣化期，所以待改造的建筑结构大多会有损坏。与此同时，在扩建和加层等改造过程中，必然会引起结构形式的改变或负荷增大，必须进行加固处理才能满足新的需要。加固修复的主要目的是提高结构或构件的强度和刚度、稳定性和耐久性；提高结构的安全度以减少事故的隐患，从而延长建筑的使用寿命，保证正常的使用要求。由于建筑的现状条件千差万别,因此在设计前必须进行严格的计算,即使在满足基本受力的条件下,有时也考虑进一步改造的可能。

2. 构件和部件置换

这种置换的方式,是在恢复和保持原建筑空间形态的同时,运用现代材料和现代空间处理手法创造能满足现代使命要求的空间形态,着重在建筑整修,对外墙、门窗、非承重墙等进行替换等。建筑物的使用时间、维护的好坏、改造后的要求等因素不同,改造方法也不同。构(部)件置换的形式主要体现在垂直和水平方向上。垂直方向上的改造多为局部增减楼板,例如为了在建筑内部营建出中庭空间,打破原有的空间形态,常常采用拆除部分楼板,置换成采光罩、玻璃窗等,这种置换方式常见于大跨型建筑,由于建筑空间大制造中庭,可以增加室内采光,适用于改造成购物中心、办公建筑等。水平方向上置换主要就是更换门窗,使建筑满足节能或采光要求。将原来的高窗置换成大窗甚至玻璃幕墙;将原来不透光的门置换成采光玻璃门,将普通玻璃置换成节能玻璃等,如成都工业文明博物馆。成都工业文明博物馆是旧厂房改建而成的,原清水砖墙上的普通窗被换成了节能窗,既满足了采光要求,又达到了节能标准。

3. 增加新构(部)件

建筑改造从内容上是新建与原有建筑形态互相影响、共同作用的过程。对于一些出现了严重损坏或者功能衰退无法直接利用的旧工业建筑必须增加新构(部)件才能满足正常使用的需要;或者开敞大空间建筑,无论水平分隔还是垂直分隔都要依靠增加新构(部)件来实现;或者插建新建筑甚至增加装饰构架等都需要采用技术措施来完成;或者增加电梯间、卫生间等辅助设施空间以满足新的功能需求等。这种改造不仅能最大程度地保留工业建筑的景观和建筑特征,而且还具有造价低的特点。增加构(部)件就是通过插入式手法,把工业建筑的大空间分隔成小空间以适应功能的需要,或作为公共建筑所必需的配套设施,如厕所、坡道、疏散楼梯等,以及加层扩建等。在具体实践中,对于作为通风采光用的天井,可根据功能需要在原有位置设置天窗,或在天井上覆盖玻璃大棚,在原有格局中创造出充满情趣的新空间;对于破旧不堪的屋架,可根据装饰需要在原有横梁下增加金属结构的装饰构架这些细节上的处理,使得建筑物改造后更符合新的功能要求。位于望京燕莎商城东侧的北京标准件厂的部分厂房改建为家具超市就是这种类型。在设计中保持原有的两层厂房不变,单层厂房扩开多跨柱网另立支撑系统,使之加至两层。既满足了使用要求,又使建筑更具观赏性。对于加建改造或者那些结构已不能满足使用功能需要的废旧工业建筑,这些都需要增加新结构体系来满足新的需要。另外,在建筑扩建加层过程中,必然会引起结构形式的改变或负荷增大,必须增加新的结构体系才能满足新的需要。

4. 设备更新

旧工业建筑改造再利用过程中,建筑设备的更新是改善原有建筑的物理环境,提高再利用质量必不可少的环节。主要内容包括增加或更换电梯、空调、给水排水、消防、电力、电信等设备。对旧工业建筑的改造再利用,应该按照现行法规进行设计和施工。尤其是许多旧工业建筑因原有生产情况不同执行不同的消防设计标准,有的已经过时或失效。在实施功能置换时,应按照新的使用要求,重新进行消防设计,如安全疏散距离、消防楼梯的设置以及配套机房和管线的走向对再利用的建筑空间布局有很大的制约和影响。另外由于旧工业建筑建造时间已经较长,建筑及设备情况复杂,因此同新建建筑相比更需要各专业之间的紧密配合。许多管线的走向、机房的设置需要结合旧建筑的空间情况和结构状况。

3.3.3 厂房商业有机更新工程垃圾处理及应用案例

项目名称：郑州油化文创公园为例。

1. 项目背景介绍

郑州油化文创公园的改造前身为郑州油脂化学集团有限公司厂区（以下简称"郑州油化厂"），位于郑州市金水区黄河路68号，属于城市中心区域，是郑州市区范围内为数不多的老工业遗址之一。地块东至铁路线，南至黄河路，西至京广快速路，北至铁路专用线，基地西侧一路之隔为郑州火车北站的铁路线。位于郑州北车站、郑州站、郑州汽车西站围合的三角区域。

郑州油脂化学集团有限公司前身为郑州油脂化学厂，于1951年6月开始筹备，1954年12月9日建成投产，为国家"一五"期间重点建设项目之一。1956年建成第一条肥皂生产线，随后苯酚、甘油、皂粉甚至是化妆品车间也相继建成。建成初期，隶属国家轻工业部，后来逐步下放到地方。油化厂历经了多年发展变革，基地中的建筑也在此过程中得到加建或改建，在1950～2010年发生了巨大的变化。基地周边现状多为住宅用地，东侧郑纺机地块规划为住宅配套及商业综合用地。交通现状较为复杂，东侧为铁路，南侧黄河路局部为铁路下穿道，西侧沙口路紧邻京广快速路高架入口匝道；人行交通：郑州地铁5号线沙口路站，有两个出站口直接位于基地内。基地周边有多个公交站点；由于老油化厂内的旧建筑并非在某一时期共同完成建设，因此现存建筑的风格与类型也较为丰富，其中不乏较有特色的废旧老楼或构筑物。对于有历史文化的旧建筑，改建方式大体分为拆除改建与保留改建两种。哪种方式更加适合建筑的现状是我们需要重点考虑的问题。虽然有些建筑未达到保护建筑的标准，但是其差异化的体量、形态以及历史风貌将成为旧建筑保留与否的重要考量因素。尽量保留具有历史肌理的建筑环境，有利于对城市历史景观形象的塑造，也有助于历史题材的塑造以及差异化特征的形成。

首先主要从合规、年代、建筑风貌、结构特色四个方面来判断厂内老建筑的保留与拆除。（1）建筑合规性。主要根据城市规划必要的退界要求，特别是五号线地铁出口附近需满足规划的要求，梳理拆除不符的旧建筑。（2）建筑年代。自20世纪50年代建厂以来，厂区内建有一系列苏式工业厂房建筑，至今保存良好且在郑州市内非常少见。初期建造的厂房建筑特色突出，有一定的历史文化价值，在本次以"突出特色、挖掘内涵、充分利用、和谐统一"的改造原则下应予以重点保留。而对由于生产需要，在20世纪80～90年代加建的现代厂房建筑，由于历史积淀和建筑特色的缺失，应予以合理拆除。（3）建筑风貌。在建设"工业展览展示、文化创意办公、市民生活休闲等配套设施完善的综合性园区"的基调下，对具有独特风貌的旧建筑进行保留改造是本案在文创公园类项目中立本的重要前提，也是避免同质化竞争的有效手段。对于厂区内能使人联想到工业遗迹的建筑风貌应予以合理保留。（4）结构特色。自20世纪50年代建厂后的60年间，对不同时期厂区内建筑进行过一系列改建及加建，使得厂内出现很多不同结构形式的厂房建筑。对于具有特色结构的建筑进行保留，不仅是对历史足迹的尊重，更是改造后的建筑的最大空间亮点。

为便于表达，对片区内进行单体改造的建筑进行了编号。其中，编号 A～F 为需进行改造的旧建筑，编号 1～2 为新加建建筑，建筑编号如图 3-3 所示。A、B、C、D 四座厂房的保存现状一般，但因原先的红色砖墙较有工业及时代特色，又为改造后与片区原有的工业风格保持一致，因此采取"修旧如旧"的策略进行原样重建，突出其原有的建筑特色。同时，由于四座厂房的层高有限（最高处 7m 左右），不适宜纵向划分空间，但单层的高大空间较适宜布置展览、沙龙等讨论空间，并可辅以餐饮等服务功能。E、F 厂房的保存现状较好，层高较高（最高处 11m 左右），较适宜布置两层建筑空间，同时可以通过局部的上空处理，实现上下层的视线及空间交流。图中所示 1、2 号建筑为新建建筑，主要是为了充实场地空间，填补部分旧建筑在拆除之后引起的空旷感，并在造型上与周边环境相契合。

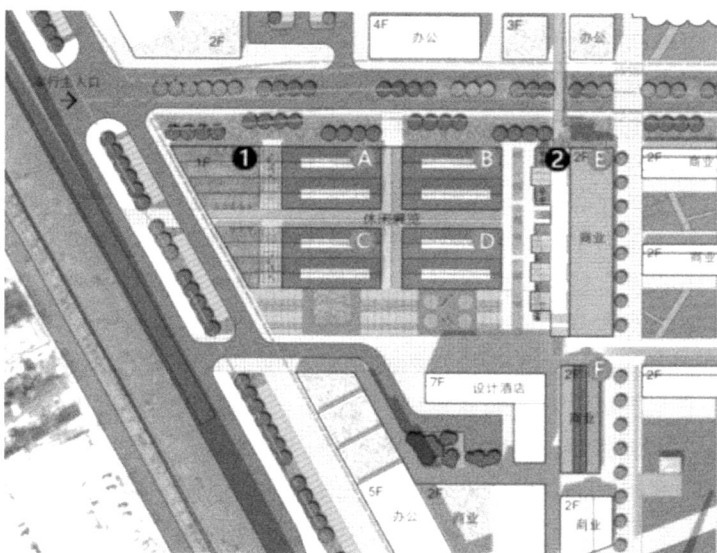

图 3-3　郑州油脂厂片区建筑编号

2. 施工过程中既有建筑材料的再利用

旧建筑改造中既有材料的再利用作为改造的重点得到了充分的思考与设计。主要针对老厂区中四种既有建筑材料——砖材、木材、金属及混凝土进行再利用。

（1）砖材的再利用

砖材的运用范围较广，作为承重结构、围护结构均可，因此改造前砖材在大多数厂房中均有存在。而对于旧砖材在改造中的重新利用，除了可通过"修旧如旧"和"修旧如新"的措施继续应用于原先的建筑中外，被拆除遗留的部分砖块亦也可用于新建建筑中。在单体建筑改造中，E 厂房针对既有砖材的再利用也采取了各式各样的途径。作为保存较为完好的老厂房，E 厂房内的大部分砖墙都在简单修复的基础上得到了保留。这种做法不仅使旧砖材的原真性与可读性得以保存，也大大缩减了建设成本与工程周期。同时，设计拆除了 E 厂房内破损的窗户，由旧砖材叠加而成的镂空花墙与新玻璃一起重新填补了窗洞。

玻璃在厂房内也被大规模地使用，一是为消除砖墙过多带来的封闭感；二是为建筑内部引入更多的外部光线，符合其培训与讨论的功能设定；三是玻璃自身轻盈通透的特性与旧砖材亲切古朴的质感形成了鲜明对比。最后，部分旧砖块也通过在桌椅外圈垒加的方式重新限定并围合了阅读讨论区，使旧砖材的应用范围扩大到了室内设计。C、D厂房的外立面改造也将既有砖材进行了重新利用。与E厂房不同的是，C、D厂房的保存状况一般，部分旧砖墙需要重新修复或者加入形制颜色相近的红砖进行填补，因此进行"修旧如新"的措施远多于"修旧如旧"。部分拆卸下来的旧砖材重新垒叠成"H68"的样式，符合文创公园黄河路H68的新名称。同时，设计在C、D厂房之间插入一新的玻璃廊道，作为连接厂房并通达其他片区之用。玻璃、钢架的现代感和轻盈感与砖墙的古朴厚实形成对比。因而在对比之下，玻璃廊道作为C、D厂房的主入口较为鲜明易见，其在建造形式上继续延续了旧厂房的坡屋顶结构，契合了建筑整体的风格。

（2）木材的再利用

木材在老厂房中原先的应用较少，一般是作为厂房屋顶的檩条或椽子少量存在，在家属区平房中也略有窥见。虽然相比其他材料而言，旧木材的再利用范围较窄，但具体来说也有一些针对性的应用策略，具体如下：

第一种方式是在改造后继续作为厂房的屋顶构件存在。经过实地调研发现，大部分的木质屋顶损毁较严重，部分还出现了因木椽缺失导致灌风漏雨的情况。而在跨度较小的厂房中，木材原先也可作为桁架结构存在，但大多数也因历时较久比较破败。总体来说，作为一种无法修复的非永久材料，因破损较为严重，屋顶部分的旧木材进行原处修复的可能性较小，大部分需要实施以旧换新的措施才能维持屋顶的基本功能。

第二种方式是将旧木条重新作为室内装饰或景观设计的元素。如将不同颜色、纹理、年代的旧木条置于一处制成木片墙或地板的方式。不仅在一定程度上发挥了既有木材的实用性能，也与周边的新材料（玻璃、钢架等）形成了对比，创造了一定的观赏价值。此种方式对木条原先的保存状态要求较低，因此在改造中的应用率也相对较大。在厂区的整体改造中，原先作为承重结构使用的木材可经修复或局部替换后继续作为建筑的屋顶构件存在。因编号A～F的厂房中不存在木结构，所以此处不作过多分析。而在选定的片区内，既有木材大部分是以一根根木条的形式被重新应用到室内或景观设计中，如B、D厂房东侧的铺地及2号建筑顶部的廊道设计。各种颜色、质地，具有不同历史信息的木条被集合在一起，组成了具有历史特色及审美趣味的新铺地。从一定角度上说，这种再利用做法比较符合木材本身的材料特性，也充分发挥了既有木材的价值。

（3）金属的再利用

既有金属材料在厂区内的老厂房中原先以建筑结构及工业设备的形式存在。对于金属结构而言，由于其在我国使用及发展的时间较晚，因此多出现于厂区内较晚建成的厂房中。同时，由于金属材料的工程特性较为优越，在调研中也可发现大多数金属构架保存较为完好，只需针对部分构件进行修缮或更换即可继续投入使用。当金属作为工业设备的主要构成材料时，也有较为不同的再利用途径。对于较大的工业设备，如厂区内原有的化油池等，可将其拆分为金属板材继续使用。经过时间沉淀的金属板材表面具有锈蚀痕迹，具有一定的历史价值与审美特色。而对于较小、形状不规则的管道类设备而言，既有金属材料往往与设备本身一起作为工业遗产被保留，可用做室内装饰或室外标志性小品，为改造后的厂区带来更多工业气息。在A、B、C、D四栋厂房中，既有金属材料继续作为屋面桁架结构存在。

经过考察，建筑原有结构较为稳定，因此设计中不需要针对金属构架进行过多修复，基本可保持原状。而在 1 号新建建筑中，从化油池等大型设备中拆卸下来的锈蚀金属板也得以作为围护结构被重新使用。金属作为一种较为现代的建筑材料，本身与玻璃等新加入的材料较为契合。同时由于表面的锈蚀，与一侧的旧砖材并置也较为和谐统一。

（4）混凝土的再利用

既有混凝土结构在老厂房中主要作为承重结构及围护结构存在，难以拆卸，大多数作为原处修复使用。虽然相对于现浇混凝土而言，拆卸预制混凝土板材具有一定的可操作性，但也因其使用范围较窄往往无法被重新利用。通过实地调研发现，厂区内大多数的混凝土结构厂房保存现状良好，部分混凝土现浇屋盖非常具有工业特色。除建筑本身之外，厂房内尚有大型的混凝土构件及设备，可将其作为工业遗产进行保留，并可作为特色性的室内装饰或室外景观小品。在 F 厂房的内部改造中，设计保留了原先的混凝土屋盖与墙面，修旧如旧，以突出混凝土厚重古朴的质感。厂房内部设计也采用了木材、玻璃等新材料，在质地、新旧上都与既有混凝土形成鲜明对比。同时，设计也将厂房中原有的混凝土箱体置于 D 厂房前广场作为景观元素，并穿插廊道，为外部环境带来一定的趣味性。

本案例重点分析了四种既有材料——砖材、木材、金属及混凝土在旧建筑改造中的再利用方式，探索既有材料的独特价值在实际改造中体现的优越性。根据既有材料的自身特性、保存完好程度以及建筑的历史价值不同，在既有材料再利用过程中可采取不同的再利用方法，主要包括"原处修复""挪用别处"及"新旧并置"三种。第一种再利用方式——"原处修复"主要分为"修旧如旧"及"修旧如新"两种再利用方式。对于永久性材料和历史价值较高的历史建筑，通常采用"修旧如旧"的修复方法，尽可能真实地还原历史建筑的原貌；而对于非永久性材料和历史价值不高的普通历史建筑，通常采用"修旧如新"的方法，突出历史建筑在新时期的实用性。第二种再利用方式——"挪用别处"可将多种不同年代、不同风格的材料通过这种移植利用的方法在他处得以重生，不仅诠释了历史集成的美感与风格，同时又满足了现实的功能需求，使历史在新处得到重新谱写。第三种再利用方式——"新旧并置"从纳入新材料的角度分析现代与传统风格的碰撞或契合，满足时代性的表达，常见于各种改造工程中。

3.4　公共空间治理及其他工程垃圾处理及利用

3.4.1　公共空间治理及其他工程现状及特点

在当前加强和创新社会治理，建立共建共治共享的社会治理格局的大背景下，研究如何进行城市社区公共空间治理是十分重要的。实践中，随着城市化进程的迅速推进，城市结构失衡、城市空间生产异化、城市认同出现危机、城市空间秩序混乱等问题层出不穷。城市公共空间是城市的重要组成部分，它主要指城市的公园、广场、道路等向公众开放并为公众共享的开放空间体。主要包括独立公共空间（道路、绿地、广场）以及建设项目附属公共空间，如图 3-4 所示，主要包括独立的公共空间和建设项目附属公共空间两大类型。城市公共空间为市民提供了相互交流的平台，有助于增加市民的交往与互动；城市公共空间的良性发展有助于提升城市居民的幸福感和生活质量。建设和谐美好的城市公共空间，是实现城市居民美好生活的重要保障。

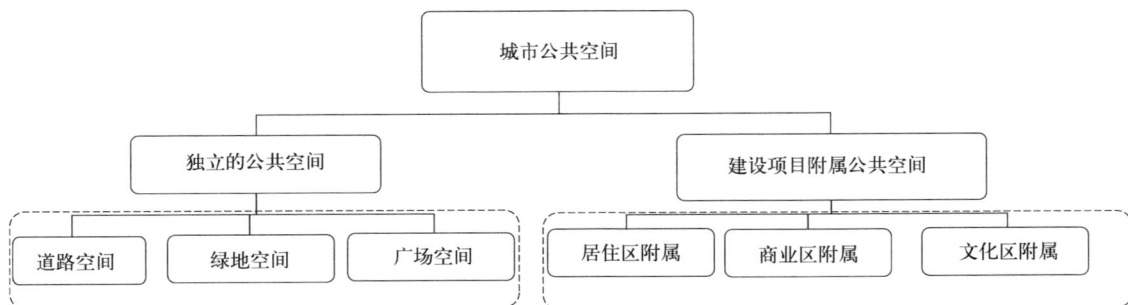

```
                    城市公共空间
            ┌──────────┴──────────┐
      独立的公共空间              建设项目附属公共空间
   ┌──────┬──────┬──────┐     ┌──────┬──────┬──────┐
  道路空间 绿地空间 广场空间    居住区附属 商业区附属 文化区附属
```

图 3-4　城市公共空间主要类型

2015 年 10 月，党的十八届五中全会首次提出，要加强空间治理体系建设，推进国家治理体系和治理能力现代化。2015 年 12 月，中央城市工作会议上提出要把城市建成人与人、人与自然和谐相处的家园，把握好生活、生产、生态空间之间的联系，实现生活空间宜居适度、生产空间集约高效、生态空间山清水秀。习近平总书记在十九大报告中提出："中国特色社会主义进入新时代，我国社会主要矛盾已经转化为人民日益增长的美好生活需要和不平衡不充分的发展之间的矛盾。"毋庸置疑的是，民众提出的美好生活需求和公共空间的实际质量息息相关。因此，当前时期，随着民众的生活质量和精神文化需求不断提高，民众对城市公共空间的发展质量也提出进一步的要求。党的十九届四中全会指出："到新中国成立一百年时，全面实现国家治理体系和治理能力现代化，使中国特色社会主义制度更加巩固、优越性充分展现。"而完善城市公共空间治理是实现国家治理体系和治理能力现代化的重要内容，若想达到这一目的，必须切实提高对于公共空间的治理力度，并着重于针对城市公共空间进行科学治理，从而带动城市治理水准的进一步攀升。

城市社区公共空间治理是城市空间治理的基础和映射，城市社区中亦存在诸多失序现象。如物理空间方面，社区空间拥挤引发车位之争、私占空地引发冲突、社区环境脏乱与基础设施老旧，影响居民幸福感的提升。社区中的物理空间是社区居民活动的载体和平台，也制约着社区居民的互动和行为方式，尤其是对居民的心理和行为方式有直接的影响。体现在社会空间方面，具体表现为居民参与率低、社会关系冷漠、社区冲突频发等，加之单位制瓦解后，人们的不安全感增强，个人对保障与私利的追逐超过对公共事务和居民责任的关注，公共性被不断侵蚀。物理空间与社会空间的失序，体现在社区居民心理精神层面，则表现为社区居民公共精神匮乏、社区认同感低、社区意识薄弱等。与此同时，社区公共空间治理过程中，存在多元主体间利益与权利失衡、主体间责任界限模糊、社区治理的价值理念迷失等问题。物理空间、社会空间以及精神空间的失序给社区空间治理带来挑战。解决以上失序现象，探究社区公共空间治理的路径，在公共空间治理中重建社区秩序，从而满足社区居民对美好生活的需要是十分必要的。

城市社区公共空间治理的优化对提升城市总体治理水平具有重要作用。城市社区群众对城市社区公共空间的需求无论质量或者数量上都越来越高。城市社区公共空间既是居民公共生活的场地，也是在社区群众从事生产活动的劳动场所。城市社区公共空间的空间生产功能，决定了对公共空间的治理行为，其对象不仅包括社区居民的生活环境，也包括主要在社区公共空间进行相关活动的群体。对城市社区公共空间的有效治理是对社区公共空间质量的维护和提升，对于在城市社区生活的居民和从事生产活动的群众十分有益，对进一步提升城市基层治理，实现城市社区有序且充满活力具有重要意义。

通常情况下，城市公共空间广泛分布于城市中，从多样化分类标准出发，则公共空间的实际类型也将存在一定的差异：（1）从城市公共空间的产生途径进行划分，城市公共空间可分为自然城市公共空间和人工城市公共空间。自然城市公共空间是自然生成的公共空间，如城市郊区的开阔场地；人工城市公共空间则是人工建造的场所，如街道、广场等。（2）从城市公共空间的功能进行划分，可分为商业型、交通型以及运动型公共空间等。其中，商业型城市公共空间主要承担购物职能，为消费者提供公共性的消费场所，如商场等；交通型城市公共空间则主要承担交通运输职能，如街道；运动型城市公共空间主要承担运动职能，如公共体育场等。

城市公共空间含有的基本特征可进行科学归纳如下：（1）基于表层特征进行分析，其属于典型的空间之一。（2）城市公共空间属于为民众服务的公共领域，蕴含一定的公共性，往往和民众生活中的方方面面息息相关，可以为处于多样化阶层的民众提供举行一系列公共活动的空间，有效推进社会交流，并为民众提供诸多服务。（3）城市公共空间的概念可以从城市和公共空间两个基本维度来理解。这类空间不仅受到地理因素的制约，同时也受到城市多样化因素的深刻影响。城市公共空间具有双重功能：一方面，它为市民提供了开展丰富物质活动的场所；另一方面，它也支持各类非物质活动的进行，从而有效连接了市民的意识与实践。（4）城市公共空间中还存在民众赖以生存、城市赖以发展的多元化核心资源，故而在建设过程中，必须提高对其的保护力度。

3.4.2　公共空间治理及其他工程垃圾处理技术及应用

1. 大规模工程垃圾处理利用技术

（1）再利用思路

从视觉和知觉的角度来看，首先，场地中建筑垃圾的形状、体积和高度对人产生怎样的视觉影响和感觉影响。其中包括：视觉与美感、听觉与声环境、触觉与尺度感等。对于体积较大的垃圾山体，怎样从构图、流线和韵律上来表现山体的形式美。其次，人的心理行为与空间环境的关系、造型元素与心理需求的关系、好奇心理与环境关系都影响着对山体利用方式的体现，因此要有更细致的研究。最后，要考虑对城市公园的设计定位，是以休闲娱乐为主的城市公园，还是以生态为主的观赏性城市公园，或是以展览活动科普教育为主的城市公园。这是对建筑垃圾更有针对性更有效的利用的重要因素之一，比如建筑垃圾本身在公园中所占的比重、位置，要结合怎样的主题、人文环境需求、地域性特征、科技文化特征以及功能上的分配与连接展开分析。从技术的角度来分析，对于大型的建筑垃圾的塑造要有一定的方法，它的重点在于怎样与艺术更好的结合。

加法再利用。在这种再利用方式中，原有建筑垃圾是造型基础，是衬托再造的景观山体的背景。建筑垃圾再造的景观山是城市公园的物质载体，它依附于原有建筑垃圾所呈现出的地形特征，再在原有建筑垃圾地形基础上进行建造，并对原有建筑垃圾地形进行补充和局部的改造，与原有建筑垃圾一起共同构成完整的视觉形象，由于这种再利用方式强调原有建筑垃圾地形与再造景观地形的形态特征和沉降等问题，以及城市公园要素对建筑垃圾再造景观山的形态要求，寻找两者的结合点，在满足城市公园要素功能要求的同时实现建筑垃圾再造景观山体与原有建筑垃圾在形态上的自然过渡与和谐统一。

减法再利用。如果原有的建筑垃圾地形局部的空间需要承担一定的城市公园的功能，比如作为城市公园的交通空间，车流、人流出入或集散的城市公园空间或者其形态不符合城市公园景观的要求，在设计中就可以通过减削再利用的方法对原有建筑垃圾地形加以改造再利用，使其符合城市公园景观设计的需要，同时将原有所占据的部分空间"解放"出来，以承载一定的城市公园的功能。在这种再利用的方法中，由于建筑垃圾再造景观山是通过削减部分原有建筑垃圾而形成的，两者在时间和空间上存在着继承的关联。

延续再利用。这种再利用方式中，建筑垃圾再造景观山的目的主要是在利用原有的建筑垃圾地形的情况下延续原有建筑垃圾的形态特征，改造成具有一定连续、完整、统一的视觉形象。因此，延续的景观山体部分与原有的建筑垃圾改造的景观山体相对独立，但在形态上和原有的建筑垃圾地形形态的制约作用表现得十分明显。延续的景观山体部分与原有建筑垃圾改造的景观山衔接，结合为城市公园的小广场、城市公园绿地等其他的功能形式，从而完成对原有建筑垃圾地形的延续和发展。

（2）再利用手段

利用建筑垃圾堆山造景归纳起来有以下几种：通过建筑垃圾和建筑物形成新地形、通过建筑垃圾结合堆土形成新地形、通过建筑垃圾自身形态形成新地形、通过挖土形成新地形、通过挖土结合原有建筑垃圾形成新地形。

通过建筑垃圾和建筑物形成新地形。在这种再利用手段中，建筑垃圾与建筑的结合直接形成新的地形，建筑物通过自身形态形成新地形，同时与建筑垃圾相互补充，为景观要素的引入提供了新的空间载体，从原始建筑垃圾形态与建筑的关系分析，这种再利用手段的特点是利用建筑与建筑垃圾地形连接紧密，原有建筑垃圾的形态特征表现不明显。建筑垃圾原有的形态特征要与建造建筑物的形态特征具有连续性、可发展性，同时能够与周边的城市地形或景观要素相衔接，从而限制了建筑物空间的使用效率和造景地形的规模。

通过建筑垃圾结合堆土形成新地形。在这种再利用手段中，新的地形通过原有建筑垃圾和堆土的方式形成，参与再利用过程的建筑垃圾形态往往由于需要承载的城市公园的功能，而且没有较为规整的外部形态，难与城市公园整体环境并与周边的城市环境相衔接，因此必须通过堆土的方式形成连续的、可延展的外部形态特征，实现对原有建筑垃圾地形的改造。由于这种再利用手段对构成建筑垃圾的形态限制较少，因此所形成的再造景观山体外部空间相对于原有建筑垃圾的形态更为完整。规整的形态大大提高了垃圾再造景观山体空间的使用效率，堆土的方式为重塑体提供了空间和形态的要求，也是目前应用最为广泛的一种应用方式。

通过建筑垃圾自身形态形成新地形。在这种塑造手段中，建筑垃圾本身是再造景观山体的主要组成部分，景观山地形的塑造通过建构于原有建筑垃圾地形之上来实现，因此改造后的景观山的新地形形态较为自由，同时由于垃圾再造景观山体与原有建筑垃圾地形的结合关系并不紧密，原有建筑垃圾地形的形态特征可以得到充分的保留，这样可以最大限度地避免对原有城市地域要素的影响，因此通过建筑垃圾自身形态形成再造景观山地形，这种手段进行的垃圾再利用可以形成功能和形态更为自然的新地形。

通过挖土形成新地形。通过这种再利用手段形成的垃圾再造景观山的新地形与原有垃圾地形存在着继承关系，从原有建筑垃圾地形与再造的景观山的关系角度分析，这种再利用手段表现为通过挖土的方式将被原有建筑垃圾地形占据的重塑体空间"解放"出来的过程，由于再造景观山是原有建筑垃圾地形通过挖土减去的那一部分所占据的空间，因此通过这种方式进行的垃圾再造景观山对原有建筑垃圾地形的改造作用较为显著，形成景观山的新地形的形态也比较多样，同时通过挖土的方式往往形成功能较为单一的公共开放空间，这种再利用手段目的功能主要表现在对再造景观山与周围城市公园要素的整合中。

通过挖土结合原有建筑垃圾形成新地形。这种再利用方式通过挖土和原有建筑垃圾的方式形成新地形，塑造再造的景观山的过程通常分为两个步骤：首先挖土将原有建筑垃圾附近平整的地形所占据的空间释放出来，然后通过在被释放的空间中建造建筑或下沉广场等方式完成地形与原有建筑垃圾形成整体。其特点在于再造的景观山由通过挖土形成的空间和通过原有建筑垃圾形成的实体形态共同构成，同时建筑垃圾所形成的外部空间为其他城市公园各个要素的引入提供了载体。这种再利用手段能够整合功能更为复杂多样的城市公园。

2. 小规模工程垃圾景观元素化的处理

（1）景观设施的应用

建筑垃圾中筛选出来的废旧竹木材料和废旧砖石、废弃混凝土，可以通过一定的技术手段把这些材料整合起来废物利用，制作成城市公园景观设施中的廊架、凉亭、栏杆等，继续发挥这些材料的"余热"，实现出更大的价值。

廊架、凉亭的应用。在城市公园景观设计中，作为休憩避暑的功能性设施，廊架凉亭是必不可少的元素，而且一般的处理方式应该与周围环境相协调。而公园景观中的凉亭廊架由于其使用功能比较单一，因此一般在设计时所考虑到的体量不会太大，并且一般都具有比较通透的特征。在与植物或周边地形相协调的情况下，这些景观设施在设计时会考虑与环境相融合，比较多地使用富有当地地方特色而且能够表现出一定观赏性和文化性的天然材料。所以，由废旧建筑拆除完毕所产生的废旧竹木材和废旧砖石、废弃混凝土等可以更好地诠释地域性和文化性的特征，而且还具有一定的历史感。

栏杆、座椅的应用。栏杆和座椅在城市公园景观中也是不可或缺的元素。城市公园景观设计一般会考虑无障碍设计，栏杆作为其组成成分，在设计中一般会选用金属、木头、石头和竹子的栏杆，有些时候还会用到砖石或者混凝土砌筑的栏板。但无论哪种材料，一般都应该在材料表面进行防腐和防潮处理。栏杆一般都不是作为极短的一段来出现的，所以常常会表现出一定的韵律感，如果用建筑垃圾废旧材料，比如废旧木材和废旧金属来做，那么能够更好地表现出一定的历史感与坚固感，在一些自然景观的设计中是经常会用到的。休闲座椅如果利用废弃的石材、废旧砖头或者废弃的混凝土砌块来做，则可增加一些自然的生态情趣，更好地反衬出周边的自然环境。

（2）景观雕塑的应用

曾经有艺术家利用废旧的电脑元件、废旧的电视、录音机等这些大工业化时代的产品通过一定的逻辑组合，创作出具有一定观赏性的装置作品。在 2010 年上海世博会的展馆中，也有艺术家利用废旧的钢筋和一些废弃建材，堆砌成城市的投影，表达出对城市未来的某种思考，唤醒人们的某种意识。

对于城市公园景观来说，雕塑作品常常用常规的砖、石、混凝土、水泥砂浆、金属、木头、玻璃钢等材料来建造。其实对于景观设计来说，景观雕塑的用材是十分广泛的，除了这些常规材料，我们也可以利用建筑垃圾中的废旧材料来表达一定的设计内涵。

将废弃建材按大小、色彩、质感、明暗、反光率等特征分类，用对比交错、穿插、重复等手法，灵活布置，与植被、地形等巧妙配合，可以形成非常丰富精巧且富有情趣的雕塑。

（3）景观墙体的应用

景观墙体一般的选用材料多为石、木、砖等。以江南园林为例，江南园林中最常见的景观墙、景窗、照壁基本上都为砖砌或者堆石形成。而现代社会，我们可以利用的技术手段已经有了很多的变化，而且材料也有了很大的改变。利用建筑垃圾中的废旧材料来实现景观中的景观墙体，更多地表现出来一种质朴和历史的艺术感受。比如一些景观墙体的垂直绿化，其背景的选择就会出现不同的视觉感受，因而，大大拓展了建筑垃圾再利用范围。

（4）景观铺装的应用

人造木砖的应用。建筑垃圾中有很大一部分是废旧竹木材料。这些废旧的竹木材料如果仅仅作为燃料来用，除了浪费之外，还会对环境造成一定的影响，同时对生态的破坏也会产生一定的影响。所以这些废旧竹木材料，在城市公园景观中的应用除了可以作为建筑模板和通过再加工成为景观设施之外，还可以使用木材破碎机将这些废旧竹木材料破碎成碎屑作为造纸的原料。另外，废旧竹木材料还可以通过木材破碎机破碎后形成的碎屑加工制造成人造木砖。人造木砖的生产技术在建筑废旧竹木材料的应用方面也是应该值得重视的。人造木砖的加工工艺流程：先将废旧竹木材料破碎加工成木屑，然后通过掺入一定量和适量强度等级的化学添加剂和建筑上应用比较广泛的硅酸盐水泥，倒入模具中经过机械进行混合压制，成为板材的形状并且加以养护后进行切割，根据不同场所所需要的规格切割成木砖的形状。可根据设计的需要进行定制。

人造木砖的主要用途是用来制作建筑工程和室内装饰工程中需要的一些材料，并且可以在景观设计中用于制造一些预埋件和景观雕塑、景观设施。经过实验室的实验和在实际应用的结果来看：人造木砖比起天然木砖，在技术指标和经济性上更具有一定的优势。如果按照 $1m^3$ 天然木材通过加工制作出 533 块成品木砖来计算，$1m^3$ 天然木材的价格大概为 800 元人民币，那么一块天然木材制造出来的成品木砖大概的成本为 1.5 元人民币，而利用建筑废旧竹木材料制造的人造木砖则成本仅为 0.5 元人民币。按照常规设计原则来看，在一般性民用建筑设计中，$1m^2$ 建筑面积大约需要一块成品木砖来计算，那么，20万 m^2 规格的居住社区约需要 20 万块成品木砖。如果采用利用建筑废旧竹木材料制作的人造木砖来替代天然木材生产出来的木砖的话，仅仅这一项就可以节约天然木材成本约 20 万元，也就相当于节省了 $376m^3$ 的天然木材。所以，利用建筑废旧竹木材料生产人造木砖的技术，在保护了我们赖以生存的地球森林资源和保护生态环境的前提下，还可以使空气不受到污染，而且使拆除的这些建筑废旧竹木材料得到了再生利用，社会效益和经济效益是显而易见的，同时，还带动了一些相关产业的产生和发展。

景观路面砖的应用。利用建筑垃圾中的废弃混凝土、废弃砖石、废弃灰土等材料，经过合理的工艺流程，可以生产景观中常见的普通景观路面砖。在具体制作中，将建筑垃圾中可利用的这些材料经过机械加工，研磨成粉末状，经过一定的配合比及搅拌，然后再用制砖设备压制成型后即可成为普通景观路面砖。利用建筑垃圾生产出来的这种景观路面砖，与传统工艺生产出来的景观路面砖相比，具有保温性能和隔热性能更好的效果，而且耐磨损性能也比较高。比较环保的是，在生产建筑垃圾景观路面砖的过程中，不会产生任何的污染。同时，建筑垃圾再生砖的生产工艺可以节省普通制砖工艺中需要利用大量耕地用土的不利情况，有效地节约耕地资源和对土地的破坏。由于制砖过程中消耗了为数不少的建筑垃圾，从而可以减少建筑垃圾的堆放量。而且经过调研和经济测算，建筑垃圾再生砖的生产成本略低于普通砖。可谓一举多得。

再生骨料和再生混凝土的应用。利用建筑垃圾中的废弃混凝土、废弃砖石、废弃灰土等资源，经过筛选、分类、破碎、压磨后，按照一定的比例与其他材料配合比即可得到再生骨料。再生骨料是制作再生混凝土的必要材料。再生骨料可以分为再生粗骨料和再生细骨料。利用部分再生骨料和其他常规材料按照一定配合比混合搅拌形成的混凝土即为再生混凝土。目前国内外对这方面的研究已经很深入，而且经过大量的科学试验和实地应用表明，再生混凝土作为利用建筑垃圾再加工生成的产物，可以在道路修筑、路基处理、承重砖、路面砖的制作上具有广泛的应用前景。比如说，一些从建筑外墙拆下的青石板和砖墙片段，略加修整，基层用不同级配的碎砖铺垫平整，和草坪镶嵌在一起，根据人的行走频度，疏密相间，做成可渗透雨水的生态型软铺装。大块混凝土、建材碎块加砖块共同铺装，种植旱生草本，又可形成别样景观。

3.4.3　公共空间治理及其他工程垃圾处理及应用案例

项目名称：石家庄市建筑垃圾再利用的城市公园。

1. 项目介绍

石家庄市在对城区闲置地、废弃地、垃圾倾倒点等进行清理的基础上，结合拟建绿地、矿山整理以及生态环境整治和绿地系统规划，确定了滹沱河储灰场、南高基、二号工事山、柏林公园等 12 个利用建筑垃圾堆山造景点，首批明确了 7 处"堆山造景"地点：柏林公园、时光公园、京珠高速两侧生态绿地、东部新城宋营镇 2 号工事南侧、滹太新区滹沱河南岸储灰厂、西部山前秀山整治区、石井北山风景区。

时光公园。石家庄市规划的时光公园，经过一年的建筑垃圾堆积，已形成 10 多万 m^3 的人工山雏形。时光公园占地 5.87hm^2，位于石家庄市槐安路与时光街交叉口东南角，"推窗见景""家在公园旁"，位于拟建的时光公园以东的百年华府小区，一直都以即将开建的时光公园作为自己楼盘的卖点。"这个地段真的太需要一个能让老百姓休闲健身的场所了！"调研中百年华府售楼处的工作人员说，虽然时光公园迟迟未能建成，但很多来这买房子的人都是看中了公园可能带来的便利。

柏林公园。柏林公园是利用建筑垃圾堆山造景来处理建筑垃圾的案例之一。柏林公园位于北二环以南、北新街以东、联盟路以北。它占地 5.53hm^2，高 16m 的假山已经出现在柏林公园里，这座假山披上绿装后将成为一道景观。鲜为人知的是，柏林公园的这座山是近 10 万 m^3 城市建筑垃圾堆放起来的。调研中得知，为了堆山造景，这座建筑垃圾山在堆砌过程中已经分层碾压。之后山体上覆盖了很厚的土壤，以利于植被生长。在建筑垃圾倾倒、分层碾压中，山体内已经加入土壤 11250m^3，当前，山体成型后又已覆盖了近 8

万 m³ 的土层，覆土完成后，园林部门进行了树木和草地的绿化，并进行景观布置。游人很难看出有大量的城市建筑垃圾埋在脚下的小山里。它的建成不仅缓解了建筑垃圾对环境造成的污染，同时成为城市一道靓丽的风景。

南高基公园。利用建筑垃圾堆山造景的南高基公园，位于太平河畔，中华大街以东、月牙南路以南，是滹沱河生态开发整治工程太平河二期项目之一。公园范围内原为废弃农田，堆满垃圾。自 2008 年下半年开始，滹沱河生态开发整治工程指挥部办公室按照政府部门要求，在东侧收纳拆迁建筑垃圾，以利用建筑渣土堆山造景。该公园规划总面积 233290m²，园区占地面积 126870m²、山体占地面积 106420m²，水景面积 17015m²，铺地面积 25375m²，道路总面积 6345m²，绿地面积 78135m²。

石家庄城市公园。此公园旨在通过技术和艺术的结合将建筑垃圾塑造为涵盖整个基地的多样自然山水景观系统，为城市文化生活提供了一个亲人的生态空间；并以完整、统一要求变化的基地肌理空间体现了石家庄的区域特色和"交融、凝聚"的城市文化功能。建筑垃圾地形的设计通过对市民的调研分析，以原有垃圾山为载体，以主题公园为出发点，以人为本，以"自然山水"为概念，注重技术与文化的有机结合，为市民及游客提供具有优美环境、都市特色的休闲场所。设计中"以人为本"，人的需要是多种多样的，但回归自然，亲近自然是共同的需求。结合现有山形山势改造出起伏的地形，道路以有韵律的曲线穿行在起伏的地形与树木花草之间，利用道路的引导与划分，规划出不同的游憩空间，进而满足不同人的需求。"设计结合自然"形成自然与人工景观的有机结合、群体与私密空间的合理组织、浓绿与碧水的相得益彰、休闲与文化活动的融为一体、具有 21 世纪都市绿地特色的开放式公共绿地。

2. 改造工程中的建筑垃圾再利用

建筑垃圾再利用的设计。山形的塑造：通过整合土方，对建筑垃圾分层夯实，在原位置根据山体机理重塑山形，形成自然台地式的山缘线。在一级台地的中心以相对的高度 30m 控制了整个空间的视线，成为主景，次高台地 16m，成为遥相呼应的两峰。植物种植：由于回填的建筑垃圾，土层坚硬，养分极为缺乏，不适合植物生长，需要回填种植土。利用开挖人工湖的土石方，在山体表面覆盖 1.5m 的土壤，种植乔木、灌木、草等植被。这样就形成了生态山体和亲和滨水空间，营造出既富文化内涵又舒适的生态公园。土方平衡：根据空间设计的范围，水面施工需开挖的土方、开敞的草坡大看台所需的土方、微地形塑造所需的土方以及山体塑形过程中的土方量相互平衡，这一点正是因地制宜建筑垃圾再利用的充分体现。建筑垃圾与建筑结合：位于山顶的建筑坐落在建筑垃圾改造的山体里，视野开阔，可鸟瞰周边城市景观，找寻回归自然的情怀。

建筑垃圾的生态利用。雨水的收集：天然雨水的收集是整个生态系统的重要组成部分。石家庄年平均年降水量 569.8mm，年平均蒸发量约 1600mm，要利用建筑垃圾山来进行系统的雨水收集。收集水的用途：山体的水、路面水是干净的，经过收集过滤后，能供以下方面使用：溪流水景、植物浇灌、冲洗厕所和汽车路面、必要时还可以起到消防作用。用储水水池和景观水池保存雨水实现场地用水的自身平衡，总的目标是实现场地用水的自身平衡，初步的目标是 2/3 的淡水能自供。雨水的循环生态自洁：储存的水和景观水体里的水，通过生态自洁的方法保证水质，水在流动中增氧，并且形成过滤系统，流动的水避免滋生蚊虫，正是利用垃圾山体保证水的流动。保证水体面积 1/6 是湿地，起到生物过滤作用，种植多种有特殊功能的水草，有效控制旱季和涝季的水体的自身平衡。利用山体和微地形，使雨水顺势流入雨水暗管，通过山体、园路、铺装、公共建筑等表面收集的雨水，携带大量泥沙和有机物，公园内设置生态沉淀池、湿地，沉淀、净化收集到的雨水，干净的雨水流入人工湖，形成景观水面，有效改善场地内的微气候。景观给水、绿化灌溉主要依靠市政给水管网和雨水收集。主要景点的绿化浇灌设自动喷灌系统。

石家庄的年平均降水量 569.8mm，根据公园绿化、水体、硬质铺装和公共建筑等所占比例不同，公园的雨水收集率为 30%～40%；随着水体、硬质铺装面积的增加，雨水收集率提高。年平均蒸发量是年平均降雨量的 2～3 倍，随着水体面积的增加、绿化面积的减少，公园蒸发量大幅度增加。石家庄四季分明，春季干旱多风，夏季多雨，秋季天高气爽，冬季严寒干燥，为进一步保证水体不枯竭和节约市政用水，在收集场地内的山体、园路、铺装、公共建筑屋顶的基础上，在场地四周设计生态湿地，收集雨水满足景观用水的需求，并解决场地周边道路夏季汛期的防汛问题。收集到的雨水，携带大量泥沙和有机物，需要进行生态净化，达到规范要求的娱乐性景观用水标准，形成景观水面，有效调节场地内的微气候。

3.5　本章小结

本章首先介绍了城市更新改造工程的概念及其特点，结合国外发达国家城市更新改造的实例及研究成果，分析了国内外城市更新改造工程垃圾的处理技术和利用技术现状。对于工程垃圾，首先从源头上进行减量处理，然后进行有效的分拣，然后根据工程垃圾的情况，分别进行施工现场再利用、回填，集中回收后进行资源化利用。

结合我国目前常见的几种城市改造工程类型：老旧小区改造、厂房商业有机更新工程、公共空间治理及其他工程，分别介绍各类工程的现状和特点、工程垃圾处理方法和回收利用技术以及其典型应用案例。

参考文献

[1] 李剑锋.城市更新的模式选择及综合效益评价研究［D］.广州：华南理工大学，2019.

[2] 安琪.老旧小区改造制约因素分析及推动策略研究［D］.西安：西安建筑科技大学，2021.

[3] 潘容容.城市更新与城市特色维育策略初探［D］.南京：东南大学，2019.

[4] 曾佳.发达国家城市住宅更新与改造技术研究［D］.北京：北京建筑大学，2009.

[5] 万继伟.国外城市更新的经验对我国老旧小区改造的借鉴意义［J］.城市建筑，2020，17（24）：17-19.

[6] 张宁，段华波.国内外建筑垃圾分类管理方法及其处理模式比较研究［J］.2017中国环境科学学会与技术年会论文集（第二卷），2017.

[7] 符娜.建筑垃圾处置技术与回收再利用研究［J］.资源再生，2022，（7）：21-23＋27.

[8] 陈蕾.施工现场固体废弃物量化与减量化及资源化利用研究［D］.武汉：武汉理工大学，2020.

[9] 迁晓轩，彭孟启，齐贺，等.建筑工程垃圾减量化概况及评价标准探究［J］.环境工程，2020，38（3）：1-8.

[10] 闫宏亮.建筑垃圾循环再利用处理工艺改进研究［D］.长春：吉林大学，2019.

［11］ 王宁. 建筑垃圾全过程精准管控模式及实际工程应用示范研究［D］. 北京：北京交通大学，2019.

［12］ 王爱丽，郭传新. 建筑垃圾处理用破碎筛分设备的应用及发展趋势［J］. 建筑机械，2021，（9）：16-19.

［13］ 肖前慧，刘书林，邱继生，等. 建筑垃圾在路基填筑中的应用综述［J］. 科学技术与工程，2023，23（11）：4502-4513.

［14］ 谢尚锦. 建筑垃圾再生骨料在再生砌块中的应用研究［D］. 杭州：浙江大学，2020.

［15］ 王闻，方东亚，楚金旺. 工业建筑的再利用与更新设计［J］. 有色冶金节能，2016，32（6）：68-71.

［16］ 孙一帆. 旧建筑改造中既有材料的再利用研究——以郑州油化文创公园为例［D］. 南京：东南大学，2018.

［17］ 任梦玉，罗晓予，葛坚. 老旧小区改造的减碳潜力评估［J］. 建筑与文化，2022，（9）：119-121.

［18］ 王雨薇. 老旧小区海绵化改造项目风险演化仿真研究［D］. 西安：西安理工大学，2021.

［19］ 李楠楠. 老旧居民小区整治项目成本管理研究——以李沧区 A 小区整治工程为例［D］. 青岛：青岛大学，2018.

［20］ 梁静. 建筑垃圾在城市公园景观设计中的再利用研究［D］. 天津：河北工业大学，2011.

第4章

城市更新改造拆除垃圾处理与利用技术及案例

4.1 概述

拆除垃圾指各类建筑物、构筑物等拆除过程中产生的弃料。主要以钢筋混凝土块、砖石、砂、石、杂土为主，也包括少量金属、管道、塑料、保温材料、木材等。拆除垃圾各组分含量与建筑物种类、建筑年代和拆除地域关系较大。

建筑拆除垃圾相对建筑施工单位面积产生垃圾量更大，旧建筑物拆除垃圾的组成与建筑物的结构有关：旧砖混结构建筑中，砖块、瓦砾约占80%，其余为木料、碎玻璃、石灰、渣土等，现阶段拆除的旧建筑多属砖混结构的民居；废弃框架、剪力墙结构的建筑，混凝土块约占50%～60%，其余为金属、砖块、砌块、塑料制品等，旧工业厂房、楼宇建筑是此类建筑的代表。随着时间的推移，建筑水平的越来越高，旧建筑拆除垃圾的组成会发生变化，主要成分由砖块、瓦砾向混凝土块转变。

根据建筑垃圾的主要材料类型或成分对其进行分类，可将每一种来源的建筑垃圾分成三类：可直接利用的材料，可作为材料再生或可以用于回收的材料以及没有利用价值的废料。例如在旧建筑材料中，可直接利用的材料有钢窗、钢梁、尺寸较大的木料等，可作为材料再生的主要是矿物材料、未处理过的木材和金属，经过再生后其形态和功能都和原先有所不同。

4.1.1 拆除垃圾再利用存在的问题

1. 城市化进程中带来的诸多拆除垃圾

随着近30年的经济飞速发展，城镇化进程是个始终不变的话题。在这样的发展过程中，因为旧房屋、厂房、农村的拆除、改建重建以及修复而产生了相当数量的拆除垃圾，主要包括砖石类、金属类、木质类、玻璃，以及砂浆和混凝土等。据统计，目前在城镇化进程中每年产生的拆除垃圾材料总量已经超过50亿t，正是这些拆除垃圾没有合理地加以利用，造成了严重的资源浪费，阻碍了经济的发展，更是给自然和居住环境造成了严重的污染。

得益于我国改革开放带来的经济社会的快速发展，城市化进程逐步加快，所以城市更新对于我国的发展有其必然的存在意义。在城市进行规划的过程中，对旧有建筑物的拆除，以及为满足城市化进程带来的城市新建，都不可避免地产生了大量的拆除垃圾。同时，在城市新建之初，由于战略眼光的前瞻性不足，造成城市规划的问题，只能通过重新规划的方式，实现城市结构的合理化和科学化。这时候拆除改建、新建等方式不可避免地产生了大量的拆除垃圾。

由于城市化进程加快，人民生产生活水平提高，在城市规划的同时，不仅要满足最低的住房要求，还要使居民的住房水平进一步的提高，以适应城市化的进程，满足居民的"安居"的心理，这时候旧城区的改造，以及新城区的兴建就是在所难免的问题，但城市的无节制的扩张，对于城市结构来说，必然会有新的问题产生，"为了控制城市用地规模，防止其盲目扩张，就必须要充分利用现有城市内部土地的空间使用价值，对其不断地加以改造和重组"。同时，又由于城市重组改建过程中，城市规划者只重视眼前利益，没有长远的规划眼光，导致城市规划与城市的发展水平严重不符，一些条例条令由于各种各样的原因造成的变更，更是导致城市建设的混乱，在城市未来的规划中，由于土地结构等原因，又要进行拆除改建。

由于多种原因的影响，在一些城市中，工业用地在城市用地中所占比例一直较大。随着产业结构的升级调整，以及工业污染等原因，造成大量的城中工业走向衰落，又加上城市用地紧张等问题，导致城区中的旧工业区改造成了城市规划过程中的重要方向。在新的规划实施过程中，无论是在拆除和新建的过程中，都不可避免地产生大量的拆除垃圾。

2. 相应的法律法规制度不够完善

建筑废物再利用的观点，最早由苏联科学家 Glushge 提出，但由于当时环境问题并未全面引起人们的重视，所以当时他的观点，在学术界并没有引起重视。国外学者广泛地对建筑废料进行再利用的研究，始于 20 世纪 70 年代，至今已经形成了相对成熟的回收理念和方法。L. Jaillon 等人，通过研究表明工程建筑过程中，广泛地使用标准化的预制配件，能够减少 52% 的建筑废料的产生。

韩国的《建筑废弃物再生促进法》明确了政府、排放者和建筑垃圾处理商的义务，明确对建筑垃圾处理企业资本、规模、设施、设备、技术能力的要求，并规定了处罚条款。欧洲各国对建筑废料的再生应用，具有较为成熟的研究和应用实践价值，其中丹麦在建筑废料回收利用率高达 67.2%，建筑垃圾再利用率更是高达 90%，荷兰建筑废料计划回收率高达 90%。法国建立了欧洲最大的"废物及建筑业"集团，专门对各建筑企业进行技术方面、环境方面、经济方面的评估，以期能使建筑企业在生产的过程中就对废弃物的处理进行预测，确定回收程序。德国规定，建筑工程承包商有责任将建筑垃圾进行分类、清理和运走。有回收价值的东西如金属材料、矿物质被再循环利用。

我国对于拆除垃圾方面的法律出台较晚，如我国于 1992 年首次颁布了《城市市容和环境卫生管理条例》，全国人大 1995 年通过的《中华人民共和国固体废弃物污染环境防治法》和《城市固体垃圾管理法》，建设部于 1996 年发布，2005 年重新修订的《城市建筑垃圾管理规定》，2012 年颁布并实施了《中华人民共和国清洁生产促进法》等。

虽然我国出台了一系列国家及地方的法律法规，对拆除垃圾的再利用起到了相当大的作用，但与我国建筑材料造成的浪费相比，仍然具有相当大的差距，这不仅是政府监督和法律执行上的不足，更没有完善的法律法规，去引导、监督、强制企业进行建筑废料的再利用。

3. 尚未形成规范科学的分类方法

我国在建筑废料分类方面还没有明确的科学的分类方法，这也是导致建筑材料浪费的重要原因之一。国外在进行建筑废料划分时，根据建筑废弃物的成分分为惰性成分和非惰性成分；根据建筑废料的类别分为混凝土材料、砖石材料、木质材料、塑料材料、玻璃材料等；根据建筑废料的性质，又将建筑材料分为有机材料和无机材料。我国在建筑废料分类划分方面还没有统一的标准，这也是制约我国建筑废料回收的因素之一。

4. 民众对此问题的认知水平较低

在旧城镇改造中，通常情况很难将旧材料较为完整地保留下来，其原因在于我们的拆除部门对拆除垃圾的可回收利用认识不够，除了少数的废旧材料在拆除过程中有意被保存回收外，大多数的建筑构件如砖石、混凝土、木料、板材等，基本上被拆除成渣土。采用这类手段进行拆除，拆除垃圾的可回收利用率便相当低。有统计表示，我国每年拆除改造废弃的木材和板材多达数千万立方米，仅此一项带来的间接损失都是相当可观的。随着城镇化改革的步伐不断推进，这类情况得到重视，民众的认识情况和行为是拆除垃圾不断产生的首要根源。

4.1.2　国内外拆除垃圾再利用文献调研及现状研究

1. 文献综述

（1）国外文献综述

印度学者 Asokan Pappu 发表的《Solid wastes generation in India and their recycling potential in building materials》，分析了印度建筑垃圾产量以及再生利用的潜力。

巴西学者 K. R. A. Nunes 发表的《Evaluation of investments in recycling centres for construction and demolition wastes in Brazilian municipalities》，通过建模的方式证明建筑垃圾再生利用中心的实施的可行性，这种可行性依靠政府的支持以及再生利用中心可持续的运行来实现。

西班牙学者 F. Lopez-Gayarre 发表的《Influence of recycled aggregate quality and proportioning criteria on recycled concrete properties》，通过试验数据说明了当利用建筑垃圾再生骨料代替天然骨料配制混凝土时，再生骨料比例、性能、骨料的质量都会影响混凝土性能；但当再生骨料替代的比例小于 50% 时，在水灰比合适的情况下，再生骨料替代天然骨料并不会影响再生混凝土强度。

美国学者 Wai K. Chong 发表的《Understanding transportation energy and technical metabolism of construction waste recycling》，研究了建筑垃圾再生利用需要投入的交通能源及与之相对应的再生利用率，同时交通能源使用量受项目现场、再生利用设施的距离、地区的采购习惯、拆除类型等区域变量影响，他指出这些影响因素都要考虑到建筑垃圾再生利用能源消耗中去。

美国学者出版的《Integrated solid waste management：A Life Cycle Inventory》提出了 Integrated Waste Management（IWM）概念，即综合废物管理，运用生命周期评价方法 Life Cycle Inventory（LCI）来评估固体废弃物的环境和经济影响。书中指出最好的综合废物管理模式要综合考虑各种因素，做到因地制宜，并辅以大量的案例来说明。

Mohammad Djavad Saghafi，Zahra Sadat Hosseini Teshnizi 教授发表的《Recycling value of building materials in building assessment systems》，致力于研究拆除垃圾回收之后潜在节约的能耗。建立了一个包含拆除垃圾回收、建造使用、建筑拆除、建筑材料再回收的评价工具，该工具可以评估回收拆除垃圾潜在节约的耗能。运用此评价工具，在建筑材料选择时，分析和对比建筑固化能量和潜在节约的能量，从而对建筑材料的使用作出正确的选择。

澳大利亚悉尼科技大学的 G. K. C. Ding 教授发表的《Eco-Efficient Construction and Building Materials Life Cycle Assessmen (LCA)，Eco-Labelling and Case Studies》，致力于研究在整个建筑生命周期过程中，建筑材料的选择和使用的重要性，以及其对可持续建筑发展的影响。同时还探讨了生命周期评估的方法论原则、框架及局限性；分析了可持续的建筑材料。

澳大利亚教授 P. Crowther 的著作《Design for disassembly to recover embodied energy》一书中提出了以下建议：建筑设计中灵活运用建筑构件，简化建筑构件的拆除和替换工作；建造技术标准化、集成化，从而将复杂的建筑拆除工作变成简单的拆解；建筑面层、内墙、设备管线与结构脱离，有利于建筑局部拆除；在建筑构件上通过附上条形码的形式使其具有永久身份确认。

另有研究如下：美国学者 Bradley Guy 和 Sean Mclendon 对比研究了建筑拆解和建筑拆毁两种方式产生的成本效益和循环利用方面的差异。研究显示从 1999～2000 年在佛罗里达州环保部门的资助下，分类拆解 6 栋建筑，对数据分析发现，单纯考虑建筑拆除成本，建筑拆解的成本比拆毁高出约 21%，但加上建筑拆毁后建筑垃圾处理费用，材料再利用省去的潜在成本，最终结果显示：建筑拆解比建筑拆毁总成本低约 37%。

荷兰学者 Elma Durmisevic 与英国学者 Arham Abdullah，Chimay J. Anumba 基于层次分析法建立了一种分析工具——分析建筑拆解中相关影响因子，结合具体拆解建筑的特点，对最佳拆解技术和工具作出正确的选择。通过这种分析工具的运用可以极大减少拆解过程中构件和材料的损坏，提高建筑材料再利用率。

（2）国内文献综述

王春罗、赵由才著书《建筑垃圾处理与资源化》，将建筑垃圾作为一种资源，从原理、工艺、管理、法律和法规等全方面地阐述国内外建筑垃圾资源化的新技术、新方法和新的理论。

李秋义著书《建筑垃圾资源化再生利用技术》，书中详细介绍了建筑垃圾的定义、分类和组成，再生利用的必要性和资源化的主要途径，书中还详细地介绍了拆除垃圾制备各种再生材料的技术。

山东科技大学硕士张志红在其论文《建筑废弃物再生利用的调查与研究》中以建筑废弃物为研究对象，以调研为基础，论证建筑废弃物再生的重要性并对其再生利用的经济性进行分析，提出建筑废弃物再生管理建议及资源化再利用体系。南京理工大学硕士郑伟琴在其论文《旧房拆迁废弃建筑黏土砖的再利用研究》中以旧房拆迁废弃建筑黏土砖为研究对象，研究以废弃黏土砖为硅质的原材料，石灰粉为改性钙质原材料，石灰为钙质原材料，合成高性能壳层陶粒，并对合成陶粒进行了性能研究。

重庆大学硕士何琼在其论文《建筑垃圾再生利用研究》中，从内部和外部需求出发，建设单位、再生利用中心、垃圾运输单位、政府等相关利益主体分析了建筑垃圾再生利用的必备条件以及实施的可行性。

天津大学硕士贡小雷在其硕士论文《旧建筑材料再利用技术研究》中研究了拆除垃圾在建筑全寿命周期内的利用方式，并提出建筑全寿命周期系统的指导理论，以中国建筑存量数学模型为支撑数据，建立旧建筑材料再利用的方法技术体系，接着在博士期间，他继续研究旧建筑材料的再利用问题。其博士论文《建筑拆解及材料再利用技术研究》从经济、环境、社会历史等方面分析建筑拆解和旧建筑材料再利用的优越性，并分析这个过程中的重要环节。

西南交通大学硕士纪雅楠在其硕士论文《老砖在现代镶嵌壁画材料中的新探索》中以老砖为研究对象，将老砖按照年代、出处、特点等因素进行筛选、归类，并且作为艺术创作材料制作镶嵌壁画，研究其文化内涵和历史意义。

天津大学硕士吴星在其硕士论文《传统建筑营建中的废旧材料再利用案例研究》中，以中国传统营建为背景，采用案例分析的方式研究了工业废材、建筑废材、自然废材三类废旧材料再利用的情况，并总结了传统建筑废旧材料再利用在设计手法和设计思想上的特点。

2. 现状研究

（1）国外现状研究

日本从 20 世纪 60 年代末期就有意识地对拆除垃圾进行一定的处理并且制定了相关规范，希望能够解决拆除垃圾堆积如山的问题，建立"资源循环型社会"。日本建设者提出"在公共工程中，当工程现场距再生资源设施一定距离范围内时，不考虑是否经济，原则上一定要把拆除垃圾运至再生资源化设施处，进行再利用"。日本早期就出台了关于拆除垃圾处理的政策，如：《再生骨料和再生混凝土使用规范》用以处理当时建设过程中利用率高达 60% 的废弃混凝土，将它们进行再加工生产为新的建筑材料；《资源重新利用促进法》要求对建筑施工中所有的拆除垃圾必须按照规定严格的处理；《再循环法》提出要最大化地利用资源，建立"资源循环型社会"。随后的第六年又对《再循环法》进行修改，提出的观点是以建立资源型节约社会为基础，要求建筑工程从设计到施工必须要抑制拆除垃圾的产生、充分利用它们的价值以及妥善的处理。可见，日本处理拆除垃圾已经有了比较完善的措施以及法律法规。

美国对拆除垃圾的管理。据相关资料显示其每年拆除垃圾占到垃圾总量的一半左右，通过对拆除垃圾回收、再加工，可以使其再利用率约为 70%。可见美国非常重视拆除垃圾的问题，并且制定切实可行的办法对其进行优化。美国对拆除垃圾利用进行分级处理，从低、中到高级利用依次为：50%～60% 的用于一般性的土地回填；40% 左右的用于建筑物、道路的基础材料或是通过加工制成建筑用砖，再次在建筑工程中发挥作用；其余的拆除垃圾将其加工成新的建筑材料二次利用。美国将拆除垃圾加工成的再生骨料广泛地运用在各州的公路、建筑基层、底基层中。

德国对混凝土再利用主要在公路的路面中。针对混凝土的再利用，德国同样颁布了各类法律法规来完善，例如：《在混凝土中采用再生骨料的应用指南》《混凝土和砂浆用骨料、再生骨料》等是对建筑废弃物再生利用的规定。

上述这些国家经过不断摸索，可以看出如果要对拆除垃圾进行合理处置就必须从源头消减拆除垃圾，即通过有效的控制措施以及科学的管理，减少拆除垃圾对土地的占用率。除了通过利用法律法规对拆除垃圾如何处理进行约束，还必须对产生的拆除垃圾尽可能地再利用。

综上所述，从20世纪70年代末期，日本、美国、德国、荷兰等发达国家在拆除垃圾再利用方面的研究比我国早的多，并且将其使用到实践中也取得了良好的效果。通过对国外拆除垃圾处理经验的研究分析，取其精华，去其糟粕，对我国在拆除垃圾方面的处理有推动作用。

（2）国内现状研究

我国拆除垃圾管理机制尚处于探索研究阶段，与发达国家存在显著差距。当前仅部分城市试点推行建筑垃圾资源化政策，且管理体系存在立法滞后、再生技术标准体系尚未健全等问题。多数区域仍沿用传统粗放管理模式，缺乏全流程监管体系，导致再生制品多停留在低附加值的混凝土骨料阶段。现阶段相关部门正加速构建分级管控机制，北京、深圳等试点城市通过部署智能监控平台，已实现电子联单对运输、分拣、处置等环节的全程动态追踪，标志着行业管理模式正逐步向精细化方向转型升级。

随着我国城市化进程加快，建筑垃圾产量持续攀升，年均增量达数千万吨，处置压力日益加剧。当前处置方式仍以填埋和露天堆放为主，占用大量土地资源，同时还可能污染土壤、地下水和空气，对生态环境和居民生活造成负面影响。在资源化利用方面，我国与发达国家差距大，多数城市设施建设滞后、技术水平有限，工艺设备与收集分类后的建筑垃圾匹配度不佳，再生产品质量不稳定。同时，缺乏统一产品标准和市场推广机制，再生产品在市场上认可度低、应用范围窄。此外，建设单位和施工单位源头管理不足，运输环节存在超载、撒漏等乱象，监管难度大，进一步加剧了处置难题。

当前我国建筑垃圾产业化发展仍面临多重挑战。技术、产品及市场创新不足，以传统破碎筛分工艺为主，设备机械化低，再生产品多为低值建材，制约了建筑垃圾资源化产业的大力发展。政策不完善，多头管理，供应链未打通，缺龙头企业，市场竞争无序。跨学科技术融合与智能化生产体系尚未成熟，行业亟需通过政策引导、技术升级及市场培育，推动规模化生产与高附加值产品开发，逐步构建良性产业生态。

4.1.3 国内外拆除垃圾资源化利用模式

对拆除垃圾进行分类处置，提高拆除垃圾利用率是资源化利用的关键。通过对拆除垃圾分类分级破碎筛分，可生产出能够取代天然砂石的骨料，一部分骨料可以作为深加工原材料，配合其他材料生产预拌砂浆、水泥混合材料、墙板等产品；另一部分骨料可生产低强度混凝土等。再生骨料成分复杂，碎块强度较低，但可以满足道路回填等使用，分选出的粉料和泥土还可用于生产砌块或供绿化部门作绿化用土，同时无害的拆除垃圾还可用于堆山造景。

1. 国内拆除垃圾资源化利用模式

目前我国拆除垃圾资源化利用大致可分为三个等级，如图4-1所示，一级利用为"未处理堆放"，包括一般性露天堆放和深井填埋堆放；二级利用为"原始利用"，经过初级分拣直接利用，例如将混凝土块、砖石砌块、钢材金属、木材、塑料等材料简单破碎后再利用，可用做建筑基础垫层、道路路基填料和边坡料石；三级利用为"中高级利用"，拆除垃圾经过工厂加工处理形成再生骨料。再生骨料可以作为加固软土地基、铺垫路基或基础回填等建筑材料直接加以利用，可以作为再生水泥的原料加以利用，部分替代胶凝材料用于混凝土，也可以破碎分拣后作为粗、细骨料部分或全部替代天然骨料用于混凝土。

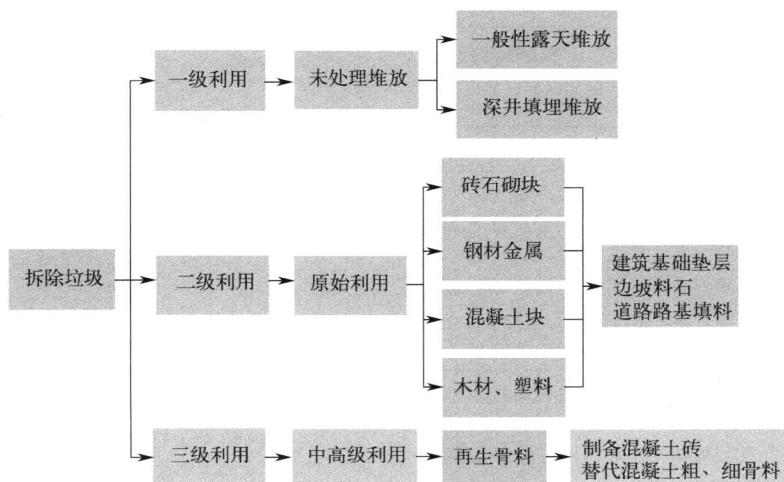

图 4-1　我国拆除垃圾资源化利用模式

2. 国外拆除垃圾资源化利用模式

目前城市拆除垃圾资源化利用较好的国家分别为德国、美国和日本。以美国为例，美国的拆除垃圾利用大致分为低中高三个利用等级，低级利用是针对利用率较低的拆除垃圾直接分拣后进行填埋，中级利用是将拆除垃圾制成再生骨料后，可用于道路的基础材料或者是建筑用砖，一些拆除垃圾可以还原成水泥，此类拆除垃圾基本上全部二次利用，被称为高级利用。在制作再生骨料方式上美国大多先将木材、塑料等用高压气流吹出，再用强磁将金属等吸出，再利用破碎机和筛分机进行破碎筛分，之后按不同的粒径分类堆放，如图 4-2所示。

拆除垃圾制备成再生骨料是有效提高拆除垃圾资源化利用率的重要途径。处理后的骨料可用做混凝土用再生骨料、砖和砌块再生骨料、再生砂等，根据需要做分类应用，形成较为完善的拆除垃圾综合应用产业链，实现拆除垃圾资源化目标。

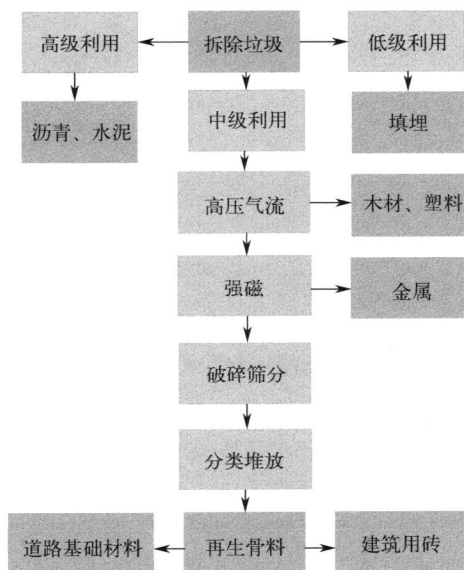

图 4-2　美国拆除垃圾资源化利用模式

4.1.4 拆除垃圾资源化处置技术

1. 综合处置方案

拆除垃圾综合处置分为移动线和固定线两种形式，移动线与固定线优缺点见表 4-1，移动线设备技术主体采用国外技术（图 4-3），固定线大多直接采用矿山破碎筛分机械，没有形成适应现阶段中国拆除垃圾特有的生产工艺和装备。

拆除垃圾综合处置形式的优缺点

表 4-1

形式	移动线	固定线
组成	给料机、输送带、破碎设备、除铁机、振动筛	
优点	(1)灵活机动,占地面积小; (2)根据拆除垃圾特性灵活组合配置相应的处理单元; (3)物料不必办理现场加工,降低运输成本; (4)可多台设备同时工作,产能可调整; (5)自备发电机组,不架设输电线路	(1)固定生产场地,生产规模大; (2)环境污染小; (3)拆除垃圾均化处理,质量稳定,品质高,满足标准要求; (4)设备选型大,大块拆除垃圾预处理工作量少; (5)配套相应生产车间,实现拆除垃圾循环利用
缺点	(1)处理过程造成噪声、粉尘污染; (2)体积较大物料处理前须进行预处理; (3)拆除垃圾及再生骨料无法做均化处理,骨料质量不稳定; (4)需人工拣除轻物质,无法彻底清除拆除垃圾中混杂的渣土和轻物质; (5)未处理的拆除垃圾占地面积大	(1)需相关土地、环保等多部门审批; (2)规模大,建设周期长,收益慢; (3)原料堆场、再生骨料占地面积大; (4)受原料来源制约较大,易造成投资浪费; (5)原料及再生骨料在场内需大量二次倒运,处理成本偏高

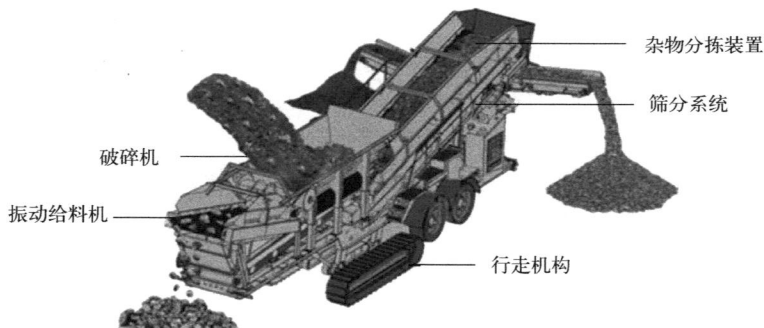

图 4-3 移动式一体化设备内部构造示意图

2. 拆除垃圾处置技术

目前在拆除垃圾资源化利用行业常见的几种破碎工艺技术包括颚式破碎技术、反击式破碎技术、圆锥式破碎技术、锤式破碎技术等。

分选除杂可分为人工和机械分选两种形式：机械分选是根据拆除垃圾中的杂物在尺寸、磁性、密度等物理特性方面的不同进行高效分离，主要包括筛分、风选、水力浮选、磁选技术等；人工分选主要针对无磁性的金属、玻璃、陶瓷等一般机械手段难以分离的杂物进行分离，技术原理见表 4-2。

拆除垃圾处置技术　　　　　　　　　　　　　表 4-2

处置工艺与技术		技术原理	适用范围
破碎	锤式破碎	利用高速回转的锤头冲击物料完成破碎作业	—
	辊式破碎	利用辊筒转动对物料产生挤压而破碎,破碎后物料在重力作用下卸料排出	破碎强度较低的中、细物料
分选	重型预筛分	由振动器产生的激振力通过筛箱传递到筛箱内的筛面上,使得筛箱带动筛网面产生纵向前后位移(纵向激振力),筛网上的物料受到激振力作用向前抛起,小于筛孔的物料则透过筛网落入下层	—
	圆振动筛分	筛箱具有近似圆运动轨迹的惯性振动筛	物料粒度分级
	水力浮选	利用水的浮力作用,通过自然可浮性的差别实现分选	废塑料、木材等轻杂质
	磁选	利用金属磁性进行分选	废金属物料

　　目前我国国内采用的拆除垃圾资源化利用设备主要存在两种,分别是移动式处置设备和固定式处置设备,随着城市拆迁工作急迫情况的缓和、环保要求的提高和对再生产品质量及种类要求增加,处置设备会逐渐从移动式设备转为固定式设备。根据对杭州市场上拆除垃圾资源化利用厂家的调研,普遍存在原材料分类不完全(以人工分选为主)、产品单一且质量不稳定、环保把控不严格和厂房简陋等弊病,可见我国的拆除垃圾资源化技术及工艺仍处于起步阶段,处置企业无相关资质要求,资源化利用程度及能力参差不齐。

4.2　城市更新改造拆除垃圾处理及利用技术及案例

4.2.1　老旧小区改造拆除垃圾处理及利用

1. 项目概述

　　北京市入选国家第二批海绵城市试点城市,试点区域位于通州区,正在大力推进透水铺装等低影响开发设施建设。与此同时,通州区作为北京城市副中心,在建设过程中产生的建筑垃圾也应得到妥善处置。

　　北小园小区隶属于北京通州区中仓街道白将军社区,地处通州老城区,小区始建于20 世纪 90 年代末,占地约 3.6 万 m²,共有 5 栋楼,均为 6 层砖混住宅,总建筑面积4.41 万 m²。小区改造前存在诸多问题,包括:公共空间浪费严重;公共设施陈旧、缺失;建筑节能保温不达标;楼体老化严重,如顶层防水层破坏、墙面破损、室内上下水管滴漏堵塞;私搭乱建严重;停车位严重不足且停车秩序混乱;道路破损等。小区综合整治项目于 2019 年立项,2020 年 8 月正式进场施工,当年底完成了楼本体的改造工作。公共空间改造于 2021 年春季启动,目前改造工作已全部完成。

2. 拆除垃圾成分分析及处理技术

　　拆除垃圾主要成分是废混凝土、废红砖、废砂浆,不同材料性能存在较大差异。例如,混凝土强度相对较高,破碎出的再生骨料品质相对压碎值低,吸水率小;红砖为烧结制品,内部为多孔结构,破碎出的再生骨料压碎值高,吸水率大。因此,拆除垃圾的主要成分直接决定再生骨料的性能。

对拆除垃圾样品进行分析，并将其加工成粒径 0～5mm、5～10mm、10～25mm 三种。再生骨料中包含了废红砖、废混凝土、废砂浆、玻璃碴、杂草等，其中以砖碎块和混凝土碎块为主。

3. 拆除垃圾再生骨料的性能分析

再生骨料的性能主要取决于其成分。试验选取的建筑拆除垃圾主要成分为废红砖和废混凝土，当两者成分占比不同时，再生骨料性能差异较大。根据《混凝土和砂浆用再生细骨料》GB/T 25176—2010 和《混凝土用再生粗骨料》GB/T 25177—2010，对经过处置后的废红砖再生骨料、废混凝土再生骨料进行性能测试，并与天然骨料进行对比，主要性能指标见表 4-3。

废混凝土和废红砖再生骨料主要性能 表 4-3

项目		废混凝土再生骨料	废砖混再生骨料	废红砖再生骨料	天然骨料
0～5mm 细骨料	压碎值(%)	14.19	27.88	52.39	11.25
	堆积密度(kg/m³)	1449.8	1338.3	1282.6	1758.7
	孔隙率(%)	46.4	47.6	49.9	34.7
5～10mm 粗骨料	压碎值(%)	11.4	19.23	24.5	8.64
	堆积密度(kg/m³)	1252.6	1162.6	1004.8	1612.1
	吸水率(%)	6.79	9.83	17.27	1.37
	孔隙率(%)	51.5	54.6	57.9	41.8
10～25mm 粗骨料	堆积密度(kg/m³)	1375.6	1211.2	1048.2	1591.0
	吸水率(%)	7.65	8.74	14.08	1.77
	孔隙率(%)	51.6	52.8	59.2	44.2

由表 4-3 可以看出，拆除垃圾再生骨料与天然骨料相比主要特点是：（1）废混凝土再生骨料压碎值最接近天然骨料，废红砖再生骨料压碎值远高于天然骨料；（2）再生骨料堆积密度小于天然骨料，密度轻，废红砖含量越高，堆积密度越低；（3）再生骨料孔隙率大，吸水率远高于天然骨料。

拆除垃圾成分的复杂多变造成再生骨料存在差异，不同类型的再生骨料透水砖可以应用于海绵城市中的不同下垫面铺装。例如，以废红砖为主的再生骨料透水砖虽强度低于废混凝土再生骨料，但是经过配合比调整后，可以用做园路、广场透水铺装。

4. 再生骨料透水砖制备研究

（1）成型及指标测试

根据实验室条件，不断调整砖体材料的配合比，制作出不同形状规格及性能的系列透水砖制品。通过对再生骨料透水砖的抗折、抗压强度，透水系数，抗冻性，再生骨料透水砖的软化系数检测与反复试验，研发出的透水砖抗压强度可达 MU35 以上，透水系数达到 $1.7×10^{-2}$cm/s。

（2）生产工艺

通过实验室研发、检测，当各项指标达到理想状态后，进行生产线现场调试。透水砖的生产工艺主要包括进料系统、称量系统、拌合系统、成型系统等。

（3）成品

生产出的再生骨料透水砖有两种形式。一种是材料透水，从构造上讲一般分为上下两层，面层采用细骨料，底层采用粗骨料调节比，达到承压的功能。另一种是结构透水，在保证砖体抗压、抗折、耐磨等性能指标的前提下，利用砖体之间拼接结构缝隙，达到透水目的。

5. 在北小园小区改造过程中的应用效果

（1）海绵城市设计指标

年径流总量控制率＞70％，对应设计降雨量为 10～20mm；

年 ss（悬浮物）总量控制率≥35％；

雨水资源利用率≥3％；

设计暴雨重现期为 3 年；

排涝标准为 50 年一遇。

（2）铺装规模

根据海绵化改造设计目标、工艺流程，结合场地设计地形、下垫面布局等情况，确定场地内设施的总体布局，对场地内雨水径流进行组织，从而实现设计目标。

本工程将人行道、园路和幼儿园道路改造为透水砖铺装，将雨水排向周围绿地。按照海绵方案设计布局，选取不同规格、不同颜色的再生骨料透水砖，在注重景观效果的同时实现雨水渗透，减少道路径流；渗透的雨水补给地下水，实现了雨水的循环利用。再生骨料透水砖有良好的透水性，通过在小区现场应用，使雨水能够迅速入渗，小雨不积水，雨后行走不湿鞋；透水路面砖可吸收水分与热量，调节地表局部空间的温湿度，调节该项目区域的小气候，再生骨料透水砖表面呈微小凹凸，防止路面反光，增加了出行安全和周围居住的美好体验。透水铺装结合雨水花园、植草沟等其他设施，具有良好的景观效果。

（3）实施成效

小区改造引入海绵城市功能，将硬化地面换成再生骨料透水砖，铺装面积 4198.8m²，修建末端雨水调蓄池、渗水井共计 70 座，充分对小区雨水进行收集回用，后期为绿化供水。小区内 41 处违法建设全部拆除，违规占地全部清理，释放出的公共区域为居民提供公共设施，在满足居民日常生活及休闲娱乐需求的情况下，将改造前的 116 个不规范车位优化为 275 个规范车位。同时修建了环形步道，优化小区绿化，种植五角枫、白玉兰、西府海棠、碧桃、紫丁香、大叶黄杨、迎春、月季、玉簪、麦冬等绿植，绿化面积共计1.54 万 m²，为小区居民打造健康舒适有氧空间。对非机动车棚进行改造，由物业统一安装电动车充电桩，经合理规划设计后，在车棚多余位置为居民增设了乒乓球室和台球室，在小区 2 号楼前广场安装了儿童滑梯，满足小区各年龄段的居民娱乐活动（图 4-4、图 4-5）。

4.2.2　厂房商业有机更新拆除垃圾处理及利用

1. 武汉青岛路街区更新改造

（1）项目基本情况

武汉是长江流域最著名的城市之一，不仅历史悠久，文化底蕴也异常丰厚。武汉作为湖北省的省会，不仅是湖北省的政治、经济中心、文化中心，更是全国文化底蕴最为丰厚的城市之一。武汉的历史，可以追溯到 5000 多年前，在其境内，具有 100 多处新石器时代的文化遗址，更是发现了少数的旧石器时代的文化遗址。

图 4-4　北小园小区绿化改造前

图 4-5　北小园小区绿化改造后

青岛路片区是近现代武汉重要的历史文化承载地之一，近代汉口租界、东正教堂、盐业银行等具有很浓郁的历史文化气息的历史古迹，在青岛路片区具有众多的分布，所以在改造过程中拆除垃圾废旧材料对青岛路片区进行进一步的街区景观改造，以便更能体现出其特有的文化历史气息。

在现在的青岛路片区内，早期现代主义工业建筑有和平打包厂、隆茂打包厂等；居住建筑则有花园住宅、里分住宅、智民里住宅、咸安坊住宅、同仁里住宅；商业建筑则有以前的汇丰银行、盐业银行等；宗教建筑有东正教堂。

2007 年根据武汉市委、市政府的指示精神，提出了《汉口原租借风貌区青岛路片区保护办法》，并于 2008 年获武汉市政府审批通过。2010 年，为迎接辛亥革命百年庆典，切实落实青岛路片的保护不利用，进一步加强该地区历史建筑的保护，促进社会、经济、文化的综合发展。直至 2015 年由华发集团、瑞安集团保利地产、朗诗地产等进行摘牌竞价，最终由珠海华发集团以当年的地王价格摘得青岛路片区地块，由此才正式拉开青岛路片区的保护及改造等一系列工作的实质性序幕。

（2）拆除垃圾的建筑景观价值

从目前这个片区的情况来看，我们可以将主要的建筑及区域做一个大致的划分。新古典主义的建筑有：1926 年建成的盐业银行、1924 年建成的英文楚报馆、1921 年建成的景明洋行、1920 年建成的汉口电话馆等，这几栋典型的建筑基本继承着欧洲古典主义的建筑特征，带着较为浓厚的欧式风情，且建设所用材料及工艺都传承着欧洲古典建筑的标准。再就是早期现代主义的建筑有：1906 年建成的和平打包厂、1916 年建成的隆茂打包厂等，这些都是偏向工业建筑的早期现代主义。还有民国初年建成的智明里、1915 年建成的咸安坊等，这些属于住宅类的早期现代主义建筑类型。除了这些典型建筑外，还有很多不同年代建设的房屋建筑也混杂其中，要做好区域的建设，首要工作就是对其具体情况进行区分，从而进行差异化处理。

青岛路片区主要建筑以砖石为主，建筑高度三层以上，独栋的建筑体量，留白出田字格的街区形式，整个沿街路面及建筑立面的比例约为 1：1.5，且建筑与道路的退让距离非常少，形成了近距离的路面与建筑立面的关系，拉近了街区与建筑内空间的距离。但街区造景使用空间更为有限，使得街区造景尤为重要。舒适的距离感、空间的层次感都是现代街区商业中必不可少的部分。

（3）青岛路片区拆除垃圾的分类

拆除垃圾再利用，从资源利用来看，提高了资源利用率，节省了资源利用，减少新资源的开发；拆除垃圾的再利用能够有效减少拆除垃圾带来的环境污染问题，对保护生态环境具有重要的意义；对拆除垃圾的还原再利用不仅能够还原建筑风格，对于建筑中所包含的人文因素也有一定的影响；最重要的是拆除垃圾的再利用在街区改造设计过程中能够有效地减少工程支出，达到经济和自然的相互促进。

拆除垃圾从狭义上来说一般仅仅指建筑拆除中所产生的一些建筑材料。其中砖瓦类、混凝土类、木材类、金属材料类为最常见。鉴于青岛路片区的特殊性，以下对主要几类废旧材料进行可利用分析。

1）按物理属性分类

砖石类。砖石类的建筑废料，是在建筑物改造和拆建过程中产生量最多的建筑材料，特别是在古代没有混凝土使用的情况下，建筑材料以砖石和木材为主，在传统建筑改造和拆建过程中，不可避免地会产生大量的砖石材料废料。自最近的十几年以来，砖的烧制工艺发生了极大的变化，我国古代的建筑在建造过程中，主要用到的是青砖。青砖在烧制过程中，工序繁杂，但其本身就是我国传统文化的重要体现之一。另外，青砖在室内墙体装饰上，也能取得非常好的效果，是极为优异的室内墙体装饰材料，具有典雅、古典、大方的风格特点。

木质结构类。中国传统建筑对木质结构应用极为广泛，进入近代以来，由于砖石工艺的发展，砖石结构的应用越来越广泛，但木质结构在房屋建筑中依然具有较为庞大的应用基础。从历史的传承发展角度来看，木质结构在我国乃至世界，都有极为悠远的应用历史。我国现代保留的诸如苏州园林、北京传统的四合院，或者很多寺院等都有其独特的风格。木材在使用和取材过程中，取材方便、加工工艺简单，无论在作为建筑构件的使用上，或者是在建筑装饰的使用上都具有广泛的应用。木质结构在现代建筑中，主要是以装饰材料为主，经过雕刻、花纹镂刻等工艺，应用于房屋装饰，不仅美观大方，更有助于环保，很多的木质结构具有优美的纹理，其本身就是上好的装饰材料。随着人们环境保护思想意识日益加强，以及木材加工工艺的改进，纯木家具和装饰火热程度有了一定的减小，人造的和再加工的木饰材料在市场份额占有率上越来越高，这也为木材的再次加工利用，提供了有利的基础。

混凝土类。混凝土作为现代建筑的主要材料。现代建筑中，框架结构和剪力墙结构，都会直接以混凝土作为主要的承重结构材料。在砌墙过程中和抹灰过程中，对砂浆和灰浆应用广泛。混凝土主要的成分为粗细骨料和胶结材料，原材料取材加工简单，造价较低，在工程建设中应用广泛。但建筑物在进行拆除和改造过程中，混凝土材料却是其中建筑废料的主要组成部分，特别是在一些城区规划改造过程中，会产生大量的混凝土废料。首先混凝土材料如果直接经过简单的加工，再次以混凝土骨料的方式加工成混凝土时，混凝土的抗压强度、硬度等指标达不到使用标准；其次很多混凝土废料，根本就没有进行回收和利用，造成了大量的建筑垃圾堆积。不过这些混凝土废旧材料作为一些观赏性的装饰物品，具有较好的应用价值，如公园里一些混凝土桌椅，或者用于构造一些花坛等。

铁器金属类。在建筑中主要作为承重结构材料和建筑装饰材料使用。现代建筑对于金属材料的应用极为广泛，可以说现代建筑的发展，离不开金属材料的应用，但金属材料作为一种不可再生的资源，人们对于金属材料的回收利用的程度，以及保护意识都严重不足，造成大量的金属材料浪费和消耗。由于金属具有较好的延展性以及可塑性，并且具有独特的金属光泽，越来越多的金属装饰品得以生产和应用，对于金属材料而言，加工成艺术品也是其重要的应用之一。

2）按文化价值分类

很多的建筑废料具有极高的文化价值，这点在具有历史传承的旧建筑改造过程中拆卸下来的建筑废料中具有更高的体现。在我国古代的建筑物中，有很多砖石材料、木饰材料，经过浮雕雕塑等工艺的处理，具有极高的美学价值和文化价值，更因为历史的沉积，具有一场浓烈的历史气息传承。在西式建筑中，一些门窗、构筑物、街灯等，也是因为历史的沉淀，赋予了历史的气息和文化的气息。特别是青岛路片区，一些西式的街道形式，是青岛路片区重要的历史和文化组成，这些在改造过程中拆除的古建筑构配件、构筑物，更不能以"废物"去定义。

（4）拆除垃圾的处理技术

1）加工骨料法

在建筑物拆解过程中，会产生大量的建筑废料，特别是建造过程中应用混凝土建造的现代建筑。不过如果我们能够将这些建筑废料进行科学的分类处理，然后将其中具有回收再利用价值的建筑废弃材料加以回收，就可以在很大程度上减少建筑废料的废弃，不仅可以节约能源和资源，还减少了矿产资源的开发，对环境保护具有重要的意义。对一些废旧的砖石材料和混凝土材料，虽然直接回收粉碎再利用于混凝土承重构件中不能满足强度要求，但制作成一些用于装饰的构筑物，或者一些道路铺设的铺路面砖、透水砖等，将会极大地减少材料成本，减少了资源的浪费、保护了环境。

2）还原再利用

还原再利用，是最大限度上利用拆除垃圾的一种方式，在对建筑废料进行充分的分类和整理后，对混凝土材料进行一定的处理，将其应用于较低强度等级的水泥，用于地面垫层等，可以极大地提高建筑废料的再利用率和还原率。

生态水泥，是建筑废旧材料还原再利用的主要方法之一，这种生态水泥在生产过程中，完全使用废旧材料加工，这样不仅极大地提高了建筑废料的利用率，更是能够有效地增加资源的使用周期，我国是资源大国，但人均资源却极少。利用微波技术还原沥青材料，是重要的方式之一，而且利用微波技术还原的沥青，在使用过程中，与新的沥青完全相同，处理也相对廉价，可以有效地减少成本，这样可以有效地减少沥青对空气和土地的污染。

粉碎竹木材料可制作人造木材，还可以制成各种不同规格的密度板，这种人造木材和密度板可用于制造家具、室内装修材料、隔声板等，从而减少森林树木的砍伐，从某种程度上保护植被。

在还原再利用中最佳的方法就是利用建筑中拆除的砖、木材、门窗框架等材料，被直接进行回收再利用，经过拆迁建设后，通常建筑的风格和风貌都会发生改变，从而忽略了原有的建筑中所蕴含的精神和情感，而将具有显著特点的拆除垃圾重新运用到新的建筑环境中，就会让建筑具有区域性特征，同时能够从废旧的建筑材料中找到情感的归属。

3）堆山造景的处理方式

由于建筑废料通过回填掩埋的方式，会对生态环境造成一定的污染，将拆除垃圾充分地应用于园林建设中，能够取得极好的应用效果。其中堆山造景的方式就是其中一种极为常见的建筑废料处理方式。在资源与能源都成为我国发展的瓶颈的时期，任何资源都不应该被随意的弃置与浪费。园林建设，是保护城市生态的重要手段。同时，将废旧的建筑材料充分地应用于园林建设，不仅有效地避免废旧材料堆放占地的问题，还会因为园林建设过程中堆山造景的园林艺术表现形式，对废旧的固体建筑材料充分地利用，节约了资源，同时大幅减少了园林建设过程中的经济成本。

（5）拆除垃圾的景观组成方法

1）公共设施类景观

具有历史气息的景观构筑物，是历史文化古城改造中必要的构筑景观。在建造这些具有历史文化气息的构筑物时，充分利用城区改造过程中的废旧材料，不仅在节约资源、避免浪费上具有重要的作用，更是能够充分地体现出历史与文化的传承。

2）小品类景观

景观小品在现代室外环境中具有举足轻重的作用，在老城区的改造过程中，充分地利用废旧材料，进行景观小品的设置，不仅能够对废旧材料加以回收和再利用，更能通过这些具有历史气息的废旧物品设置的历史景观小品，体现出城区的文化和历史气息。

在设置景观小品过程中，充分地利用废旧的材料制作一些雕塑、历史文化传承墙，或者是具有历史气息的座椅、路灯座，以及花坛、喷泉的外部装饰，不仅具有极好的景观学和美学意义，也能够体现出人文和历史的情怀。

3）雕塑类景观

在一些建筑物的拆解过程中，总会出现一些较大块的砖石，或者是一些钢构件，这时候如果不及时回收和利用，不仅造成了大量的材料浪费，一些诸如钢筋等一次性的资源，还会由于锈蚀等因素的影响，变得不可以再次回收利用。所以利用这些较大块的砖石材料，经过雕琢或者一些加工，制造出雕塑类的景观可以取得极好的效果，特别是一些钢构件，在艺术家的手里，通过艺术家的设计和加工，就会变成具有艺术气息的雕塑。

4）绿植类景观

绿植类的景观，是景观设计过程中应用最为广泛的景观素材之一，在一些园林设计的过程中，绿植类的景观，并不仅仅地局限于活着的绿色植物景观，即使是一些死去的植物，在设计师的改造和设计下，也会变成一道美丽的风景。另外，在园林设计过程中，利用枯死的树墩去设计桌椅也可以具有较好的效果，同时避免了一些混凝土构造的座椅的死板，节约了材料和人力成本。

5）道路铺装

废旧材料用于景观铺地，在我国园林建设以及老城区的改造工程中，应用较为广泛。通常情况下，景观铺地通常采用花岗石、混凝土等进行铺设，在现代城市建设中，沥青应用的最为广泛。但由于旧城区改造过程中主要是为了更好地传承历史文化气息，所以在具有历史文化气息的旧城区改造过程中，利用改造过程中废弃的建筑材料，就具有了独特的历史意义。

由于具有历史文化气息的旧城区，所体现出来的文化并不是老和旧，而是承载历史的一种沧桑的美感，而以现代的审美眼光来看，旧建筑改造过程中废旧的一些石材和破砖旧瓦等，也同时具有这种沧桑的特质，所以更能够符合利用的要求。

2. 上海 8 号桥

（1）项目概述

上海 8 号桥创意产业园位于上海市卢湾区建国中路 8-10 号，因此取名为 8 号桥。整个项目占地约 7000m²，总建筑面积为 12000m²。原是 20 世纪 70 年代上海汽车制动器厂房，由于经过长时间的风吹雨打，建筑已经破旧不堪。改造过程中使用了大量的废旧砖。项目分一期二期进行。一期改造有 7 栋建筑，二期只有一栋，在建国西路对面，通过天桥与一期联系。一期 7 栋建筑，功能各自不同，彼此之间通过二楼的天桥进行联系，改造之中将其保留。建筑改造前是单层坡顶，三角形钢屋架结构。改造对建筑的屋顶以及一些历史构件进行了最大的保留，整个改造的重点在于建筑内外空间的更新和建筑表皮的更新，并将工业厂房中被弱化的山墙作为重点改造对象。在建筑外表皮的更新中，设计师大量使用了拆除垃圾。

（2）更新改造效果

建筑改造之后，新建筑与老厂房出现了错位叠合，山墙面脱离原来位置，与原有旧建筑形成强烈的对比，并强调出来，形成强烈的节奏感。建筑单体表皮也表现出强烈的凹凸肌理（图 4-6）。

建筑原有立面大面积刷白漆，美学价值不高，在后期的更新中，设计师充分利用原有厂区中拆除危房，以及隔墙得到的旧砖进行表皮更新。拆除下来的旧青砖与现代玻璃、黑钢材等进行组合设计：旧青砖具有历史沧桑感，且是体现上海当地风貌的材料，其在单一组合时，设计师运用凹凸砌筑、散布的组合方式消解了承重的属性；旧砖、金属构件与黑框玻璃窗重新设计组织。其中银色金属构件长 100mm，高 50mm，成 Z 字形，按一定的规律镶嵌在特殊材料的灰缝之间，表面突出墙面与原本凹凸砌筑的墙体手法一致；在部分立面处理上，在旧砖砌筑的建筑外表面包裹一层玻璃表皮，玻璃表皮划分成若干个网格，镂空与玻璃安装有规律地出现（图 4-7）。

图 4-6 改造后的立面效果

图 4-7 旧砖单一砌筑

上海 8 号桥老厂区改造完成之后，旧砖的创新运用，结合园区内随处可见的四通八达的管道、斑驳的地面，都展示出了工业建筑特有的美和历史的沧桑。这也为现在遗存的大量旧工业厂房更新改造中，材料与工业记忆找到了一个新的契合点。

4.2.3　片区更新拆除垃圾处理及利用

1. 深圳市南山区"大新村四港片区"项目情况

以深圳市南山区南头街道辖区一处规模较大的拆除片区——大新村四港片区（下文简称"大新片区"）（具体含：升平里、河清里、海晏里、太平里、蔡屋巷、永康正街、关四东街、龙屋新村等十个街区）作为案例。该片区位于深圳市南山区南新路以西、大新路以南、大新街以东、桃园路以北的多边形区域，占地面积约为 5 万 m^2，总建筑面积约为 20 万 m^2。本片区居住人口现状约 20.9 万人（截止日期为 2010 年）。大新片区位于商业中心地带，东临欢乐颂大厦与天虹商贸圈，南接前海金岸高档住宅小区，西侧、北侧亦为城中村规划内小区，周边交通方便，商贸繁荣。本片区住宅大多为深圳原著居民所有，但由于原著居民移民海外等，很多房屋现已作租赁用途，现居民大多为外地租户。

本片区分别由恒大集团及卓越集团独立开发，双方分别成立"恒大大新城市更新项目部"与"卓越大新九珑城市更新项目部"管理该地的拆迁及后续开发活动。深圳市国土委统计资料数据显示，大新片区共有建筑 452 栋，建筑面积共计 19.07 万 m^2。建筑结构形式主要为：混合结构、框架结构以及砖结构。其中，建筑数量最多的为框架结构，共 373 栋，占总体结构比重为 83%；其次为混合结构，共 56 栋，占比为 12%；数量最少的为砖结构，占比 5%。从建筑面积方面来看，数量最多的框架结构建筑面积达到 18.49 万 m^2。

2. 拆除垃圾成分组成

通常来讲，拆除废弃物的成分类型比例会随用途类型、结构类型、施工技术工艺等的不同而发生变化，但其主要成分类型大致相同，都包含有混凝土、砂浆、砖和砌块、陶瓷和瓦片、金属、木材、塑料、纸、玻璃等。一般而言，建筑废弃物分为惰性、非惰性和易污染废弃物三类。其中惰性废弃物主要包括混凝土、砖、砌块和石材、砂浆、陶瓷和瓦片、玻璃及建筑余土等；非惰性废弃物主要包括金属、木材、塑料、纸及其他有机废弃物；易污染废弃物包括废弃的油漆、涂料、胶粘剂、密封胶水、沥青、石棉等。

大新村四港片区项目的城中村建筑在结构上为砖混结构，混凝土、实心砖（红砖）、砂浆为拆除垃圾的主要材料，具体拆除废弃物组成成分和材料单位面积产生率见表 4-4。

拆除废弃物组成成分和材料单位面积产生率　　　　　表 4-4

材料组成	金属材料	混凝土	砂浆	砖/砌块	瓷砖	玻璃	木材	塑料	保温材料	总计
单位面积产生率（kg/m^3）	48.00	625.00	95.00	416.67	175.00	4.50	50.00	13.33	26.67	1454.17

3. 拆除垃圾处理利用技术

大新村四港片区项目的拆除工作主要由深圳市环鹏环保有限公司来完成，该公司利用移动式破碎机对拆除现场的建筑废弃物进行资源化处置。该环保公司现场利用移动式破碎机将拆除的废弃混凝土块根据客户需求粉碎成不同粒径大小，作为再生骨料的原材料供应给下游环保建材单位。据调查，下游单位将破碎后的混凝土按一定的比例混合形成再生骨料，部分和全部替代天然骨料配制成新的混凝土作为再生混凝土，具体流程见图 4-8。

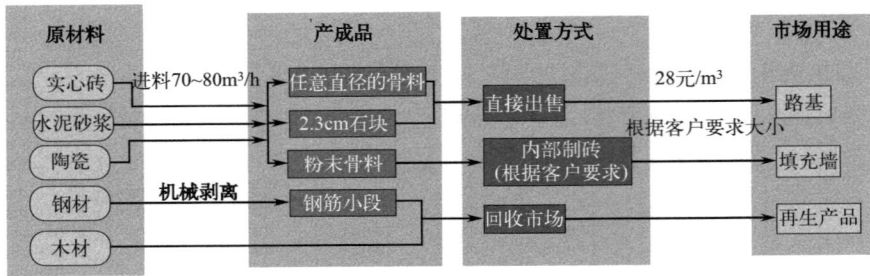

图 4-8 深圳市大新村四港片区建筑废弃物现场处置

同样，对于建筑废弃物成分中含有的水泥砂浆以及砖块等材料，拆迁单位通过在建筑工地或者建筑废弃物处理中心生产粒径小于 5mm 的微小粉末，不仅将废旧混凝土微粉作细骨料拌制再生混凝土外，还将建筑废弃物微粉用于生产硅酸钙砌块和用做生活废弃物填埋厂的日覆盖材料两方面。另外就是对于现场废旧砖瓦的资源化。经长期使用后的废旧红砖与青砖矿物成分十分相似，但含量不同。碎砖块可生产混凝土砌块，废砖瓦可替代骨料配制再生轻骨料混凝土，破碎废砖瓦块可作粗骨料生产耐热混凝土，废弃砖瓦还可作免烧砌筑水泥的原料、水泥的混合材和制作再生烧砖瓦。惰性和非惰性建筑废弃物综合利用的途径不同。其中惰性建筑废弃物性质较稳定，适用于工程回填、填海和生产再生材料，非惰性建筑废弃物中的金属、木材、塑料、纸等较容易回收再利用，其他不可回收的建筑废弃物需填埋处理。

4.2.4 公共空间治理及其他拆除垃圾处理及利用

1. 北京工人体育场项目概况

北京工人体育场于 1956 年设计，1958 年建成，中华人民共和国成立十周年的十大建筑之一，是中国体育史的见证者。北京工人体育场（图 4-9）整体为椭圆形建筑，结构体系为钢筋混凝土框架结构，地上共四层，无地下室，总建筑面积约 80 万 m²。

图 4-9 北京工人体育场

原北京工人体育场为综合体育场，由于 2023 年亚洲杯足球赛在此举行开、闭幕比赛，因此需将其改造为专业足球场。为此，体育场内将不设田径跑道，而将原椭圆形场地改为矩形足球场地，看台座位的设置也需满足专业足球场的要求。与此同时，原北京工人体育场设计未考虑抗震设防，结构材料的强度也相对较低，基础为木桩加毛石基础。原北京工人体育场于 1990 年亚运会前进行了全面加固，后来又在 2001 年大运会期间进行过局部结构加固，后作为 2008 年奥运会重要的比赛场馆，再一次加固改造，以满足抗震设计的要求；考虑其作为已使用超过 60 年的标志性建筑，已经不能满足现代化足球场的需求，于 2020 年 8 月开始进行拆除改造更新。

为保证工期计划，传统拆除方式多为大型机械整体或分批次推平，使得产生的建筑垃圾组分极其复杂，资源化处置与再生利用困难。基于待拆除主体结构各部位混凝土强度与配楼结构形式的分析，提出基于分类处置与再利用的建筑垃圾零排放技术路线，基于砖瓦类垃圾高混杂的特性采用了精细化分选功能化利用技术，针对不同强度混凝土类垃圾采用了分级处置高值化利用技术，实现分类处置的经济效益最优化。

2. 针对大型体育场馆拆除垃圾零排放技术路线

对待拆除主体结构各部位混凝土强度与配楼结构形式进行分析，利用多项建筑垃圾资源化处置技术，提出基于建筑垃圾零排放的分类处置与再利用技术路线。针对主体结构内大体积的砖砌体部分，对其产出的砖瓦类低含杂垃圾进行粗分选处置；以满足工期计划和经济性为前提，对框架结构、剪力墙结构等小规模配楼产出的砖瓦类高混杂垃圾进行精分选处置；钢材、玻璃、塑料等其他分类拆除可回收物纳入既有资源化回收体系。通过构建多维度的建筑垃圾分类资源化处置模式，为实现建筑垃圾零排放奠定基础。

（1）砖瓦类垃圾精细化分选功能化利用技术

针对场馆主体结构及配楼短期大量集中产出且成分复杂的砖瓦类建筑垃圾，采用原料适应性强、处置能力大、资源化水平高、产品含杂率低的建筑垃圾原位处置成套技术，通过既有综合处置设施进行异位处置。应用主体结构砖砌体低含杂垃圾与配楼高混杂垃圾分质分流生产模式，以低含杂垃圾粗分选与高混杂垃圾精分选的差异化处置，实现经济效益的最优化。

（2）混凝土类垃圾分级处置高值化利用技术

基于主体结构产生混凝土类建筑垃圾成分较为单一、杂物含量较少的特征，采用机动灵活、安装达产迅速、处置成本低、占地面积小、场地适应性强的模块化处置技术，通过模块化成套装备进行现场和异位处置，部分低强度混凝土实现了现场快速制备再生骨料并直接用于临时道路和场地填垫，其余部分通过异位分类分时处置，实现了高、低强度再生骨料的分批制备与高值化利用。

建筑垃圾先经过一级破碎处理，主要设备一般为颚式破碎机，破碎后进入一级筛分阶段，此阶段主要是分离还原土，并得到 0～40mm 的建筑垃圾颗粒；进入人工分选平台，挑选出轻质物和其他一些生活杂物，送入磁选机初步处理，除去铁质物，然后进行二次破碎和二次磁选机处理，再进行二级筛分，分离出大于 25mm 的建筑垃圾颗粒；小于 25mm 的再生骨料进行三级筛分得到 0～5mm 的再生骨料，剩余再生骨料进行风力分选和四级筛分可分别得到 5～10mm 和 10～25mm 的再生骨料；在二级筛分后的大于 25mm 的建筑垃圾颗粒经过风力分选、磁选机和三级筛分后得到大于 25mm 的再生骨料，筛选流程如图 4-10 所示。

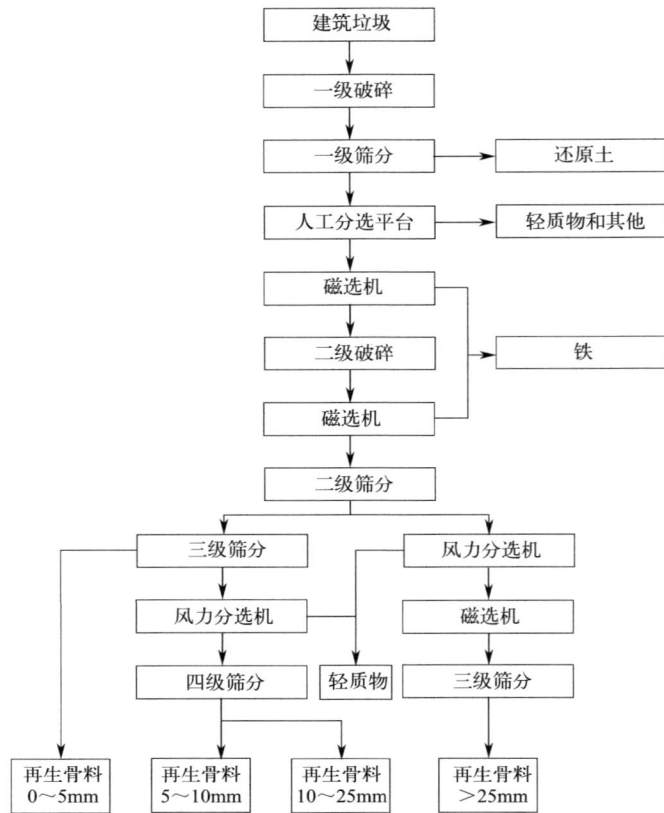

图 4-10 建筑垃圾分类筛选流程示意图

3. 拆除垃圾分类及处理技术

对上述资源化处置生产的混凝土类、砖瓦类、混杂类再生骨料及冗余土等开展性能分析，探究了再生骨料的强度和吸水率等性能演化规律与冗余土特性，并基于大型体育场馆建设需求，分层次开展多类别再生产品的再利用技术研究，实现基于各类别再生材料特点的高附加值再利用。

（1）砖瓦类再生骨料作为功能性材料的研究与利用

从砖瓦类再生骨料孔隙率高、比表面积大等特征入手，利用其与火山岩性能相近的特点，采用多种技术手段分析研究了其在水环境中对有害物质的过滤效果和微生物负载水平，进行了砖瓦类再生骨料作为净水滤料的再利用。

经资源化处置后的建筑垃圾会生产各种粒径的再生产品。在大量试验研究的基础上，发展出多种应用途径，如：级配再生骨料、再生道路无机混合料、再生水泥制品等。再生产品相较于天然砂石，具有性能相当、成本低等优势，而且响应目前国内的环境保护、资源循环利用等政策。

1）级配再生骨料

资源化处置后再生产品杂质和有机质含量低，稳定性好，具有较好的力学性能，承载力能达到 160kPa，经试验与市场检验说明，级配再生骨料的回填效果明显优于天然素土，可以用于地基或者路基处理，如图 4-11 所示。

图 4-11　级配再生骨料应用

2）再生道路无机混合料

资源化处置产品主要用于生产再生道路材料，包括水泥稳定再生无机混合料及石灰粉煤灰稳定再生无机混合料等，工艺流程如图 4-12 所示。再生道路材料具有优良的力学性能、板结性、水稳定性和抗冻性能。产品可用于城镇道路路面的底基层以及次干路（二级公路）、支路及以下道路的路面基层。

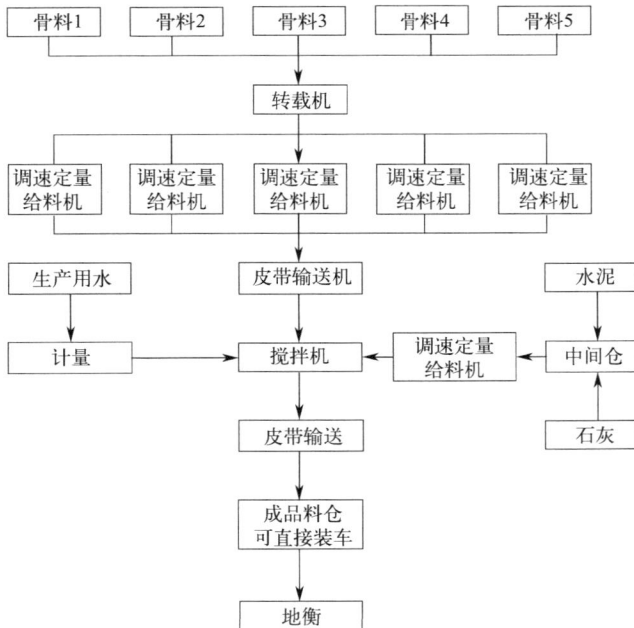

图 4-12　再生道路无机混合料生产线工艺流程

（2）流态回填材料的技术研究与利用

通过对大型体育场馆拆除产生建筑垃圾中筛除的冗余土特性研究，完成了针对性的固化剂研发及专用搅拌装备的优化改造，实现了多规格流态回填材料的规模化制备，开展了以流态回填材料替代二八灰土的应用技术研究，并结合该再生产品特点，进行了流态回填材料与桩锚体系复合受力分析，为后续类似项目的实施积累了实践经验。

预拌流态固化土是以拆除的建筑垃圾还原土（冗余土）和再生细骨料为原材料加工形成的新型生态环保材料。预拌流态固化土早期强度高、固化时间短、工期快，24h 即可达到下一步施工强度；且具有极强的流动性和自密性，可用天泵或地泵直接进行浇筑，可将狭窄空间和异形结构的所有空隙填满，不需采用大型夯实和碾压设备。在北京工人体育场项目中广泛应用于肥槽回填，如图 4-13 所示，做到自产建筑垃圾，自行消化，符合绿色建筑理念。

图 4-13 预拌流态固化土应用于肥槽回填

（3）再生混凝土制品的产品开发及生产技术研究

以建筑垃圾再生骨料为原料生产的再生水泥制品如再生步道砖可用于人行道、广场铺设，再生实心砖可用于非承重墙体填充、砌筑和装饰，再生混凝土空心砌块（图 4-14）可用于非承重墙体、围墙、基础砖胎膜等部位，还可以外运销售至其他市政工程中。建筑垃圾的就地处理、就地转化和就地利用，不仅实现了建筑垃圾的资源化利用，还减少了建筑垃圾外运所产生的二次污染，大大地节约了运输成本。

海绵城市，是新一代城市雨洪管理概念，是指城市能够像海绵一样，在适应环境变化和应对雨水带来的自然灾害等方面具有良好的弹性。下雨时吸水、蓄水、渗水、净水，需要时将蓄存的水释放并加以利用，实现雨水在城市中自由迁移。海绵城市的实现首先需要对材料进行实质性的更新，采用表现优秀的渗水、抗压、耐磨、防滑以及环保美观多彩、舒适易维护和吸声减噪等特点的材料。北京工人体育场项目自产的建筑垃圾通过"两级破碎＋多级筛分＋振动风选＋磁选"的工艺流程，再生成的骨料杂质含量低、粒形规则、针片状含量低、吸水能力和蓄水能力强，是构建海绵城市原材料的不二之选。改造后的北京工人体育场项目充分利用其特性，制作成预制构件，主要体现为预制构件看台板（图 4-15）和再生混凝土砖（图 4-16），符合海绵城市的建设理念。

图 4-14　再生混凝土空心砌块

图 4-15　再生混凝土用于预制构件看台板

图 4-16　再生混凝土砖

（4）再生道路材料的开发及生产应用

基于对混凝土砖瓦混杂类再生骨料与冗余土的性能分析，突破其压碎值高、吸水率大等再利用难点，进行了此类再生骨料制备再生道路材料及其生产应用技术研究，并开展了多路段的再利用示范与评价，图 4-17 为改造后的北京工人体育场再生道路无机混合料应用。

再生道路无机混合料流程：1）再生骨料分为 0～5mm、5～10mm、10～25mm、25～31.5mm 四种粒径规格，将四种骨料和粉煤灰分别经装载机运至相对应的骨料仓和粉煤灰仓堆存；骨料和粉煤灰经过定量给料机给入相应带式输送机转运至搅拌机，同时散装的水泥或石灰经螺旋输送机运至中间存储仓存储，经调速定量给料机给入搅拌机中。2）搅拌机中按照计量添加生产用水，四种骨料、散装水泥或石灰等原料在搅拌机中充分搅拌混合均匀后产品经带式输送机运至拌合料仓存储，可直接装车运出。

图 4-17　再生道路无机混合料应用

4.3　拆除垃圾处理及利用总结与展望

4.3.1　拆除垃圾的资源化利用总结

拆除垃圾具有数量大、组分种类多、性质复杂、毒害性小、可回收利用率高等特点。目前我国旧建筑物拆除垃圾占城市垃圾的 10%～20%，每年的产生量达 2000 万 t，绝大部分未经任何处理直接运往郊外露天堆放或简易填埋。一方面占用大量的土地，并且可能造成周边环境污染；另一方面又是一种资源浪费，旧建筑物拆除垃圾中除极少部分有害外（如经防腐处理的废旧木材、含有汞的日光灯管等），从理论上讲，只需将建筑垃圾中有害部分分拣并运往危险废物处置中心，剩余部分均可进行资源化处理。通常的做法是通过建筑垃圾处理中心对其各组分进行分类，然后对不同组分分别进行资源化利用。

1. 废木料的资源化

废木料是旧建筑物拆除垃圾的一个重要组成部分，虽然所占比例较小，但由于其物理化学性质与建筑垃圾的主要成分（碎石块、废砂浆、砖瓦碎块、混凝土块等）相差很大，国外一般是将其分选出来另行处理或重新加工利用。

（1）废木料作为木材重新利用

从建筑物拆卸下来的废旧木材，一部分可以直接作为木材重新利用，如较粗的立柱、椽、托梁以及木质较硬的橡木、桦木、红杉木、雪松。在废旧木材重新利用前，应充分考虑三个因素：木材腐坏、表面涂漆和粗糙程度，木材中尚需拔除的钉子以及其他需清除的物质。废旧木材的利用等级一般需做适当降低。

（2）碎木的资源化

旧建筑物拆除垃圾中的碎木，可作为燃料、堆肥原料和侵蚀防护工程中的覆盖物。未经防腐处理和无油漆的废木料不含有毒物质，可直接作为燃料利用。

碎木可作为堆肥原料。木料的碳氮比为 1∶200～1∶600，将碎木粉碎至一定粒径的颗粒，掺入堆肥原料中可以调节原料的碳氮比。一些含特殊成分的废木料掺入堆肥原料中，对堆肥化过程有促进作用。如经硼酸盐处理过的木料和石膏护墙板的掺入，能提高原料在堆肥化过程中的持水能力，其中的石膏还能降低堆肥化过程的 pH，使其在 8.0 以下。废木料的掺入率与其清洁度密切相关，清洁未受污染的碎木掺入率较高，受污染的木料则掺入率较低。一般而言，经硼酸盐处理的木料、石膏护墙板和上过不含铅油漆的木料的掺入率应分别不超过 5％、10％和 15％。

废木料还可作侵蚀防护工程中的覆盖物。将清洁的木料磨碎、染色后，在风景区需做侵蚀防护的土壤上摊铺一定的厚度，既可使土壤不受侵蚀破坏又可造景美化。

（3）废木料生产黏土—木料—水泥复合材料

将废木料与黏土、水泥混合可生产出质量轻、导热系数小的黏土—木料—水泥复合材料（黏土混凝土），可作特殊的绝热材料使用。由于废木料中含有一定的纤维，废木料的掺入率越大，复合材料的可塑性越好，同时也增大了复合材料的空隙率，从而导致复合材料的导热系数和机械强度下降；当废木料的掺入率约为 35％时，复合材料的抗压强度大于 0.5MPa、导热系数小于 0.3W/（m·K），可以作为轻质保温混凝土使用。

（4）经防腐剂处理木材的资源化

含铬酸盐的砷酸铜溶液（简称 CCA，其中含铜约 20％，铬 35％～60％，砷 15％～45％）和硼酸盐是最常用的木材防腐剂，经防腐处理的木材含有少量的有毒物质，经 CCA 防腐处理的木材中防腐剂含量为 4.0～6.4kg/m³，如不进行适当处理，会对环境造成较大危害。

经硼酸盐防腐处理的废木材可用做堆肥原料，一般规定堆肥原料中经硼酸盐防腐处理的废木材的含量不得超过 5％。

CCA 处理的废木材中含有一定量的有毒防腐剂，其资源化途径受到限制。如 CCA 处理的废木材不能作为燃料使用，因为燃烧后的灰烬中含较多有毒重金属而必须经处理后再填埋，同时在燃烧过程中木材中的砷会挥发而污染大气。CCA 处理的废木材可用于生产木料—水泥复合材料，而且其性能优于由其他不经 CCA 处理的废木材生产出的复合材。经 CCA 处理的废木材的锯末还可作为土壤改良剂，在经改良的土壤上种植花卉和蔬菜时，蔬菜中的铜、铬和砷含量很低，不影响食用。

2. 废旧建筑混凝土的资源化

天然的骨料资源日趋缺乏，要确保高品质的骨料供给将越来越困难。因此，利用废弃混凝土生产再生骨料和再生混凝土，会日益得到重视。

（1）再生骨料的制造及其特性

用废弃混凝土块制造再生骨料的过程和天然碎石骨料的制造过程相似，都是把不同的破碎设备、筛分设备、传送设备合理地组合在一起的生产工艺过程。实际的废弃混凝土块中存在钢筋、木块、塑料碎片、玻璃、建筑石膏等杂质，为确保再生混凝土的品质，必须采取一定的措施将这些杂质除去，如用手工法除去大块钢筋、木块等杂质；用电磁分离法除去铁质杂质；用重力分离法除去小块木块、塑料等轻质杂质。再生骨料按粒径大小可分为再生粗骨料（粒径 5～40mm）和再生细骨料（粒径 0.15～2.50mm）。

同天然砂石骨料相比，再生骨料由于含有 30％左右的硬化水泥砂浆，从而导致其吸水性能、表观密度等物理性质与天然骨料不同。再生骨料表面粗糙、棱角较多，并且骨料表面还包裹着相当数量的水泥砂浆（水泥砂浆孔隙率大、吸水率高），再加上混凝土块在解体、破碎过程中由于损伤积累使再生骨料内部存在大量微裂纹，这些因素都使再生骨料的吸水率和吸水速率增大。随着再生骨料颗粒粒径的减小，再生骨料含水率快速增大，密度降低，吸水率成倍增加，再生细骨料的含水率和吸水率均明显大于再生粗骨料；同时，再生骨料的吸水率与再生骨料的原生混凝土强度有关，粒径相当时，再生骨料的吸水率随原生混凝土强度的提高而显著降低。

再生粗骨料的表观密度和饱和吸水率与原生混凝土强度有关，原生混凝土强度越高，水泥浆体孔隙越少，再生粗骨料的表观密度越大，饱和吸水率越低。

再生粗骨料的压碎指标不仅与原生混凝土强度有关，还与骨料级配有关。原生混凝土强度越高，再生粗骨料压碎指标越低。

（2）废旧建筑混凝土作粗骨料拌制再生混凝土

废弃混凝土再生骨料可部分或全部代替天然骨料配制再生混凝土。

与普通混凝土相比，再生混凝土拌合物密度小、和易性低，其密度和坍落度减小值随着再生混凝土配合比中再生粗骨料掺量增加而增大，当再生混凝土拌合物中再生粗骨料掺量由 0％增大至 100％时，其表观密度和坍落度分别下降 5.7％和 25％。搅拌工艺、净水灰比和粗骨料种类对混凝土拌合物和易性的影响依次减小。再生混凝土表观密度降低有利于其在实际工程中的应用，因为混凝土表观密度降低对降低建筑物自身质量、提高构件跨度有利。同时再生粗骨料表面粗糙，增大了拌合物在拌合与浇筑时的摩擦阻力，使再生混凝土拌合物的保水性与黏聚性增强。

影响再生混凝土的强度与弹性模量的因素较多，包括再生粗骨料种类（原生混凝土强度）、搅拌工艺、水灰比和再生粗骨料掺量等。原生混凝土强度越高，再生骨料性能越好，相同配合比条件下得到的混凝土性能越好。当原生混凝土强度等级相同时，随再生粗骨料掺量的增加，再生混凝土强度略有降低，而弹性模量明显降低。水灰比对再生混凝土的强度与弹性模量影响较大，当水灰比由 0.8 降到 0.4 时，再生混凝土的抗压强度增加 53.7％，抗压弹性模量增加 33.7％，强度的增长率大于弹性模量。

再生混凝土的抗裂性要强于普通混凝土。再生混凝土能有效提高建筑物的保温隔热性能，全部采用废混凝土作骨料的再生混凝土较普通混凝土导热系数降低 28％，再生混凝土引气后导热系数降低 44％。

再生混凝土耐久性高，抗冻性强，使用再生粗骨料制备的再生骨料混凝土，其抗冻性与基准混凝土基本相当，再生粗骨料用量不会影响再生骨料混凝土的抗冻性。

再生混凝土收缩率明显高于基准混凝土，且随再生粗骨料取代比例的提高，收缩显著增大。其原因是：混凝土收缩率取决于粗骨料和砂浆的收缩率，而再生粗骨料中含有大量旧砂浆，其收缩率大大高于原生骨料（天然石子）；此外，为改善再生骨料混凝土混合料的流动性，增加的拌合水也是收缩值提高的重要因素。

再生骨料混凝土与天然骨料混凝土的压应力—应变曲线明显不同，与天然骨料混凝土相比，在所有龄期内（3d、7d、28d 和 96d），再生骨料混凝土压应力—应变曲线峰值应变均高得多，在压应力—应变曲线后峰值部分，再生骨料混凝土有较强的变形能力和延性。

废旧建筑混凝土再生粗骨料可用于公路工程中，将其预填并压浆形成再生混凝土的强度和耐冻性能相对较差，可用于挡土墙、地下管道基础等应力较小，又不致产生干缩、冻融的结构中。

（3）废旧建筑混凝土作细骨料拌制再生混凝土

同再生粗骨料相比，再生细骨料对再生混凝土抗压强度和弹性模量的影响较大。当原生混凝土强度等级为 C40 且再生细骨料取代量由 30% 提高到 50% 时，再生混凝土 28d 抗压强度则由 42.9MPa 降为 34.3MPa，降幅达 20%；而对同一等级强度的原生混凝土，当再生粗骨料取代量由 30% 提高到 50% 时，再生混凝土 28d 抗压强度则仅由 46.7MPa 降为 46.6MPa，几乎无变化。

（4）废旧建筑混凝土作粗骨料应用于喷射混凝土

将再生粗骨料应用于喷射混凝土中，再生粗骨料喷射混凝土具有回弹率较小、荷载在压应力—应变曲线的后峰值部分下降缓慢且比较平稳，以及在压应力—应变曲线的后峰值部分的变形能力和延性较大的特点。

（5）废旧建筑混凝土其他资源化途径

1）用高强度废旧混凝土粗骨料拌制高强度再生混凝土

用粉煤灰和原生混凝土强度等级为 C100 的再生骨料可配制出坍落度 245mm、28d 抗压强度达 54.9MPa 的粉煤灰再生骨料混凝土。

2）用废旧混凝土骨料和粉煤灰生产无普通水泥的混凝土

可直接用废旧混凝土骨料和粉煤灰生产无普通水泥的混凝土，再生混凝土的强度较低，强度增长缓慢，可用做填料和路基。

（6）废旧特种混凝土的资源化

1）废旧高铝水泥混凝土的再生

废旧耐火高铝混凝土已在高温下使用，耐火矿物已经稳定，含 Al_2O_3 高，可将其破碎成一定粒度代替 50% 左右的新耐火骨料，拌制新的耐火混凝土；也可以按 Al_2O_3 含量高低直接作二级或一级矾土，用于生产高铝水泥或硫铝、铁铝水泥。

向废旧非耐火高铝水泥混凝土或砂浆中配入适量新鲜的特种水泥及石膏等成分，因废旧高铝水泥的原水化产物在石膏、Ca（OH）$_2$ 存在条件下可转化成钙矾石，可制得符合《混凝土膨胀剂》GB/T 23439—2017 规定的再生混凝土膨胀剂，在基准水泥内掺量为 12% 时，7d 水中限制膨胀率大于 0.025%，28d 后出水干空养护，90d 后仍大于 0.007%。

2）废旧硫铝酸盐混凝土的再生

废旧硫铝酸盐水泥混凝土，不管原来使用的是快硬还是自应力水泥，主要水化产物都是钙矾石晶体，在将其用于重新拌制硫铝酸盐水泥砂浆或混凝土时，这部分钙矾石可起到晶种作用，将其称为"晶种材料"，可促使新水泥水化形成的新钙矾石发育更好、缺陷少，从而改善性能与提高强度。

（7）废旧混凝土砂的资源化

1）废旧混凝土砂＋水淬矿渣＋石膏生产再生水泥

日本利用废旧混凝土砂、水淬矿渣和石膏生产出的再生水泥可使用于简易混凝土、地下部分的混凝土，如基础和桩基等，尤其对于大体积的混凝土更为有效，不但保护了环境，又利用了废材资源，生产节能型水泥，颇有可取之处。

2）废弃混凝土作生产水泥的部分原料生产再生水泥

利用废弃混凝土作制造水泥的原料与再生粗骨料，可节省 62% 的石灰石，节约制造水泥的优质石灰石 60%、黏土 40% 和铁粉 35%，减少 20%CO_2 的排放量，有利于保护自然资源和环境。

（8）再生骨料及再生混凝土的改性

再生骨料及再生混凝土的改性方法主要有：1）机械活化再生粗骨料；2）高活性超细矿物质改性再生粗骨料；3）高效减水剂改性再生粗骨料；4）膨胀剂改性混合再生骨料；5）超塑化剂改性再生骨料；6）冰醋酸与盐酸酸液活化再生粗骨料；7）聚合物乳液改性再生细骨料。此外粉煤灰与高效减水剂复掺对再生混凝土性能也有改性效果，水泥裹石和硅灰裹石搅拌工艺对再生粗骨料混凝土也产生改性作用。

3. 废旧砖瓦的资源化

化学分析及 X 射线衍射分析表明，经长期使用后的废旧红砖与青砖矿物成分十分相似但含量不同，烧结时未进行反应的 SiO_2 大量存在，青砖中含有较多的 $CaCO_3$，它们都有再利用的价值。

（1）碎砖块生产混凝土砌块

利用碎砖块和碎砂浆块可生产多排孔轻质砌块。废砖容易破碎，极易产生细粉，颗粒级配中小于 0.16mm 的粉末含量较多，其对混凝土强度的影响不容忽视。在低强度等级混凝土中粉末占 20% 左右，粉末对混凝土起一种惰性矿物粉的填充作用，可改善混凝土的和易性，增加其密实度，对强度较为有利。但粉末含量大于 25% 时，混凝土强度明显下降。砌块强度等级越高，砌块的吸水率和干缩率越低，体积密度越高。砌块的保温隔热性能较好，经江苏省建筑研究院测得厚度为 190mm 的砌块墙体热阻值为 $0.393m^2 \cdot K/W$，优于厚度 240mm 砖墙的隔热性能。

废旧碎砖块和碎砂浆块作为骨料也可生产出产品质量符合《轻集料混凝土小型空心砌块》GB/T 15229—2011 要求的轻骨料混凝土小型空心砌块。

将废旧丝切砖和模具制砖分别加工成粗骨料，与普通 Portland 水泥（43 级）、天然河砂以及适量水混合配制成再生混凝土砌块，其抗压强度基本超过 10MPa（仅水灰比较高的模具制砖再生混凝土砌块除外），可以用做承重墙体的砌块。

（2）废砖瓦替代骨料配制再生轻骨料混凝土

废黏土砖密度小，强度较高，吸水率适中，完全符合《轻集料及其试验方法　第 1 部分：轻集料》GB/T 17431.1—2010 的普通轻骨料各项技术指标。若辅以密度较小的细骨料或粉体，可用其制作具有承重、保温功能的结构轻骨料混凝土构件（板、砌块），透气性便道砖及花格、小品等水泥制品。

（3）破碎废砖块作骨料生产耐热混凝土

用废红砖作粗骨料可配制出理想的耐热混凝土。用废红砖作粗骨料配制的混凝土，其强度主要取决于骨料与水泥石之间的界面连接。在一定条件下（如蒸养、标养等），有一定活性的碎红砖表面与水泥的某种或数种水化产物有可能发生化学反应或物理化学反应，生成稳定的化合物，形成一定的强度。这种具有一定强度的结构体，在 300℃ 的条件下，骨料与水泥石界面之间的化学结合或物理化学结合得到进一步的强化，表现出更高的物理力学性能。

（4）废砖瓦其他资源化途径

使用 50%～60% 的废砖粉，利用硅酸盐熟料激发，只需粉磨，免烧，可成功制得符合《砌筑水泥》GB/T 3183—2017 的 M22.5、M32.5 砌筑水泥，90d 龄期抗折与抗压强度比 28d 提高 5％左右。使用 60％～70％的废砖粉，利用石灰、石膏激发，免烧，免蒸，可成功制得 28d 强度符合《烧结普通砖》GB/T 5101—2017 要求的 MU10 及 MU15 烧砖瓦，可用于承重结构。

4. 废旧屋面材料的资源化

屋面废料含有 36％的沥青、22％的坚硬碎石和 8％的矿粉和纤维，适合作沥青路面的施工材料。将沥青屋面废料回收应用于路面沥青的冷拌或热拌施工，能大大减少所需的纯净沥青，其中的矿粉能替换冷拌和热拌沥青中的一部分骨料，其中的纤维有助于提高热拌沥青性能。沥青屋面废料回收利用的再生拌合物的性能主要取决于其清洁度，在回收沥青屋面废料之前，应将其中的钉子、塑料以及其他杂物清除。

（1）回收沥青废料作热拌沥青路面的材料

热拌沥青路面性能与沥青屋面废料的掺入率密切相关，掺入率越高，则路面性能下降越大。一般高等级公路热拌沥青路面中沥青屋面废料的掺入率为 5％，而低等级道路的热拌沥青路面中沥青屋面废料的掺入率可达 10％～15％。

在热拌沥青中使用再生的沥青屋面废料掺合物的优点：1）沥青屋面废料含有纤维素材料，有助于减轻混合物的重轴载形成的车辙和推挤（高温路面变形）和反射裂缝；2）屋面材料中的沥青含量高，有助于减轻混合物的温缩裂缝（低温路面变形）；3）屋面材料的高沥青含量易引起沥青胶泥的氧化，有助于延缓混合物的老化。

（2）回收沥青废料作冷拌材料

回收的沥青屋面废料可用做生产填补路面坑洞的冷拌材料。除了补坑槽之外，冷拌还用于修补车行道，填充公用事业的通道，修补桥梁和匝道，并帮助养护停车场。冷拌产品也能用做沥青路面下面的骨料底基层的替换物。

将沥青屋面废料用做冷拌材料的优点：1）成本低，再生沥青屋面冷拌混合料一般比无掺杂的冷拌混合料便宜；2）料堆延性大且允许较长的施工时间；3）拌合操作方便，铺筑之后能马上恢复交通。

5. 建筑垃圾微粉的资源化

建筑垃圾微粉，一般是指在建筑工地或建筑垃圾处理中心产生的粒径小于 5mm 的微小粉末。目前，有关建筑垃圾微粉资源化的研究较少，除了将粒径 0.15～5.00mm 废旧混凝土微粉单独作细骨料拌制再生混凝土外，还主要将建筑垃圾微粉用于生产硅酸钙砌块和用做生活垃圾填埋场的日覆盖材料。

将水泥（或石灰）、石英砂和水按一定比例混合后置于一定规格的模具中，然后在 180～200℃高压蒸汽中养护数小时，可得到因硅酸钙水化作用而形成的具有相当强度的砌块，将建筑垃圾微粉取代其中部分或全部石英砂，所得硅酸钙砌块性能相当于甚至优于未掺入建筑垃圾微粉的产品。

对美国佛罗里达 13 家建筑垃圾处理中心的微粉特性进行测定结果表明，建筑垃圾微粉符合生活垃圾填埋场日覆盖材料的要求。在美国佛罗里达州，建筑垃圾处理中心的微粉通常运往生活垃圾填埋场作为填埋场日覆盖材料。

拆除垃圾量非常大，除极少部分有害外，如经防腐处理的废旧木材、含有汞的日光灯管等，其他均可进行再生利用。所以从理论上讲，只需将建筑垃圾中的有害成分分离出来送往危险废物处置中心，对剩余的绝大部分无毒无害的建筑垃圾进行循环利用即可。

4.3.2 拆除垃圾处理及利用展望

建筑业在推动我国城市化和经济建设快速发展的同时，产生了大量的建筑垃圾，我国每年建筑垃圾的产生量超 15 亿 t，占城市垃圾的 40％，而拆除建筑垃圾在施工、装修、拆除三大过程中产生的垃圾总量中占比高达 90％。传统的拆除垃圾管理方式较为粗放，综合利用率远低于日本、德国等发达国家超 90％的利用率，带来资源浪费、环境污染和过多社会成本等弊病，拆除垃圾处理及利用管理水平亟待提高。城市更新拆除垃圾处理与利用问题已引起相关部门的重视，我国早先就提出了减量化、无害化、资源化的三大目标，国家发展改革委也指出：到 2025 年我国建筑垃圾综合利用率要达到 60％，再生资源对原生资源的替代比例将进一步提高。精益管理在解决企业管理问题和影响人的效率因素方面有充分的实践并已取得显著效果，其概念最初来自于制造业，核心思想是消除浪费、不断改进、保证质量和创造价值，与建筑垃圾"三化"目标相契合。建筑业的长效发展及城市的绿色可持续发展呼唤城市更新拆除垃圾处理及利用的精益管理。根据城市的具体情况研究具体的拆除垃圾精益管理方案，建立相应的拆除垃圾产业链，使拆除垃圾资源化，形成一个有效的区域循环系统。

4.4 本章小结

拆除垃圾是城市化建设的副产物，是建筑垃圾的主力军，本章主要对城市更新改造拆除垃圾处理与利用技术及案例进行了研究，介绍了拆除垃圾的处置工艺，简述了拆除垃圾资源化处置技术，重点介绍了城市更新改造拆除垃圾的应用案例。从老旧小区改造、厂房商业有机更新、片区更新和公共空间治理及其他等方面进行了拆除垃圾处理及利用的案例分析。本章列述了城市更新改造拆除垃圾各组成的资源化利用技术。此外，还分析了拆除垃圾处理及利用的发展前景。

当前，我国城市更新改造拆除垃圾处理及利用相关技术和配套政策法规在国家及地方主管部门及行业专家学者和企业的共同努力之下已经进入了一个新的发展阶段。但是，还是存在着城市更新改造拆除垃圾资源化利用率偏低，拆除垃圾的处理处置技术区域发展不平衡、技术不稳定等问题。下一步，拆除垃圾的治理工作需要政府主管部门的强力推动，出台配套的制度和管理机制。从源头上减少产出，过程中加大资源化利用，加大应用绿色建材，建设绿色建筑。

参考文献

[1] 吴剑军. 杭州拆除垃圾的处置调研及再生砖混骨料在混凝土中的应用研究初探 [D]. 杭州：浙江大学，2021.

[2] 孙金坤，欧先军，马海萍，等. 建筑垃圾资源化处理工艺改进研究 [J]. 环境工程，2016，34（012）：103-107.

[3] 曹永杰. 建筑垃圾资源化设备现状及发展 [J]. 建设科技，2015，000（007）：66-67.

[4] 黄靓. 建筑垃圾资源化技术：现状与展望 [J]. 建设科技，2016，000（023）：20-23.

［5］　郑丽丽．再生骨料透水砖在海面城市建设中的应用［J］．再生利用，2020，13（10）：34-37.

［6］　刘晓明．拆除垃圾在街区改造设计中的再利用研究——以武汉青岛路为例［D］．武汉：湖北工业大学，2016.

［7］　杨娇娇．拆除垃圾再生与再利用研究［D］．长沙：湖南大学，2015.

［8］　王建国．后工业时代产业建筑遗产保护更新［M］．北京：中国建筑工业出版社，2008.

［9］　刘广，刘黎慧．旧工业改造中的表皮更新——"8号桥"旧厂区改造设计评析［J］．建筑与文化，2013，04：22-26.

［10］　王晓华．城市更新改造过程中拆除废弃物产生与管理特征研究［D］．深圳：深圳大学，2018.

［11］　孙有明．北京工人体育场结构设计介绍［J］．土木工程学报，1959（9）727-730.

［12］　李建国，王轶，王立新．北京工人体育场加固设计综述［J］．建筑结构，2008，38（1）：54-57＋62.

［13］　盛平，张龑华，甄伟，等．北京工人体育场结构改造设计方案及关键技术［J］．建筑结构，2021，51（19）：1-6.

［14］　王猛，李欣，庄宝潼，等．大型体育场馆拆除建筑垃圾零排放技术研究［J］．建筑结构，2023，53（6）：11＋12-17.

［15］　王罗春，李新学，赵由才．旧建筑物拆除垃圾资源化研究现状［J］．环境卫生工程，2008，16（3）：26-31.

［16］　王罗春，赵由才．建筑垃圾处理与资源化［M］．北京：化学工业出版社，2004.

［17］　袁玉玉，王罗春，赵由才．建筑垃圾填埋场的环境效应［J］．环境卫生工程，2006，14（1）：25-28.

［18］　Falk R H，Devisser D，Cook S，et al. Effect of damage on the grade yield of recycled lumber［J］. Forest products journal，1999，49（7/8）：71.

［19］　Olawski J. Value-added wood recycling works［J］. BioCycle，2001，42（5）：26-26.

［20］　Sherman-Huntoon R. Wood waste study provides clues to recycling success［J］. Biocycle，2001，42（7）：68.

［21］　Satkofsky A. Island operation studies C&D residuals for reuse［J］. Biocycle，2001，42（11）：37.

［22］　Sherman R. Versatility key to wood waste，C&D debris recovery［J］. Biocycle，2003，44（5）：30.

［23］　Goldstein J. How they started-and grew-a wood recycling business［J］. Biocycle，2003，44（7）：43.

［24］　Al Rim K，Ledhem A，Douzane O，et al. Influence of the proportion of wood on the thermal and mechanical performances of clay-cement-wood composites［J］. Cement and Concrete Composites，1999，21（4）：269-276.

［25］　Hirata T，Inoue M，Fukui Y. Pyrolysis and combustion toxicity of wood treated with CCA［J］. Wood Science and Technology，1992，27：35-47.

［26］　Smith R L，Shiau R J. An industry evaluation of the reuse，recycling，and reduction of spent CCA wood products［J］. Forest Products Journal，1998，48（2）：44.

［27］　Speir T W，August J A，Feltham C W. Assessment of the feasibility of using CCA（copper，chromium and arsenic）-treated and boric acid-treated sawdust as soil amendments：I. Plant growth and element uptake［J］. Plant and Soil，1992，142：235-248.

［28］　王武样，刘立，尚礼忠，等．再生混凝土集料的研究［J］．混凝土与水泥制品，2001，（4）：9-12.

［29］　Günçan N F. Using waste concrete as aggregate［J］. Cement and Concrete Research，1995，25

(7)：1385-1390.

[30] 邢振贤，周日农．再生混凝土的基本性能研究［J］．华北水利水电学院学报，1998，19（2）：30-32.

[31] 孔德玉，吴先君，韦苏．再生骨料混凝土研究［J］．浙江工业大学学报，2003，31（1）：28-32.

[32] Banthia N，Chan C. Use of recycled aggregate in plain fiber-reinforced shotcrete［J］. Concrete International，2000，22（6）：41-45.

[33] 彭永久，陈继洲．回收路面混凝土维修加固挡土墙［J］．中南公路工程，2001，26（1）：89-90.

[34] 宋瑞旭，万朝均，王冲，等．粉煤灰再生骨料混凝土试验研究［J］．新型建筑材料，2003，（2）：26-28.

[35] Hansen T C. Recycled concrete aggregate and fly ash produce concrete without portland cement［J］. Cement and Concrete Research，1990，20（3）：355-356.

[36] 屈志中．钢筋混凝土破坏及其利用技术的新动向［J］．建筑技术，2001，32（2）：102-104.

[37] 杜婷，李惠强，吴贤国．混凝土再生骨料强化试验研究［J］．新型建筑材料，2000，（3）：6-8.

[38] 王子明，裴学东，王志元．用聚合物乳液改善废弃混凝土作集料的砂浆强度［J］．混凝土，1999，（2）：44-47.

[39] 张亚梅，秦鸿根，孙伟，等．再生混凝土配合比设计初探［J］．混凝土与水泥制品，2002，（1）：7-9.

[40] 李乃珍，王保全．建筑垃圾再生的技术途径［J］．环境保护，1999，（10）：43-44.

[41] 朱锡华．利用建筑垃圾生产轻质砌块［J］．砖瓦，2001，（4）：41-42.

[42] 袁运法，张利萍，李洪，等．建筑垃圾生产混凝土小型空心砌块试验研究［J］．河南建材，2001，（3）：9-10.

[43] Ramamurthy K，Gumaste K S. Properties of recycled aggregate concrete［J］. Indian Concrete Journal，1998，72（1）：49-53.

[44] 刘亚萍．建筑垃圾的处理：废砖、混凝土再生利用问题的探索［J］．建筑科技情报，1998，（1）：11-14.

[45] Foo K Y，Hanson D I，Lynn T A. Evaluation of roofing shingles in hot mix asphalt［J］. Journal of Materials in Civil Engineering，1999，11（1）：15-20.

[46] 吴正明，张起森．屋面材料可望用于路面［J］．国外公路，1994，14（6）：23-26.

[47] Klimesch D S，Ray A，Guerbois J P. Differential scanning calorimetry evaluation of autoclaved cement based building materials made with construction and demolition waste［J］. Thermochimica Acta，2002，389（1-2）：195-198.

[48] Timothy G Townsend，Brian Messick，Scott Sheridan. Sweat the small stuff for more C&D debris recovery［J］. Resource Recycling，1999，（2）：30-37.

[49] 王一新，李会琴，猴文娟，等．无废城市背景下的建筑垃圾资源化再生产品使用意愿研究［J］．干旱区资源与环境，2020，34（12）：86-90.

[50] 吴伟东，陈欣．基于系统动力学与博弈思想的建筑垃圾预测与管控研究［J］．科技促进发展，2020，16（11）：1458-1467.

[51] 傅为忠，潘玉，王丹．"双碳"背景下建筑垃圾资源化政策量化研究［J］．建筑经济，2022，43（增1）：562-565.

[52] 王雷，许碧君，秦峰．我国建筑垃圾处理现状与分析［J］．环境卫生工程，2009，17（1）：53-56.

[53] 傅为忠，潘玉，王丹．双碳背景下中国建筑垃圾资源循环产业政策量化评价研究：基于PMC指数模型［J］．工业技术经济，2022，41（8）：134-142.

［54］　曹新颖，孟凡凡，李小冬．基于精益管理的装配式建造过程返工风险智能识别［J］．清华大学学报（自然科学版），2023，63（2）：201-209.

［55］　李秋义．建筑垃圾资源化再生利用技术［M］．北京：中国建材工业出版社，2011.244-245.

［56］　Jaillon L.，Poon C. S.，Chiang Y. H.．Quantifying the waste reduction potential of using prefabrication in building construction in Hong Kong［J］．Waste Management，2009，（29）：309-332.

［57］　黄锡生，徐本鑫．生态效率视角下建筑废弃物减排与利用的法律规制［J］．城市发展研究，2011，（9）：90-95.

［58］　李眉．关于国内外建筑废弃物再生与利用情况的探讨［［J］．科技信息，2011，（4）：64.

［59］　孙梦元．关于青岛市建筑废弃物资源化再生利用情况的调查报告［C］．中国砂石协会，2012年年会"砂石行业创新与发展论坛"论文集，2012（12）：90-97.

［60］　贡小雷．旧建筑材料再利用技术研究［D］．天津：天津大学，2007.

［61］　董镟．建筑垃圾再生利用的环境性能分析［D］．济南：山东科技大学，2011.

［62］　贡小雷，张玉坤．物尽其用——废旧建筑材料利用的低碳发展之路［J］．天津大学学报（社会科学版），2011，（2）：138-144.

［63］　刘戈，菅卿珍，尤涛．基于循环经济的绿色建材产业链进化博弈分析［J］．科技管理，2014，（5）：144-148.

［64］　王智威．废弃混凝土再生利用的经济性分析及产业链构造［J］．混凝土，2007（4）：103-106.

［65］　陈易．城市建设中的可持续发展理论［M］．上海：统计大学出版社，2003：15-33.

［66］　刘大可．中国古建筑瓦石营造［M］．北京：中国建筑工业出版社，1993：37-44.

［67］　李允稣．华夏意匠中国古典建筑设计原理分析［M］．天津：天津大学出版社，2005：198.

［68］　李秋义，全洪珠．再生混凝土性能与应用技术［M］．北京：中国建材工业出版社，2010：30-32.

［69］　张娟．建筑材料资源保护与再利用技术策略研究［D］．天津：天津大学建筑学院，2008.

第 5 章

城市更新改造装修垃圾处理与利用技术及案例

5.1 概述

城市更新改造过程中会产生大量的建筑垃圾和废弃物,特别是装饰装修垃圾,占比较大。如果没有有效的处理和利用方法,这些垃圾会对环境造成很大的负担。其中城市更新改造过程中的装修垃圾,主要可分为无机非金属类、金属类、木材类、塑料类、其他类五大类。为了更好地处理和利用这些废弃物,目前已经有多种技术手段进行了实践,其中包括:

(1)无机非金属类垃圾,其主要由石膏板、陶瓷、玻璃、混凝土等组成。其中,石膏板可以回收再利用,过程包括破碎、筛分、干燥等步骤。陶瓷、玻璃等材料可以通过分类、堆放、转运等方式进行处理,后续可将分类后的材料进行再利用。混凝土则可以通过破碎、筛分等方式进行处理,生成级配再生碎料,可以用于道路、建筑等领域的基础设施建设。

(2)金属类垃圾主要包括钢铁、铝合金等,这些物质可以通过分类、压缩、焚烧等方式进行处理。其中,钢铁可以进行回收再利用,包括废钢材的炼钢,铝合金则可以通过回收利用来节约资源和减少环境污染。

(3)木材类垃圾主要包括木板、木棍、木条等,这些物质可以通过破碎、筛分等方式进行处理,并且可以用于制造纸张、建筑材料等领域的产品。此外,木材类垃圾还可以被压缩成颗粒,作为生物燃料来使用。

(4)塑料类垃圾主要包括聚乙烯、聚丙烯、聚氯乙烯等,这些物质可以通过分类、破碎、清洗等方式进行处理,并且可以用于再生塑料、新型建材等领域的生产。

(5)其他类垃圾则有可能包含部分有毒有害垃圾,如油漆则需要特殊的处理方式,采用化学方法来进行处理。

装修垃圾的处理和利用可采取多种技术手段,在项目实践中,根据项目类型不同,其产生的废弃物种类组成和产生数量也各不相同,应合理采取不同的处理方式,包括分类、破碎、筛分、压缩、焚烧等,通过有效的处理和利用,实现可持续发展,减少资源浪费和环境污染。

城市更新改造装修垃圾处理与利用技术在未来有着广阔的市场前景。随着城市化进程的加快和人们对宜居环境的追求,对装修行业的要求也越来越高。同时,人们对环境保护和可持续发展的意识不断增强，对装修垃圾的处理与利用也提出了更高的要求。这为城市更新改造装修垃圾处理与利用技术的发展与应用提供了巨大的市场空间。然而，城市更新改造装修垃圾处理与利用技术面临着一些挑战。其中包括：

（1）技术难题：装修垃圾的种类繁多，处理起来具有一定的技术难度。不同类型的装修垃圾可能需要采用不同的处理方法，如建筑材料的回收、家具的再利用等。因此，需要进行研发和推广具体的处理与利用技术，以适应市场需求。

（2）投资成本较高：建设装修垃圾处理与利用设施需要较大的投资成本。这涉及建设处理设备、改善设施设备和相关基础设施等方面的投入。因此，资金投入是推动城市更新改造装修垃圾处理与利用技术发展的重要限制因素之一。

（3）意识和行为习惯：由于人们对装修垃圾处理与利用的意识和行为习惯存在差异，装修垃圾的分类收集和投放仍然存在一定的困难。加强宣传教育和引导，提高公众对装修垃圾处理与利用重要性的认识，培养良好的垃圾分类习惯，将是一个长期而复杂的过程。

为了推动城市更新改造装修垃圾处理与利用技术的发展，可以采取以下解决方案：

（1）加强政府支持：政府应加大对装修垃圾处理与利用技术的支持力度。包括加大资金投入、加强政策引导、鼓励企业和研究机构开展相关研究和创新、提供技术支持和培训等。

（2）推动产学研合作：政府、企业和研究机构应加强合作，形成产学研联盟。通过共同开展研究项目、技术攻关和成果转化，提高装修垃圾处理与利用技术的研发和应用水平。

（3）宣传教育和引导：加强对公众的宣传教育，提高公众对装修垃圾处理与利用的认识和意识。通过开展垃圾分类知识普及活动、制定相关标准和指南等方式，推动公众形成良好的垃圾分类习惯。

（4）引入市场机制：通过引入市场机制，鼓励企业投资和开发装修垃圾处理与利用技术。可以采取给予税收优惠、推出补贴政策等方式，为企业提供良好的发展环境和激励措施。

（5）建立循环经济体系：在城市更新改造装修垃圾处理与利用技术的推广过程中，应注重建立循环经济体系。通过推动装修垃圾的再利用、资源的回收和再生利用等措施，实现垃圾减量化、资源化利用和环境友好型装修的目标。

（6）加强监管与执法：加强对装修行业的监管力度，制定相关政策和法规，明确责任和义务，加大对违规行为的查处和处罚力度，建立健全的市场监管和执法机制，保障城市更新改造装修垃圾处理与利用技术的有效实施。

（7）国际合作与交流：加强国际合作与交流，借鉴和吸收国际先进的装修垃圾处理与利用技术和管理经验。通过与国际组织、企业和研究机构的交流与合作，提高我国城市更新改造装修垃圾处理与利用技术的水平，并积极参与国际标准的制定和推广。

（8）提供技术支持和培训：为了推动城市更新改造装修垃圾处理与利用技术的发展，可以提供技术支持和培训。这包括向企业和从业人员提供相关的技术指导、培训课程和实践经验，使他们能够掌握装修垃圾处理与利用技术的操作方法和管理技巧。

（9）建立信息共享平台：建立一个信息共享平台，收集整理装修垃圾处理与利用技术的最新进展和成功案例，并向公众和企业提供相关内容。这将促进技术交流和经验分享，推动装修垃圾处理与利用技术的不断创新和改进。

（10）建立行业联盟和标准体系：建立行业联盟和标准体系，通过行业协会等组织共同制定和推广装修垃圾处理与利用的行业标准和规范。同时，加强行业内企业之间的合作，形成合力，推动技术的进步和应用水平的提升。

（11）增强企业社会责任意识：鼓励装修行业企业增强社会责任意识，积极参与装修垃圾处理与利用技术的推广和应用。通过开展社会公益活动、承担环境保护责任、制定企业内部的可持续发展战略等方式，推动企业在装修垃圾处理与利用领域的积极参与和作出贡献。

5.2　城市更新改造装修垃圾处理及利用技术及案例

5.2.1　老旧小区改造装修垃圾处理及利用

1. 老旧小区改造项目背景

当前，中国的城市化率已超过世界平均水平，达 60％以上。相较于此前快速城镇化阶段，城镇建设的重点从"增量扩张"逐步转向"存量提升"。城镇老旧小区作为重要的存量，全面推进其改造工作是促进城市更新的重要引擎。从学科意义而言，老旧小区改造是通过公共空间干预的手段，提升社区、城市乃至国家的整体面貌，带有社会实验属性，亦与环境和社会间的互动关系、人居环境科学的底层逻辑密切相关。

我国的老旧小区多为城市或县城（城关）建成年代较早（2000 年以前）、失养失修失管、市政配套设施不完善、社区服务设施不健全、居民改造意愿强烈的住宅小区（含单栋住宅楼）。这类小区在全国普遍存在，规模巨大，数量达 30 万个，涉及 7000 多万户家庭，4 亿居民。"十四五"期间，城镇老旧小区改造约占城建领域中投资和消费额的 1/5。

目前国内老旧小区改造装修垃圾的处理技术思路来源于两大技术思路背景，一种是以日本技术为背景的"先破后筛"的技术思路，该技术利用成熟的破碎技术将组分复杂的装修垃圾先进行破碎，然后再进行分选、分离、骨料提纯。另一种是以欧洲技术为背景的"先筛后破"的技术路线，该技术利用成熟的筛分技术，将组分复杂的装修垃圾先进行筛分再进行破碎，利用欧洲先进的筛分技术，将装修垃圾中的杂质物料与可利用的高纯建筑垃圾、木材等进行分离。分离后的建筑垃圾再进行骨料破碎得到不同粒径的骨料。

由于老旧小区改造装修垃圾组分复杂，目前主流的先破后筛的技术路线中的各种破碎机均无法很好地兼顾柔性物料和硬质物料的破碎，故障率高，若采用适用于柔性物料为主的双轴剪切式破碎机，针对硬物质刀头磨损严重且易造成卡死停机等故障，如何提高刀头的使用寿命、使用成本以及设备的稳定性是关键。目前，国内大部分装修垃圾处理线配备的破碎设备性能较不稳定，像上海某项目配备的装修垃圾破碎机都是美卓等外资品牌，价格较为昂贵，而国内性能稳定的装修垃圾破碎机较少。万宸环境与日本赫力斯合作，研发的装修垃圾双轴破碎机在反复的冲击和撕扯过程中实现破碎，兼具破碎能力、抗冲击能力和耐磨性能，表现较好。破碎后的物料再进行筛分会将较多不必要破碎的杂质物料也进行了破碎，骨料中的杂质含量会增加，同时也增加了骨料提纯的分选难度，如何降低骨料（特别是 0～5mm 骨料）的含杂率，提高骨料（特别是 0～5mm 骨料）的提纯效果是关键。其优点在于从物料进料开始就对物料进行破碎，粒径可以得到很好的控制，可以提高整套系统的稳定性，同时对原料粒径的要求可以降低，适应性更强。

而先筛后破的技术路线，对于原料的要求较高，进料粒径有一定的要求，如何避免过大粒径的物料进入系统影响整套系统的稳定性是关键。对筛分设备的性能要求也较高，由于老旧小区改造装修垃圾物料组分较复杂，未经破碎的物料直接进入筛分设备，对于筛分设备的要求较高，如何有效提高较大物料对筛网的冲击能力，有效避免过大柔性物料对筛网的堵料、卡料、挂料的情况，保证筛分设备稳定性是需要解决的重点。其优点在于，装修垃圾经过筛分分选后，得到较纯的建筑垃圾，再进行骨料破碎，后段的骨料含杂率低，骨料品质较高。另外，先筛后破可有效降低骨料提纯的分选难度。

2. 老旧小区改造装修垃圾的组成及特点

老旧小区改造装修垃圾主要由无机非金属类垃圾与木材类垃圾组成，包含有：瓷砖、少量的石材、石膏板、硅酸钙板、无机涂料、玻璃、木地板（包括实木地板和强化复合地板）、家具柜、木质大件垃圾等。同时住宅类项目包含有较多成品卫浴洁具、木质柜体，具有一定保护性拆除及再利用价值。

老旧小区改造装修垃圾的特点是更新拆改量大，装饰内容较多，但作业地点相对集中，较便于集中运输处置。但每户产生的改造装修垃圾，常难于分类回收，使产生的改造装修垃圾构成复杂，拆除及再利用难度较大。老旧小区改造装修垃圾一般包括：涂料、石材、墙砖、壁纸、胶合板、吊顶、石膏线、玻璃、陶瓷地砖、墙砖等。老旧小区改造装修垃圾成分及来源见表 5-1。

老旧小区改造装修垃圾成分及来源　　　　　　　　　　　表 5-1

成分名称	主要来源
废弃涂料	饰面更新
废弃石材	地面、墙面、前厅更新
废旧地砖、墙砖	地面、墙面更新
木块、刨花、胶合板	吊顶及固定柜等
吊顶、石膏线、石膏板	吊顶及轻质隔断更新
废纸、废包装	各种材料包装物
其他有害废弃物（油漆、石棉、胶粘剂）	饰面更新
废弃混凝土、废砖、灰浆	墙体拆改修整
废旧金属、玻璃	门窗、护栏改造

老旧小区改造装修垃圾，除了常规的废弃混凝土、废弃砖、陶瓷地砖、墙砖等骨料类废弃物外，还有较多家具柜和木质大件垃圾。骨料类废弃物的破碎回收处理技术和可燃垃圾的处置技术，在后续厂房商业有机更新装修垃圾处理及利用中进行论述，本节介绍一种利用木质废弃物生产生物炭及木醋酸产品的处置再利用技术。

3. 老旧小区改造装修垃圾的处置技术

（1）老旧小区改造装修垃圾分类技术

老旧小区改造的装修垃圾，需从源头开始就进行规范处理，有项目采用在社区、小区设立装修垃圾处置热线，以受理居民小区改造装修垃圾的处置申请的方式，进行源头控制。居民可直接拨打处置热线，向所在的社区、小区改造中心项目部提出装修垃圾处理申请，随后工作人员会迅速到现场核实、初测工作量。与此同时，对源头垃圾分类的宣传也必不可少，在投放装修垃圾时就要对其进行初步分类。

老旧小区改造装修垃圾的深度分类方式主要有两种模式：源头深度分类、中转站深度分拣。以山东省临沂市为代表的源头深度分类模式依托大型建筑垃圾资源化综合利用处理厂，在试点改造小区将装饰装修垃圾按照材质成分划分为废纸箱、金属、废塑料、废木板块、混凝土块、轻质砖石、废保温材料、废石膏及危废物品9个类别。综合利用处理厂与更新改造项目签订收运协议，并向业主免费发放9种颜色的编织袋，对应分装9种装饰装修垃圾。同时，项目部向业主做好宣传工作，明确装修垃圾分类、定点投放、收运等有关事项。

以浙江省杭州市、台州市、温州市等为代表的中转站深度分拣模式，面对市区无装修垃圾中转站和倾倒点的大难题，从2012年起，台州市开始建设装修垃圾中转站，负责二次分拣，分类后的垃圾按要求进行分类处置。《台州市城市建筑垃圾规范化管理实施意见》（台综执〔2019〕61号）规定中转站应设置分类分拣的场地，并应配备10辆以上的两轴中小型自卸建筑垃圾清运车（只限清运装修垃圾），车辆也应符合"四统一"要求（统一颜色、统一标识、统一密封、统一定位系统）。依托深度分类，各地逐步完善装修垃圾分类处置。2020年3月颁布的《西安市装饰装修垃圾处置暂行办法》（征求意见稿）提出了分拣后的各类废弃物应当分别运输、严禁混合运输，并提出了分类处置导向。

各项目可依据所在地实际情况，亦可按照用途，将装修垃圾分为普通装饰垃圾、大件垃圾两类，普通装饰垃圾依据"五分法"进行分类，即金属类、无机非金属类、木材类、塑料类和其他类五大类进行分类收集。

旧家具、棉织物等为大件垃圾。现场施工人员可依据此分类，将装修垃圾投放到对应的垃圾收集点，等待专业回收处置公司的转运。

（2）老旧小区改造装修垃圾运输技术

为筑牢"全分类体系"的运输环节，改造小区施工企业应与具备分类运输资质、分类运输能力的运输企业签订《装修垃圾运输协议》，运输公司再根据各小区装修垃圾产生总量，合理确定分类收运频次、时间和路线，并严格执行装修垃圾分装分运，确保源头分好类的垃圾在收运过程中"不混装"。实现"小区收集、专业转运、定向处置"的全闭环清运收集消纳流程。

在运输装修垃圾的过程中，为有效实现装修垃圾运输全程监控，我国部分城市实施了联单管理制度，例如《厦门市建筑装修垃圾处置管理办法》（厦建工〔2018〕164号）提出实行建筑装修垃圾运输主动告知和联单管理制度：建筑装修垃圾装车离场前，由建筑装修垃圾投放管理责任人在建筑装修垃圾运输联单相应位置上签字盖章，运输车到达消纳场或资源化工厂卸车后，由消纳场或资源化工厂管理单位签字盖章确认。建筑装修垃圾运输联单回执应于三日内返交至建筑装修垃圾投放管理责任人，确保可追溯管理。《苏州市区装修垃圾无害化处理资源化利用工作实施方案》（苏府办〔2018〕258号）亦通过联单管理制度，将装修垃圾产生者、源头管理者（物业公司、装修公司、社区）、清运（代运）企业、终端资源化企业纳入监管系统。针对纸质材料不便保存归档、信息流转速度慢等问题，深圳市目前针对拆建废弃物的运输实施了电子联单管理。电子联单包含项目工程及排放单位基本信息、建筑废弃物类别及数量、运输单位及车辆、受纳场所等信息。自运输车辆离开施工现场时开始，到达预定受纳场所或者离开本市区域时结束，相关信息分别由建设单位和受纳场所经营管理单位确认。结合以上城市的经验，逐步实施装修垃圾电子联单管理制，是十分必要的，也可为后续合理分配垃圾处置资源提供数据支撑。

（3）木质废弃物生产生物炭及木醋酸产品的处置再利用技术

通过再生循环利用技术，利用木质废弃物生产生物炭及木醋酸产品。生物炭是通过对木质废弃物进行高温热解处理得到的一种固体炭材料。在热解过程中，木材中的有机物质被分解，生成含碳高、灰分低的炭材料。生物炭具有良好的吸附性能和透气性，常被用于土壤改良、水质净化、废气处理等方面。

木醋酸是指通过对木质废弃物进行干馏或加热处理得到的液体产物。木材在热解过程中会生成液态的木醋液，其中含有醋酸、甲酸、酚类等有机物质。木醋酸可以用做化工原料，也可以用于农业领域的土壤改良、植物营养调节等方面。青岛崂山区九水东路的大件垃圾处置厂已有相关产线投产使用，使用 3t 木屑废弃物可以产生 1t 生物炭和 1t 木醋液。

老旧小区改造过程中的木材垃圾多为松木、橡木、桃花心木、榉木、桦木等。松木是一种常见的木材材质，具有较为广泛的应用，它具有轻巧、柔软和易于加工的特点，常用于制作家具、地板、门窗等。橡木是一种坚硬、耐久的木材，被广泛用于制造桌椅、橱柜、地板和实木门等。桃花心木也是一种常见的木材材质，具有美丽的纹理和耐磨性，多用做装饰板。因木炭原料的不同、生产技术的不同、收集方法的不同和精炼工艺的不同，而导致木醋液的组分、性质及用途不同。

处理后的木材混合料，采用干馏生产技术制取，经过炭化、收集、静置、去焦油、沉淀、过滤等多道工艺制取生物炭及木醋酸产品，鉴于木材混合料在不同炭化温度下会产生不同的热解产物，通过温度分段收集方式生产木醋液，并研究其理化成分和作用。木材混合料经干燥、预热、炭化、煅烧四个反应阶段转变成木炭。

干燥阶段：温度 20～110℃，在此阶段，木材吸收热量、释放出水蒸气，从而变得干燥。温度保持在 100℃ 或稍高，直到木材完全干燥。

预热阶段：温度 110～270℃，在此阶段，木材中最终的痕量水被蒸发，木材开始分解，放出一些一氧化碳、二氧化碳、醋酸和甲醇。在这个过程中木材仍然吸收热量。

炭化阶段：温度 270～400℃，在此阶段，木材开始进行放热分解。在这个分解温度，木材会自动分解，热量会释放。混合气体和水蒸气将继续释放，并伴有一些木焦油产生。随着木结构继续分解，释放的蒸汽由可燃气体（一氧化碳、氢气和甲烷等）、二氧化碳、可凝蒸汽（水、醋酸、甲醇、丙酮等）和木焦油组成。随着温度的升高，木焦油的成分开始占主导地位。

煅烧阶段：温度 400～500℃，在 400℃ 时，木材转化为木炭的过程已基本完成。在此温度下，木炭仍含有相当数量的木焦油。30% 的木焦油（按重量）仍然在木炭中，需要进一步升温，以去除更多的木焦油，从而提高木炭的固定碳含量到约 75%，以达到商业木炭的碳含量要求。

生产过程中的安全注意事项：

1）高温操作工作时要佩戴齐全耐温手套、耐温鞋等劳动防护用具。

2）防止可燃气体的爆炸，用液化气点火时，炉灶底下不能站人，下炉灶加火须随身佩戴可燃气体报警器。

3）防止高空跌落，吊出碳化釜后的灶位，作业人员要小心操作，谨防跌落到灶里，炉灶上面的防护栏打开后要随手关闭，谨防跌落。

4）吊装碳化釜时，要佩戴安全帽，防止碰撞。

5）打开快速接头时，拔出热电偶时要注意防止高温气体烫伤；烟气减小后，要及时用木塞塞住快速接口处和热电偶插孔，防止木炭自燃。

6）木炭作为燃料使用，国内主要还是应用于工业领域，占到全部消费量的70％，生活和农业消费分别占到20％和5％。在工业领域，对木炭需求最大的是工业硅、铜的生产；在生活领域，对木炭需求最大的是民用烧烤和取暖。

因此，利用木质废弃物生产生物炭产品的应用前景广泛，具有较高再利用价值。具体用途如下：

1）木炭工业用还原剂：木炭作为冶金工业用还原剂使用，具有很好的还原和隔氧效果，可在工业硅生产、铜和铁等金属的冶炼加工中用做还原剂。

2）木炭助熔剂：在有色金属生产中，用做表面助熔剂。当有色金属熔融时，表面助熔剂在熔融金属表面形成保护层，使金属与气体介质分开，既可减少熔融金属的飞溅损失，又可降低熔融物中气体的饱和度。

3）木头渗碳剂：以木炭作为原料，再加入一定数量的接触剂，制成渗碳剂，用来对钢制品进行渗碳作用。凡是要求表面具有较高的硬度和耐磨性，中心具有良好韧性的钢制品都要进行渗碳。

4）木炭干燥剂：木炭干燥剂由数种天然矿物组成，外观为灰白色小球，是可降解的环保型干燥剂，吸湿率达50％以上，应用于油封、光学医疗、保健食品及军工产品。

5）木炭燃料产品：木炭的第二大用途就是用来取暖、烧烤以及作火锅燃料。由于木炭具有无烟、无毒、热量大、燃烧时间长的优点，故越来越受到人们的青睐。

6）家用除湿除味剂：木炭上有无数纵横的洞孔，这些洞孔具有吸附各种各样的物质以及释放出吸附物的功能，所以人们用木炭作除湿剂。木炭砖具有吸湿性和吸水性小、相对密度大和热值高的优点，在潮湿时木炭会吸收潮气，在干燥的时候会把吸收的水分释放出来，从而出色地发挥调节湿度的作用。此外，木炭还能消除房间、冰箱里的气味和有害物质等。

7）农药或肥料的缓释剂：利用木炭的吸附能力，使农药和有机肥料含量保持一个平衡状态，利用这一平衡可以使农药或肥料缓慢释放，保持相当时间，而且不易随雨水流失。

8）土壤改良剂：木炭粉可改善土壤环境。土壤中施加炭粉后，可使土壤温度升高几摄氏度，促进种子发芽；特别是可以促进不易发芽的种子发芽，提高发芽率。并且在土壤中施加炭粉后，可在炭表面上生成根粒菌，因而形成适合植物栽培的农业土壤，避免了所谓"连续耕作障碍"；且炭对谷物、豆类和蔬菜的生长、色泽、食味都有改善，改善土壤的透气性和排水性，为有益于植物的微生物提供良好的生存空间。此外，炭在相对湿度50％以上时，能迅速吸附20％左右的水分，可以用来保持土壤水分。在作物受干旱时，炭还吸收四周土壤的水分供给植物吸收。因此木炭可以借助于土壤含水量调节作物的生长状况，促进作物健壮生长。

木醋液是在烧制木炭过程中木材热解成分的冷凝回收液。为淡黄色至红褐色，具有特殊的烟熏气味，呈酸性，其pH值为3左右。木醋液的组成成分较为复杂，含有150～200种成分，主要是有机酸、酚类、酮类、醇类和酯类。其中以醋酸为主要成分，占有机成分的 50% 左右，还富含 K、Ca、Mg、Zn、Fe 等矿物质以及维生素 B1 和 B2。

利用木质废弃物生产生物炭及木醋酸过程中的副产品，木焦油也是一种重要的化学工业原料，经沉淀加工后可以得到杂酚油、木馏油、木焦油阻聚剂、木沥青等产品。

1）木焦油酚醛树脂胶粘剂：使用木焦油部分替代苯酚，采用一次投甲醛法合成酚醛树脂胶粘剂，其性能符合《木材工业用胶粘剂及其树脂检验方法》GB/T 14074—2017 的要求，降低了酚醛树脂胶粘剂的成本，具有良好的工业前景与环境效益。产品主要用于粘结木材、泡沫塑料和其他多孔性材料，也可用于制造胶合板。

2）木焦油环氧树脂固化剂：木焦油含有部分酚类物质，利用这一特点，以木焦油为原料，合成酚醛胺类环氧树脂固化剂，属于无毒级精细化工产品，因此广泛用于汽车配套用电泳环氧漆和船舶、码头设施、海上建筑、钻井平台、输油管道、海水养殖设施用环氧涂料固化剂。

3）木焦油低级酚型除莠剂：采用松树根（俗称明子）的木焦油经提取阻氧剂后的副产物低级酚，按苏联柯瓦列夫等的方法制备氯化酚氧基乙酸衍生物。所得产品对番茄、玉米、大豆等作物的刺激作用与 2,4-D 除莠剂相仿。

4）木焦油乳化液：木焦油/柴油乳化液是通过添加某种乳化剂使木焦油和柴油这两种本来并不互溶的液体混合而形成的相对稳定的乳化液。木焦油乳化液可用做乳化燃料，应用于稍加改动的柴油机上。

5）木焦油制氢产品：利用木焦油经过高温裂解后生成的小分子组分与水蒸气在催化剂的存在下发生水煤气变换反应生成富氢气体产品，产品可用做燃料及用于电子工业、冶金工业。

4. 项目案例

（1）项目概述

项目类型区分为老旧小区改造装修垃圾处理及利用、厂房商业有机更新装修垃圾处理及利用、片区更新装修垃圾处理及利用、公共空间治理及其他装修垃圾处理及利用四大类。以下以老旧小区改造项目为例：

项目位于苏州市姑苏区莫邪路，改造范围内各小区零散管理，总建筑面积约 197000m²，占地面积 124308m²，包含 79 栋住宅楼、2 栋公共建筑，其中最大单体建筑面积 4704m²，最大建筑高度 23.2m，最高层数 6.5 层，改造内容涵盖住宅、市政、绿化及公共基础设施的整治提升和社区配套建设（表 5-2、图 5-1）。

项目概况　　　　　　　　　　　　　　　　表 5-2

序号	项目	内容	
1	工程名称	永林新村二区更新(老旧小区改造)项目(不含新增建筑面积部分)	
2	工程地点	苏州市姑苏区莫邪路	
3	工程类型	城市更新	
4	承包方式	EPC 设计施工总承包	
5	开工日期	2023.03.29	计划竣工日期	2024.01.27
6	总工期	317 天	合同造价	10742.70 万元
7			备案造价	10742.70 万元

图 5-1　项目鸟瞰图

项目按照市政交通优化、房屋建筑整治、环境美化、安防提升、创新服务的总体改造思路，破解建筑风格多、立管飞线多、围墙多、道路样式多，景观绿化少、活动场地少，物业管理不足、服务设施不足、社区归属感不足等"四多两少三不足"的难题，打造一个宜居和谐、环境优美、设施完善、安全智慧的幸福社区。其中，建筑垃圾处理及利用成为该项目的一个重要组成部分。项目效果图如图 5-2 所示。

图 5-2　项目效果图

（2）建筑垃圾基本情况

本项目建筑垃圾主要产生于修缮土建工程、修缮安装工程、市政工程，其中修缮土建工程建筑垃圾主要为抹灰层拆除废料、面层拆除废料、金属门窗拆除废料、雨篷拆除废料、防水层拆除废料、平面块料拆除废料、违章拆除废料等；修缮安装工程主要为拆除管道、灯具、开关、避雷网、空调器等产生的建筑垃圾；市政工程则主要为铣刨路面废料、沥青路面拆除废料、混凝土路面拆除废料等。详情见表 5-3。

本项目建筑垃圾基本情况　　　　　　　　　　　　　　表 5-3

序号	分项工程	内容	工程量	单位
1	修缮土建工程	内墙、外墙、围墙等抹灰层拆除	32305.1418	m²
		墙面腻子、涂料面层拆除	122145.5135	m²
		阳台、顶棚腻子涂料面层拆除	4282.6	m²
		金属门窗拆除	7642.27	m²
		雨篷拆除	5600	m²
		坡屋面防水层拆除	11405.112	m²
		平面块料拆除	11405.112	m²
		违章拆除	2400	m²
		屋面拆除（原平改坡屋面）	1496.52	m²
2	修缮安装工程	管道拆除（公称直径 100mm 以内）	18727.66	m
		管道拆除（公称直径 50mm 以内）	3547.6	m
		座头灯拆除	1339	套
		灯具拆除	1339	套
		避雷网	600	m
		空调器	2600	台
3	市政工程	铣刨路面	19251	m²
		拆除路面（沥青路面）	2079.11	m²
		拆除路面（混凝土路面）	4469.63	m²

根据本项目工程量清单及建筑垃圾基本情况，以单项工程造价为基准，对各分项工程主要产生的建筑垃圾占比进行统计，其中修缮土建工程占比 75.68%，修缮安装工程占比 18.41%，市政工程占比 5.91%，如图 5-3 所示。

（3）建筑垃圾处理技术

结合现场建筑垃圾基本情况，项目通过对建筑垃圾进行分类处理，判断其是否可考虑残值回收进而确认建筑垃圾处理方式（图 5-4）。

1）垃圾分类技术

施工现场建筑垃圾按材料的化学成分可分为金属类、无机非金属类、其他类。其中金属类包括黑色金属和有色金属废弃物等，如金属门窗拆除废料、雨篷拆除废料等；无机非金属类包括天然石材、烧土制品、砂石及硅酸盐制品的固体废弃物，如抹灰层拆除废料、面层拆除废料等；其他类指除金属类、非金属类以外的固体废弃物质，如防水层拆除废料、拆除管道废料等（图 5-5）。

各分项工程主要建筑垃圾占比

市政工程
5.91%

修缮安装工程
18.41%

修缮土建工程
75.68%

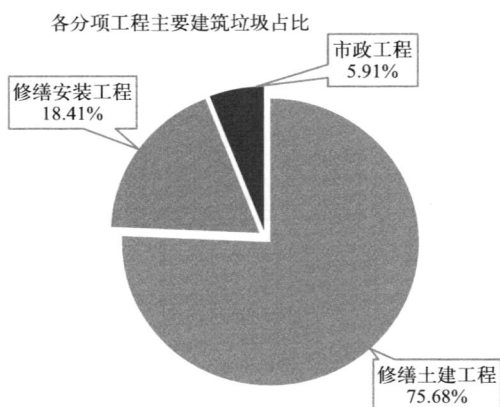

图 5-3 项目主要建筑垃圾占比

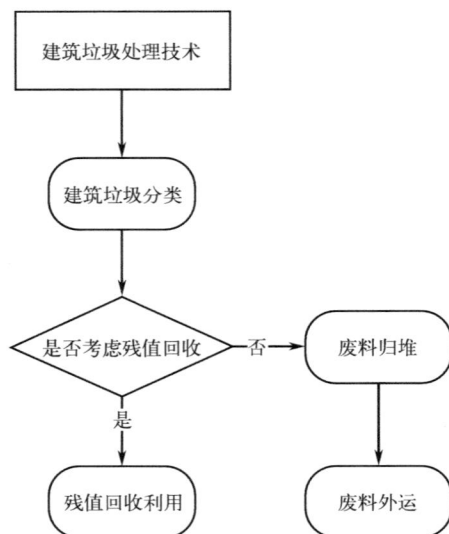

建筑垃圾处理技术

↓

建筑垃圾分类

↓

是否考虑残值回收 —否→ 废料归堆

↓是   ↓

残值回收利用   废料外运

图 5-4 "建筑垃圾处理技术"技术路线图

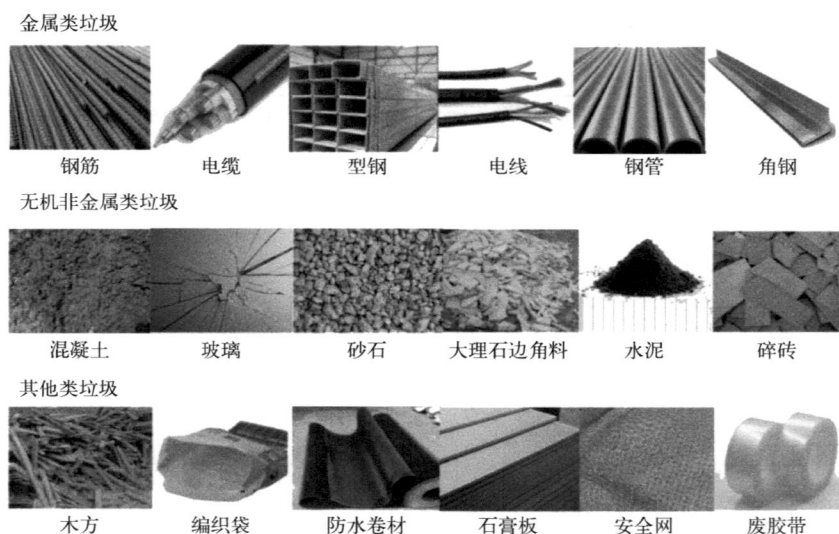

金属类垃圾

钢筋　　　　电缆　　　　型钢　　　　电线　　　　钢管　　　　角钢

无机非金属类垃圾

混凝土　　　玻璃　　　　砂石　　　大理石边角料　水泥　　　　碎砖

其他类垃圾

木方　　　　编织袋　　　防水卷材　　石膏板　　　安全网　　　废胶带

图 5-5 施工现场建筑垃圾分类示例图

本项目垃圾分类主要以人工分选的形式进行，通过人工分选出建筑垃圾中的金属类垃圾、无机非金属类垃圾、其他类垃圾，并按照是否可进行残值回收利用原则，对建筑垃圾处理采取不同措施（图 5-6）。

2）转运技术

①运输方式选择

本项目建筑垃圾运输主要涉及楼栋内外汇总运输、楼层及屋面垂直运输、堆场至处置场平面运输等形式，其中楼栋内外汇总运输主要通过人工搬运方式进行运输，楼层及屋面垂直运输则通过外架及汽车起重机进行运输，堆场至处置场平面运输主要通过电动手推车进行运输（图 5-7～图 5-9）。

图 5-6　建筑垃圾分类处理

图 5-7　建筑垃圾人工搬运

②建筑垃圾外运

对金属门窗拆除废料、雨篷拆除废料等可残值回收建筑垃圾经分类处理后，可由分包单位外运后（图 5-10）自行处置，并根据项目合同清单进行总价扣减。

对铣刨路面废料、沥青路面拆除废料、混凝土路面拆除废料等可残值回收建筑垃圾经分类处理后，通过试验对其材料性能、矿料组成、沥青含量等指标进行测试，分析其性能指标，确定道砟二次利用的可实施性，若检测数据满足设计图纸要求，可利用道砟代替道路碎石垫层，并根据项目合同清单对劳务进行总价扣减。

对防水层拆除废料、平面块料拆除废料、违章拆除废料等可残值回收建筑垃圾经分类处理后，可由分包单位外运至地方指定垃圾处理场处理。

图 5-8　建筑垃圾汽车起重机运输

图 5-9　建筑垃圾电动手推车

图 5-10　建筑垃圾外运

③施工扬尘控制技术

本项目为老旧小区改造，通过设置扬尘监测装置、新能源洒水车（图 5-11）、雾炮机、现场洒水冲洗等措施对施工现场扬尘进行控制。

图 5-11　新能源洒水车应用

④施工噪声控制技术

本项目为老旧小区改造，通过设置施工噪声监测设备（图 5-12），合理安排工人作息时间，选用低噪声设备等措施有效降低施工现场及施工过程噪声。

图 5-12　施工噪声监测设备

3）建筑废料粉碎技术

本项目研发了一种建筑废料粉碎装置，其包括破碎箱。破碎箱侧壁设置有电机，内转动安装有两个破碎辊，两个破碎辊的一端均穿出破碎箱外，电机的输出端固定连接在其中一个破碎辊的顶端，一个破碎辊上固定连接有第一齿轮，另一个破碎辊上还固定连接有第二齿轮，第二齿轮与第一齿轮传动连接，两个破碎辊的另一端均转动连接在破碎箱的内壁，破碎箱另一侧设置有吸尘机构，吸尘机构下方设置有集尘机构。通过两组破碎辊对建筑废料进行破碎挤压，通过风机将粉尘吸入吸尘箱内，并通过喷头和集尘机构回收粉尘，整体提高除尘的效率，减少对环境的污染和破坏。

（4）节能减排技术

1）屋面瓦翻新利用技术

①应用范围

适用于老旧小区改造等项目屋面瓦翻新工程。

②特点及优势

通过对屋面瓦采用翻新喷漆施工，极大地提高了瓦片的装饰效果，降低了建筑垃圾的排放，且施工便捷简单，对屋面结构破坏较小。

同时，通过屋面瓦翻新利用技术应用，有效提高了企业、行业建筑垃圾资源化利用率，减少了建筑垃圾对水体、大气、土壤的污染，也为公司同类项目提供了宝贵的施工经验，为企业垃圾综合利用标准化施工提供依据。

③实施方案

A. 施工准备

勘察现场，全面排查坡屋面，依据项目施工图纸确定需要修补的部位、内容、方案、材料等。制定专项施工方案。

B. 破损瓦片拆除及基层处理

对坡屋面破损瓦片进行拆除，拆除后对原屋面防水层进行铲除并将表面清扫干净，采用 20mm 厚 1∶3 水泥砂浆进行找平，找平完成后采用 1.8mm 厚聚氨酯防水涂膜（3 遍，周边上翻 300mm 高），局部水泥挂瓦条破损处采用 1∶3 水泥砂浆修复平整（图 5-13）。

基层处理完成后采用旧瓦对已拆除的破损瓦片位置进行更换。

图 5-13 破损瓦片拆除及基层处理

C. 屋面瓦喷漆出新（图 5-14）

清理屋面杂物，对屋面瓦整体采用调合漆喷涂出新（颜色由建设单位、设计单位进行确认）。

图 5-14　屋面瓦喷漆出新

D. 验收

坡屋面完整性验收，确保坡屋面瓦片及各节点部位修缮完成。

2）其他节能减排技术措施

①玻璃钢化粪池应用

临时办公区营地应用玻璃钢化粪池（图 5-15），玻璃钢化粪池可循环进行利用，有效减少了人工和材料的使用量，降低了项目管理成本。

图 5-15　玻璃钢化粪池应用

②外墙 K11 防水涂料应用

K11 防水涂料无毒、无味，属环保型产品，涂膜耐水性、耐碱性好，具有较高的断裂延伸度，抗紫外线能力强，可在潮湿基面施工，施工方便快捷，节省工期（图 5-16）。

③阴阳角条应用

针对外墙涂料施工过程中，采用阴阳角条（图 5-17）进行施工，改变了传统上用手工或借用简单工具去扇灰修整墙壁内外角的方法，操作简便，简化施工程序，降低施工成本，提高施工效率，优化成型质量。

图 5-16　外墙 K11 防水涂料应用

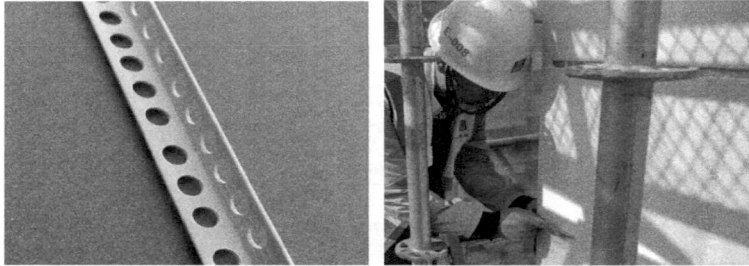

图 5-17　阴阳角条应用

④雨水立管更新应用原管道接头对接技术

采用雨水立管更新应用原管道接头对接技术（图 5-18），大大减少了新管道接头的材料量，极大避免了在外墙面上重新打孔固定管道，降低了外墙渗漏风险，且施工方便快捷，节省工期。

图 5-18　雨水立管更新应用原管道接头对接技术

（5）道路面层铣刨道砟二次利用技术

1）应用范围

适用于老旧小区改造等项目道路翻新工程。

2）特点优势

通过对沥青道路面层铣刨废料进行二次利用，避免了建筑垃圾排放对环境造成的影响，且施工便捷，废料经分类整理后可直接就地利用，降低了道路施工的成本，提高了资源化利用率，减少对水体、大气、土壤的污染。

3）技术难点

现场道路工况较为复杂，对测定铣刨废料的性能指标造成了一定影响，针对本技术难点，项目、公司、劳务队伍"三位一体"，对不同工况进行综合分析，形成数据支撑。

4）实施方案

①施工准备

通过试验，对道路面层铣刨废料的材料性能、矿料组成、沥青含量等指标进行测试，分析其性能指标，确定道砟二次利用的可实施性。

依据项目施工图纸及现场实际情况，制定铣刨道砟二次利用施工方案，明确施工工艺及控制措施。

对道砟进行复试送检，包括含泥量、泥块含量、表观密度、堆积密度、堆积密度空隙率、紧密密度、空隙率、压碎指标值、针片状总含量等项目，道砟的性能指标应满足图纸及相关规范标准的要求。

②道砟二次利用

对道路施工产生的垃圾分类整理，针对不可再次利用的废料，归堆后交由垃圾外运单位进行处理，对可重复利用的道砟，经现场筛选后就近利用（图 5-19）。

（6）装修垃圾处理及利用效益

1）环保效益

目前，我国城市建筑垃圾排放量已占到城市垃圾总量的 30％～40％，预计到 2026 年，我国建筑垃圾总量将高达 60 亿 t。其中绝大部分建筑垃圾未经处理，就被运往郊外或农村进行露天堆放或直接填埋，建筑垃圾侵占土地，污染水体、大气和土壤，对生态环境造成极大的破坏。

本项目在老旧小区改造装修垃圾处理及利用领域，通过采用建筑垃圾处理技术、节能减排技术、道路面层铣刨道砟二次利用技术等技术措施应用，有效减少了建筑垃圾排放量，有效避免了建筑垃圾对水体、大气、土壤的污染，从而达到了资源循环利用和减少环境污染的目的。

2）经济效益

①屋面瓦翻新利用技术

通过采用旧屋面瓦翻新利用替换屋面瓦更换，根据图纸要求，屋面瓦修复比例为屋面面积的 30％，屋面建筑面积为 38017.04m^2，其中采用旧屋面瓦翻新利用（含基层清理、找平、防水等）综合单价为 70.64 元/m^2，采用屋面瓦更换（含基层清理、找平、防水等）综合单价为 90.45 元/m^2。

预估经济效益为：38017.04×（90.45－70.64）×30％＝225935.27 元。

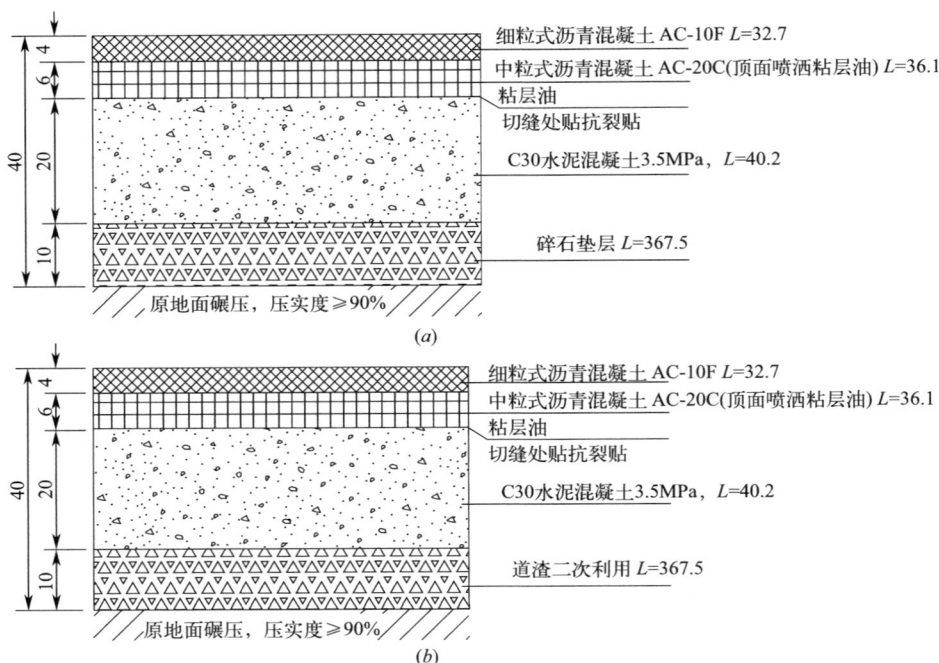

图 5-19　道砟二次利用
（a）原图纸做法；（b）优化后做法

②玻璃钢化粪池应用

项目办公区化粪池应用使用传统砖砌，用 24cm 砖 10m³，M5 砌筑砂浆 2.5t，M10 砂浆 1t，瓦工 7 工日：400 元/立方砖，M5 砂浆：400 元/t，M10 抹灰砂浆：430 元/t。

需要费用：$10 \times 400 + 2.5 \times 400 + 1 \times 430 + 10 \times 350 = 8930$ 元。

使用成品玻璃钢化粪池，20m³ 玻璃钢化粪池 4000 元/个，人工费 500 元。

需要费用：4500 元。

预计创效：$8930 - 4500 = 4430$ 元。

③增加外墙 K11 防水涂料

修改前做法：外墙基层无防水涂膜层。

经现场踏勘发现居民外墙渗漏严重，进行设计优化增加外墙 K11 防水涂膜 1mm 厚。

K11 防水涂膜综合报价：12.5 元/m²，材料单价 6 元/m²，人工费：0.5 元/m²。

每平方米利润：$12.5 - (6 + 0.5) = 6$ 元。

本项目主楼外墙面积约 15 万 m²。

预计增加效益：$150000 \times 6 = 90$ 万元。

④道路面层铣刨道砟二次利用技术研究

本项目车行道路主要分为三种改造方案，一是挖除现状水泥路面后新建沥青混凝土路面；二是现状破损沥青路面基层挖除新建，挖除新建比例约 30%；三是现状一般沥青路面铣刨加罩，通过对上述三种改造方案产生的建筑垃圾替换车行道路基层碎石，从而达到道砟的二次利用。

通过查询本项目合同清单，车行道路拆除工程量为 26069.74m³，可二次利用建筑垃圾量暂时按 30% 进行考虑，即可替换碎石量为 7820.92m³。碎石综合单价为 34.40 元/m³。

预估经济效益为：7820.92×34.40＝269039.65 元。

3）社会效益

通过开展老旧小区改造装修垃圾处理及利用技术研究，可极大促进企业、行业建筑垃圾资源化利用率，有效减少建筑垃圾排放量，有效避免建筑垃圾对水体、大气、土壤的污染，对环境保护具有积极作用。同时，开展技术改造及垃圾综合利用技术研究也能为公司同类项目提供宝贵的施工经验，为企业垃圾综合利用标准化施工提供依据。

5.2.2　厂房商业有机更新装修垃圾处理及利用

1. 厂房商业有机更新项目背景

在经济高速发展和城市化进程中，原本位于城市边缘的工业厂房被新的城市建筑和基础设施所环绕，老的商业区域被新的商业区域所包围，这使得这些厂房商业成为城市中的独特空间。然而，由于这些厂房商业年代久远、结构老化，使它们无法满足现代生产和商业需求的标准。部分工业厂房商业由于年久失修和缺乏维护，可能存在结构不稳定、电气老化、消防设备缺失等诸多问题，给周围的环境和人们的生命财产安全带来潜在风险。此外，闲置的厂房商业也会导致资源的浪费和土地的荒废，城市土地是有限的资源，而闲置的厂房商业占据了宝贵的土地资源，使得这些土地没有其他更有价值的用途。针对这些问题，一些解决方案已经被提出，一种常见的做法是将闲置的厂房商业进行有机更新，转变为具有多功能性的空间区域，例如艺术中心、创意办公区、商业街、绿地公园和孵化器等。通过有机更新重新利用这些老旧的厂房商业，不仅可以最大限度地减少资源浪费和土地荒废，还能够为城市注入新的文化和创意活力。

随着大量的厂房商业空间得到重新利用和更新改造，随之产生的大量改造装修垃圾处理及利用是当前亟待解决的重要问题，为了应对这一挑战，须迫切采取有效的措施来处理和利用装修垃圾。

2. 厂房商业类项目的更新垃圾组成及特点

老旧工业厂房的拆除垃圾通常由多种不同的材料和废弃物组成。具体构成因工厂的类型、使用年限和拆除方式而异，老旧工业厂房拆除过程中常见的垃圾构成见表 5-4。

常见垃圾构成　　　　表 5-4

来源	类别	种类
墙面废料	无机非金属、其他	瓷砖、涂料、墙纸、壁布
地面废料	无机非金属、木材	地砖、水磨石、地毯、木地板、防静电地板
顶棚废料	无机非金属、金属、木材	石膏板、矿棉板、铝扣板、木饰面
门窗废料	无机非金属、金属、木材	木制门窗框、铁制门窗框、玻璃
隔断废料	无机非金属、金属、木材	砌块、木质隔断、玻璃隔断
填充废料	无机非金属、金属	防火板、隔热棉、镀锌铁板
细部废料	无机非金属、金属、木材、塑料	石膏、塑料、不锈钢、铁艺、窗帘

老旧工业厂房拆除过程中产生的垃圾种类繁多，当这些材料被拆除时，它们将成为大量的垃圾，由于工业厂房通常规模较大，其内部结构复杂，因此在进行拆除时这些大量的垃圾和废物可能来自多个房间、走廊、办公室、生产区域和仓库，需要有足够的人力和资源来对这些垃圾和废弃物进行处理和分类。

依据《建筑垃圾分类收集技术规程》T/CECS 1267—2023，构筑物拆除垃圾量按照实际体积计算，以实际体积乘以垃圾密度为预估量。建筑物拆除垃圾量的估算可依据下列公式：$W_c = A_c \cdot q_c$

式中 W_c——拆除垃圾产生量（kg）；

A_c——被拆建筑物总面积（m^2）；

q_c——拆除垃圾产生量指标（kg/m^2）。

不同建筑类别的拆除垃圾产生量指标均有差异，见表5-5。

拆除垃圾产生量指标 表5-5

建筑类别		金属类(kg/m^2)	无机非金属类(kg/m^2)			有机类(kg/m^2)	产生量指标q_c(kg/m^2)
			混凝土、砂石	废砖	玻璃		
民用建筑	混合	13.8	894.3	400.8	1.7	25	1336
	钢混	18	1494.7	233.8	1.7	25	1773
	砖木	1.4	482.2	384.1	1.8	37.2	907
	钢	29.2	651.3	217.1	2.6	7.9	908
非民用建筑	混合	18.4	863.4	267.2	2.0	27.5	1178
	钢混	46.8	1163.8	292.3	1.9	37.7	1543
	砖木	1.8	512.7	417.5	1.7	32.1	966
	钢	29.2	651.3	217.1	2.6	8.0	908

在实践中，缺少大量的拆除样本资料，在少部分地区有拆除建筑垃圾总量的计算标准，如洛阳、西安；在个别地区有分类计算标准，如深圳市地方标准规定的拆除建筑垃圾产生量（表5-6）。

深圳市地方标准规定的拆除建筑垃圾产生量 表5-6

建筑类别	金属类(kg/m^2)	无机非金属类(kg/m^2)				总量q_c(kg/m^2)
		混凝土	砖、砌块	砂浆	玻璃	
住宅建筑	65	880	180	200	3	1450
商业建筑	60	880	150	220	3	1380
公共建筑	90	950	125	240	2	1480
工业建筑	60	830	35	150	3	1130

从表5-5和表5-6可以看出，总体上民用建筑和非民用建筑的混合、钢混两种建筑类别的建筑垃圾产生指标比较接近；表5-6中住宅建筑与表5-5中民用建筑混合结构的拆除垃圾产生量比较接近；表5-6中公共建筑与表5-5中非民用建筑钢混结构拆除垃圾

产生量比较接近；表5-6中工业建筑与表5-5中非民用建筑混合结构拆除垃圾产生量比较接近。

对比不同种类拆除垃圾的产生量，表5-6中深圳地标规定的金属类是表5-5中金属类的2～4倍，两表中的混凝土砂石相当，表5-6中的砖、砌块、砂浆总和与表5-5中的废砖相当，表5-6中的玻璃略高。

总的来看，表5-5的分类产生量系数可以作为估算的参考，其中不同建筑类型的金属类建筑垃圾的产生量差异较大，在执行过程中应结合建筑类型以及本地区实际情况，对拆除垃圾产量指标加以修正，使得估算数据更加准确。

老旧工业厂房拆除过程中产生的垃圾种类繁多，产生的拆除垃圾主要是混凝土、砖、砌块及砂浆等无机非金属类材料，回收利用方法较为成熟；其他可燃的低污染、高燃值的废弃物，经过简单处理后，可作为RDF原料使用；可翻新再利用的材料、设备可单独分类回收处置；有毒有害类垃圾，需进行无害化处置。

3. 厂房商业有机更新装修垃圾的处置技术

（1）厂房商业有机更新装修垃圾分类技术

厂房商业有机更新装修垃圾的分类应从拆除开始时便同步进行，在进行拆除工作前，制定一个详细的分类计划，依据"五分法"即金属类、无机非金属类、木材类、塑料类和其他类五大类进行分类收集。金属类主要指建筑垃圾中的金属类成分，可分为黑色金属和有色金属废弃物质，如废弃钢筋、钢管、铁丝等（图5-20）。

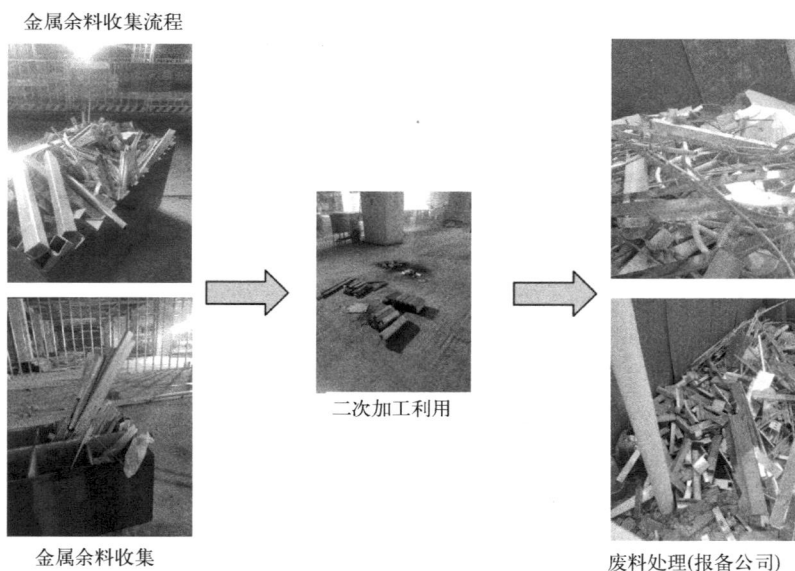

图5-20 金属余料收集流程

无机非金属类主要指建筑垃圾中的无机非金属类成分，包括天然石材、烧土制品及硅酸盐制品等固体废弃物质，如混凝土、砂浆、水泥等。

木材类主要指建筑垃圾中的木材类垃圾，如木材板、木模板、木制包装等。

塑料类主要指建筑垃圾中的塑料类垃圾，如塑料包装、塑料薄膜、安装辅助的塑料构件等。

其他类主要指除工程渣土、工程泥浆、金属类、无机非金属类、木材类、塑料类以外的其他建筑垃圾。

在拆除现场设置专门的分类区域或容器，用于暂时存放各类装饰垃圾，可以使用不同颜色或标识来区分不同类型的垃圾，以便于后续的处理和回收。按照五分法要求，分开堆放，定期回收，能够现场直接再利用的，则分拣至加工区进行加工再利用，不可直接利用的则分别外运至垃圾收集房区域。

对拆除作业的人员进行垃圾分类相关的培训，提高其分类意识和技能，确保工作人员能够正确进行垃圾分类，将装饰垃圾放置到相应的分类区域。同时，建立监督机制，加强对拆除工作的管理，对于未正确分类的装饰垃圾，进行及时纠正和教育，确保预处理措施的有效实施。这些预处理措施能够在拆除阶段就对装饰垃圾进行分类，为后续的处理提供便利，通过正确分类和预处理，可以更好地实现装饰垃圾的资源化利用和环境保护。

（2）骨料类废弃物的破碎回收处理技术

厂房商业类更新垃圾中，无机非金属类垃圾含有矿棉板和石膏板类垃圾，如现场条件允许，且项目该类垃圾产量较大，则应进行单独分类处理，因矿棉板是使用石棉纤维或类似材料制成的建筑材料，石棉已被广泛禁止使用，并逐渐被替代。如果存在矿棉板，其可能含有石棉和有害的重金属物质，属于有毒有害垃圾，需单独处理。而石膏板则具有较高回收再利用价值，但需进行深度加工处理，单独收集可便于后续处理。如与混凝土、瓷砖和废砖等无机非金属类材料混在一起收集，则在后续再生处理中只能作为废料处置，造成资源浪费。

装饰垃圾处理工艺如图5-21所示。

装饰垃圾经过预处理，分为可燃垃圾、骨料垃圾和石膏垃圾，对应的再生利用目标，可燃垃圾经过处理加工后生产为RDF燃料棒，骨料垃圾则是生产为不同颗粒直径的再生骨料，石膏垃圾处理生产为回收石膏使用。

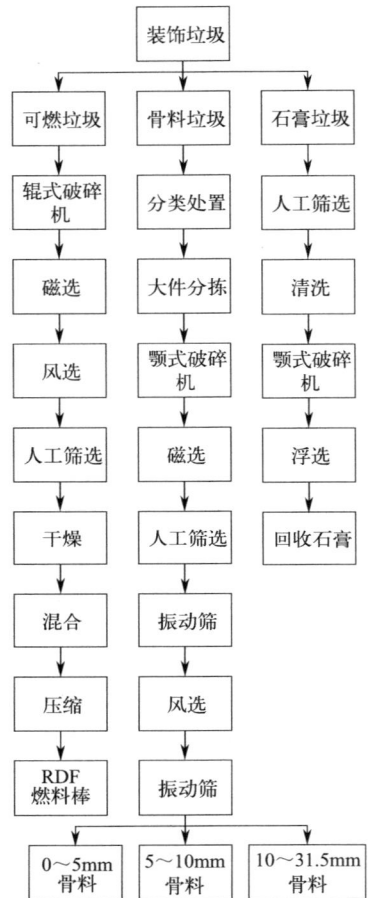

图5-21　装饰垃圾处理工艺

破碎处理是将装饰垃圾物料进行破碎、分离和分类的关键步骤之一。通过合理选择和调整破碎机设备，控制进料要求，对出料进行调整，并结合后续的处置和分类环节，可以高效地处理装饰垃圾，实现资源的回收利用和环境保护。破碎处理通常采用辊式破碎机或颚式破碎机等设备。选用这些设备应考虑的参数包括破碎能力、转速、电机功率等。具体的设备参数需要根据装饰垃圾的类型、数量和处理要求来确定，以保证设备能够高效、稳定地进行破碎处理。装饰垃圾进入破碎机前需要进行预处理，经过初步分选后再由给料机均匀送入破碎机确保进料的均匀性和适宜性。同时，需要注意控制进料速度和进料量，以避免过载或堵塞的情况发生。破碎机的出料口会设置相应的筛网或排料装置，以控制出料的颗粒大小，出料可以是连续的流动，也可以是间歇的批量出料。破碎处理后的装饰垃圾会进入后续的处理和分类环节，通过振动筛等设备，将破碎后的装饰垃圾进行粗细分离。较大颗粒的物料可用于土木工程填埋或再利用；较小颗粒的物料则可以进一步分类和处理。

磁选处理是一种常用的装饰垃圾分类和回收利用技术，通常采用磁选机或磁选器等设备，选用这些设备应考虑的参数包括磁场强度、工作宽度、生产能力等。磁场强度是衡量磁选机性能的一个重要指标，它的大小决定了对装饰垃圾中金属物质的吸附能力，应根据装饰垃圾的特性、产量和处理要求来选择。磁选机通常要求进料装饰垃圾的颗粒大小适中，且进料均匀，以便于磁场对金属进行有效吸附。同时，需要注意控制进料速度和量，避免过载或堵塞的情况发生。磁选机将装饰垃圾进行磁选后，会产生两种类型的出料：磁性物质和非磁性物质。磁性物质主要是金属，如铁、钢等，它们会在磁场的作用下被吸附到磁场区域。磁选机通常设置有磁力排料装置，将磁性物质和非磁性物质分别排出。

在装修垃圾的分离处理工艺设计中，还应充分考虑工艺的环保性，包括除尘、降噪、污水排放等。除尘排放标准执行《大气污染物综合排放标准》GB 16297—1996 中的新扩改建二级标准限值 15m 排气筒排放标准值（颗粒物最高允许排放浓度 120mg/m^3，最高允许排放速率 3.5kg/h）；噪声排放标准应满足场区四周边界噪声达到《工业企业厂界环境噪声排放标准》GB 12348—2008 的 2 类标准［即边界昼间≤60dB（A），夜间≤50dB（A）］；生产废水应设计沉淀系统，经除油沉淀后方可排入市政管网。

4. 项目案例

（1）项目概述

上海影城是一项商业综合体改造项目（图 5-22），位于上海市长宁区新华路 160 号，东临番禺路，南临新华路，西侧和北侧与银星皇冠假日酒店相邻，属于既有建筑改造项目，其中地下一层，地上结构由防震缝（缝宽 120mm）分为东区和西区，东区地上结构三层，结构高度为 18.5m，西区为地上六层，结构高度为 31.7m，结构形式为框架—剪力墙，总建筑面积约 1.4812 万 m^2。

上海影城设计于 1988 年，建造于 1992 年，距今已有 30 多年的历史。原建筑使用功能为电影院，经改造后，上海影城升级为一个以电影院为核心的综合商业体。本项目通过拆除改造，在使用功能以及外观等方面发生了巨大的变化，顺应了时代的发展潮流，它以"年轻、时尚、典雅"的形象展现在大众面前，赋予了上海影城新的生命、新的体验。通过精细化管理和科学规划，将原有的老式建筑进行升级改造，提升了影城的装修品质，改善了老百姓的观影体验。改造项目不同于新建项目，其首要工作是建筑拆除。其中，建筑垃圾处理及利用成为该项目的一个重要组成部分。

（2）装修垃圾基本情况

上海影城为既有建筑改造项目，其装修产生的垃圾与常规装修项目有所不同，存在一定的差异。本项目装修垃圾主要分为两大板块，其一是建筑物拆除过程中所产生的垃圾；其二是装饰装修过程中所产生的垃圾。

建筑物拆除过程中所产生的垃圾是本项目装修垃圾的主要来源，其组成部分主要有影厅座椅、墙面软包、窗帘、地毯、音响设备、龙骨、石膏板、瓷砖、石材、机电设

图 5-22　上海影城改造项目

备及管线、墙体砖块、木饰面、玻璃、无机涂料、不锈钢、木地板、木质门窗、灯具、洁具等，其中不乏有一些可回收利用的建筑垃圾和二次加工的金属材料以及保护性物件等。

值得一提的是本项目的保护性拆除，即在拆除改造前先对部分构件保护性拆除，然后再进行大面积破坏拆除。本项目保护性拆除内容见表 5-7。

本项目保护性拆除内容　　　　　　　　　　　　　　　　表 5-7

序号	拆除内容
1	"上海影城""Shanghai Film Art Center"中英文字
2	"新华路 160"门牌 2 个(位于"老克勒上海菜"店招牌下)
3	"售票处""TICKET OFFICE"中英文字(位于 1 楼大堂入口处)
4	1 号厅、9 号厅指引牌(位于 2 楼扶梯上方)
5	1 号厅"单号""双号"指引牌(分别位于 2 楼/1 号厅两个入口上方)
6	"第 2 放映厅""THE 2ND SCREENONG HALL"(位于 1 楼/2 号厅入口)
7	"第 3 放映厅""THE 3RD SCREENONG HALL"(位于 6 楼/3 号厅入口)
8	第 4 放映厅指引牌(位于 4 楼/4 号厅入口)
9	电影资料馆贵宾厅指引牌(位于 4 楼/贵宾厅入口)
10	"第 6 放映厅"门牌(位于 4 楼)
11	"第 7 放映厅""THE 7TH SCREENONG ROOM"(位于 5 楼)
12	"第 8 放映厅""THE 8TH SCREENONG ROOM"(位于 1 楼)
13	多影厅指引牌(位于 1 楼);"上海电影资料馆"门牌(位于 5 楼)

（3）装修垃圾处理技术

目前，我国绝大多数地区的建筑垃圾都是采用填埋的方式进行处理，却忽略了建筑垃圾带给全社会的影响，若不计后果地进行伪科学、不恰当的处理，会给社会环境带来巨大的隐患。

现阶段，建筑行业的发展比较迅速，建筑垃圾的数量也呈现出直线上升的局面。通过占用土地、破坏农田的处理方式已经不可取，这不仅给地表以及地下水造成污染，还破坏了植被，直接或间接地影响空气质量，加剧了城市的环境压力，浪费了大量资源，使城市与垃圾处理之间的矛盾愈演愈烈。如何更好地处理建筑垃圾，降低建筑垃圾的产生，减少对环境的污染，成为摆在我们面前的重要议题，是现阶段城市建设必须关注的问题，亟待采取一系列措施来解决建筑垃圾问题。

本项目建筑垃圾主要是拆除和装修阶段的垃圾，为了减少装修垃圾对环境的污染，降低城市建设的资源消耗，推动城市建设向绿色可持续的方向发展。项目对建筑装修垃圾进行了严格的分类，使建筑垃圾最大程度地得到妥善处理，达到循环利用的目的。示例如下：

1）垃圾分类

根据项目特点，对建筑垃圾进行了分类，使各项拆除物得到最大程度的利用，主要分为以下几类：第一，保护性拆除，即对具有纪念意义和历史价值的各类标志性构件进行拆除保护，如上海影城标志、影厅标志等；第二，重复利用性拆除，即对比较贵重、拆除后不影响其使用功能的设备进行保护性拆除，进而应用于其他领域，如音响设备等；第三，回收利用，即对可以进行二次加工、实现资源循环利用的废料集中整理，回收利用，发挥其剩余价值，如钢筋、龙骨、风管等废料；第四，变废为宝，即对砖墙砌块、碎石、混凝土、干粉砂浆等进行粉碎处理，以此作为原材料再次进行加工使用，如砖块粉碎过后用于公路基础等方面（图5-23）。

图 5-23　项目现场情况

垃圾分类主要以人工为主，同时辅以小型机械设备进行处理。保护性物件以及音响设备等则以人工的方式进行拆卸，然后进行分类归集；至于墙砖、混凝土、碎石等建筑垃圾则在现场进行简单分解，并借助小推车等工具进行运输，在室外场地进行集中处理；拆除的钢材、龙骨等材料则进行简单切割处理，并运到室外场地进行堆放（图5-24）。通过对装修垃圾进行分类处理,进一步规范了垃圾分类的标准,使建筑装修垃圾尽可能地得到利用,实现了资源的循环利用,优化垃圾分类结构。

图 5-24　废渣归集及钢材集中运输

2)转运技术

建筑装修垃圾转运基本可以分为两个步骤,第一步,通过各类运输工具将垃圾从室内运往室外进行堆放;第二步,以专业建筑垃圾运输车辆为工具,把建筑装修垃圾运往垃圾消纳站进行集中处理。现就垃圾转运第一步展开研究,详细阐述垃圾转运技术。

本项目在拆除前对施工现场进行区域划分,整个现场划分为三个区段,分别为-1层、1~3层、4~6层,现场采用平行施工的方式开展流水作业的模式,即三个施工段同时开始拆除,每个施工段按照流水施工的方式进行作业,逐层逐项进行拆除,确保拆除工作有条不紊地开展。垃圾转运同样遵循此原则,按楼层进行相应的运输。因现场拆除内容比较多,拆除后的垃圾废料因种类不同,转运方式也有差别。前期拆除主要是座椅、音响设备、饰面层以及基层龙骨等,此类垃圾运输则是通过电梯进行运输。为保证垃圾转运工作高效开展,现场除了采用原有两部客梯进行垃圾运输外,另外在灰空间区域安装室外人货梯,用于建筑垃圾以及材料的运输。无论是客梯还是人货梯,均安排专人负责电梯的运转,保证电梯正常使用,避免电梯故障给垃圾转运带来不必要的麻烦。至于墙砖、碎石、混凝土等材料的转运,不建议采用客梯进行运输,因其运输产生的灰尘比较大,极易造成电梯出现故障,因此项目针对这类垃圾,应以其他的方式进行运输。除了采用室外人货梯进行运输外,还采用室内井道进行垃圾运输。即在每层楼板相同的位置切割 1m×1m 的洞口,然后上下楼层之间沿着洞口边缘采用方钢制作基层骨架,并用板材进行四面封闭,且每层楼的井道预留一面可拆卸处理,便于垃圾的倾倒。特别提醒,在垃圾倾倒口处需采用防坠落措施,避免推车以及人员发生意外,同时在井道底层满铺1cm厚钢板,避免高空坠物对楼板的冲击力过大,造成不可避免的损伤。按此方法进行垃圾运输,很大程度上会对周围环境造成影响,尤其是扬尘和噪声污染,应避免此类情况的发生,在垃圾倾倒点派专人及时进行洒水处理,且对垃圾倾倒点进行简单维护,降低灰尘和噪声对周围环境的影响,达到安全文明施工的要求(图 5-25)。

图 5-25　建筑垃圾拆除、运输通道、临时堆放及降尘处理

3）破碎处置技术

本项目存在大量的砖块墙体，混凝土梁、板、柱等需进行拆除。其中涉及承重和非承重结构，针对非承重结构的拆除，主要采用风镐、电镐等工具进行破碎处理，而承重结构梁、板、柱则以盘锯、绳锯、风镐等工具进行拆除，其中梁、板拆除先用盘锯进行切割，把原结构分解为若干个块材，然后采用破碎粒径控制技术以及破碎过程的降噪、降尘等技术进行处理。通过垃圾破碎机进行粉碎和分离，从而运输到施工场地外。室外垃圾需进一步通过垃圾运输车运输至建筑垃圾回收站，进行彻底粉碎，达到可回收利用标准，进行二次利用。将木饰面以及各类板材大致分解成块状，并且联系木材厂家进行回收利用，而一些石膏板、泡沫、玻璃碎渣等材料则以建筑废料的形式进行集中处理，避免污染环境。

（4）装修垃圾利用技术

本项目采用了混凝土砖石破碎材料作为再生骨料使用的利用技术、混凝土砖石破碎材料煅烧处理后作为再生混凝土使用的技术、混凝土砖石破碎材料作为路面渗透层使用的利用技术和成品部品翻新处理技术等。

1）再生骨料

本项目通过对破碎后的垃圾进行筛选、清洗、粉碎、干燥等处理后制成高品质的再生骨料。再生骨料不仅可以替代天然骨料，减少自然资源的消耗，而且还能降低建设工程造价和环境污染。

2）再生混凝土

本项目采用混凝土砖石破碎材料煅烧处理后作为再生混凝土使用的技术，可以将装修垃圾中的砖石材料进行粉碎、筛选、增强处理后，加入适量的水泥、砂、骨料等原材料，制成混凝土块并再次利用。这种方法既可以保证混凝土的强度和耐用性，又可以减少天然资源的消耗和环境污染。

3）路面渗透层

本项目采用混凝土砖石破碎材料作为路面渗透层使用的利用技术，可以将装修垃圾中的砖石材料进行再生利用，通过粉碎、筛选、清洗、加工等处理，制成能够满足路面渗透层需求的骨料。这种技术不仅可以减少天然资源的消耗和环境污染，还可以提高道路的防滑性和透水性。

4）成品部品翻新处理

本项目采用了成品部品翻新处理技术，对装修垃圾中的一些成品部品如成品卫浴洁具、木质柜体等进行翻新处理后再次使用。这既可以节约建设成本，又可以降低环境污染。

（5）装修垃圾处理及利用效益

通过本项目的装修垃圾处理及利用，取得了显著的环保、经济和社会效益，具体如下：

1）环保效益

本项目采用分类处理和再生利用技术，大大减少了装修垃圾对环境的影响，降低了污染物排放和有害气体的产生。同时，通过处理后的再生骨料和混凝土的使用，减少了天然骨料和水泥等资源的消耗，从而达到了资源循环利用和减少环境污染的目的。

2）经济效益

该项目通过分类处理和利用技术，实现了装修垃圾的资源化利用和经济价值的提升。其中，金属类建筑废料则以废品回收的方式进行变卖，回炉重造，使资源得到合理化利用，发挥其剩余价值；再生骨料和再生混凝土的利用减少了原材料消耗，降低建设成本；同时，回收部分音响设备，应用于其他领域，使其得到最大化的利用，节省了购买新设备的费用，为业主创造更大的经济效益。

3）社会效益

本项目的装修垃圾分类处理及再生利用技术，能够促进可持续发展，提高人们对环境保护意识，加强社区的环保文化建设。同时，再生骨料等产品的生产和利用，也创造了就业机会，促进了社会经济发展。

5.2.3 片区更新装修垃圾处理及利用

1. 片区更新项目背景

当前，我国城市发展由增量时代向存量时代进行转变，其发展方式由以外延拓展为主转向更加注重内涵提升。片区更新，这也是各地政府最为重视的领域。为了推动片区有机更新，要与城市发展相契合，与社区发展需求相匹配，与人文景观相协调，与良好生活模式相适应。合理依据片区更新项目的地域特点、现场条件，选用适宜处置技术。

2. 片区更新装修垃圾组成及特点

片区更新类项目，其特点是更新拆改量大，装饰内容较多，改造装修垃圾量大，其主要构成复杂，拆除及再利用难度较大。其最终产生的更新装修垃圾与其他种类建筑垃圾成分存在较大差异，经统计，片区更新装修垃圾主要成分及来源见表5-8。

片区更新装修垃圾主要成分及来源 表 5-8

主要成分名称	来源
废弃混凝土、废砖、灰浆	墙体拆改修整
废旧金属、玻璃	门窗、护栏改造
废旧地砖、墙砖	地面、墙面更新
废旧壁纸、墙布	墙面饰面更新
木块、刨花、胶合板	吊顶及固定柜等
废纸、废包装	各种材料包装物
其他有害废弃物（油漆、石棉、胶粘剂）	饰面更新

以近三年片区更新类项目产生垃圾情况进行测算分析，其成分比例见表5-9。

片区更新装修垃圾成分比例 表 5-9

垃圾成分	废弃混凝土（粒径＞4mm）	废砖块（粒径＞4mm）	废砂浆（粒径＞4mm）	废金属	废木材	其他（石膏板、塑料、玻璃等）
质量比例（%）	25	24	16	3	27	5

片区更新装修垃圾成分中含有易造成环境污染的有害物质，不经无害化处理，直接采用简单堆填方式进行处置可能会导致有毒有害物质渗透至土壤和地下水，造成环境污染风险。因此对装修垃圾处理处置流向进行分析与识别更为必要，一方面有助于评估装修垃圾的环境风险，另一方面也可更为有效地采取针对性处置措施。基于上述装修垃圾的产生成分与产生源，对不同装修垃圾成分进行分析，将装修垃圾的处理处置流向分为了四种，包含了政府指定受纳场、个人废品回收站、回收处理中心和随意倾倒，最终将装修垃圾的处理处置划分为填埋和回收两种，以反映当前片区更新装修垃圾的处理处置情况。

以深圳市片区更新装修垃圾处理情况为例，其填埋率达到83.1%，大部分的装修垃圾在施工现场由清运车辆运往政府指定的受纳场填埋处置，但是仍存在有少部分的随意倾倒处置现象。较少部分的装修垃圾被运输至回收处理中心或个人废品回收站进行回收处置，且这部分的装修垃圾回收处理率仅有16.9%。从深圳市的装饰垃圾处置流向分析可知，大部分的砖块和混凝土通过填埋处置，其回收率分别为16.9%和20.3。其中价值较高的装修垃圾，其回收率也相对较高，如金属、纸类、塑料和木材，回收率均高于50%，其中金属的回收率高达99%，处置流程、工艺及措施成熟。此外，废石膏、涂料等有较大环境污染风险的有害装饰垃圾的回收率较低，该类成分的填埋处置率均超过95%，未经无害化处理直接简单填埋的处置方式，可能造成受纳场及周边土壤和地下水污染。

3. 片区更新装修垃圾的处置技术

当前，废弃砖块和废弃混凝土的回收处理工艺不断发展进步，运用移动式处理设备或固定式生产线，经过分选除杂、破碎整形、筛分等工艺，可将废弃砖块和混凝土制成再生骨料和墙体砌块、透水混凝土、干混砂浆等再生制品，运用至园林绿化、道路建设、房屋建设等。成熟的处理工艺链以及下游产品也使得废弃砖块和废弃混凝土的回收再利用程度较高。同样，装修垃圾中的金属类、纸类、塑料等材料也是如此，其均具有较成熟的二次产品回收利用处理工艺和再生产品销售途径，其回收利用不但可以降低施工过程的处理成本，也可以带来一定的经济收益，使得施工现场人员形成了针对这类材料的回收处理意识。但除上述这些材料外，废瓷砖、废石膏、涂料及玻璃的再利用率却较低，主要是由于其现场处理处置方法较为复杂，技术和施工场地限制，难以实现就地处理处置，且该类材料缺少回收处理处置技术和再生产品市场。因此，大部分的废瓷砖、废石膏、涂料及玻璃等装饰垃圾，只能运往受纳场进行简单填埋处置。

本书这里介绍废弃石膏的再生利用措施，在建筑装饰中，石膏的应用广泛，使用量较大，从而在片区更新中会产生大量的石膏废弃物。原生建筑石膏水化硬化后，再次经过粉磨、煅烧脱水等工艺即得到再生建筑石膏。再生石膏与原生建筑石膏最大的差异在于其半水相与二水相间有过多次相互循环转化过程，但其主要矿物成分仍是半水硫酸钙。目前，国内外许多学者对再生建筑石膏粉体物理性质、基本物理力学性能以及硬化体微结构等进行了大量研究，并取得了一定成果。这些研究大多表明：再生建筑石膏强度相比原生建筑石膏大幅降低，其主要原因是再生石膏粉体比表面积增加，造成标准稠度需水量增加，从而导致硬化过程水分蒸发后，结构疏松多孔。另一方面再生建筑石膏硬化体中石膏晶体形貌发生一定程度粗化，晶体之间搭接程度变差，削弱晶体间胶结力。

根据邱星星等人的研究，再生石膏的最佳生产工艺为破碎后粉磨 30min，在烘箱中以 165℃煅烧 3h，陈化 2d。得到的再生石膏性能初凝时间 8min，终凝时间 12min，2h 抗折强度 2.33MPa，抗压强度 4.45MPa。性能满足《建筑石膏》GB/T 9776—2022 标准等级为 2.0 的石膏标准，可在施工过程中再次使用。

但由于不同地区的石膏固废种类不一，不同年份的废弃石膏强度不同，使得再生石膏的原料无法一致，且再生石膏的生产处理工序繁琐，使回收成本居高不下，同时现阶段的再生处理措施，无法做到绝对环保，导致废弃石膏的回收利用存在较多困难。

4. 项目案例

（1）项目概况

1）项目信息见表 5-10。

项目信息　　　　　　　　　　　　　　　　　　　　　　　　表 5-10

工程简介	
工程名称	朝阳区北苑路 98 号院 1 号楼 −3～7 层内装修工程
建设地点	北京市朝阳区北苑路 98 号院 1 号楼
工程规模	本项目总建筑面积 74696.78m²，其中：地上 7 层，地下 3 层。本次承接装饰施工面积 40558.6m²，精装修区域 22100m²，店铺装修 18458.6m²，建成后作为北京市朝阳区大屯路时尚潮流的中高端商场投入运营。 本次招标范围含主体 −3～7 层的室内局部改造、室内精装修、机电改造等内容。具体范围详见施工图纸、技术要求及工程量清单
建设单位	北京华联美好生活百货有限公司

续表

工程简介	
设计单位	北京炎黄联合国际工程设计有限公司
监理单位	北京国金管理咨询有限公司
施工单位	中建深圳装饰有限公司
质量目标	符合国家验收"合格"标准
安全目标	(1)杜绝死亡事故,人员轻伤频率控制在1‰以内; (2)安全环境管理问题被投诉到地方政府、媒体等有关部门的次数为0; (3)达到《建筑施工安全检查标准》JGJ 59—2011 要求; (4)入场三级安全教育率、特种作业持证上岗率100%
环境目标	(1)严格按照 ISO14000 标准,进行"绿色"施工,采取有效的环境保护与控制扬尘污染措施,保证施工过程中无污染; (2)达到《建设工程施工现场环境与卫生标准》JGJ 146—2013,并做到"四节一环保"
工期目标	计划开工日期:2021 年 10 月 31 日; 计划竣工日期:2022 年 7 月 31 日,计划工期:243 日历天; 实际竣工日期:2022 年 9 月 30 日(确保合同内施工内容完工)
合同造价	24000 万元

2)承包范围见表 5-11。

承包范围　　　　　　　　　　　　　　　　表 5-11

序号	分部工程	分项工程	施工内容
1	建筑装饰装修	楼地面装饰工程	地面找平、防水工程施工、石材铺设、地砖铺贴
2		顶棚装饰工程	喷涂石膏板吊顶外饰乳胶漆、金属吊顶、涂料喷黑
3		墙柱装饰工程	石材铺设、装饰板铺贴、安装玻璃、涂刷乳胶漆、肌理漆
4		其他	涂刷石膏板墙体、PRC 墙体,安装石材暗门、甲级及乙级防火门、挡烟垂壁、金属装饰线条、不锈钢包边
5	建筑给水排水及供暖	室内给水系统	给水管道及配件安装,给水设备安装,防腐,绝热,管道冲洗、消毒,试验与调试
6		室内排水系统	油排水、雨排水、污排水、压力排水、排水管道及配件安装
7		卫生器具	卫生器具安装,卫生器具给水配件安装,卫生器具排水管道安装,试验与调试
8	通风与空调	送排风系统	风管与配件制作,部件制作,风管系统安装,空气处理设备安装,消声设备制作与安装,风管与设备防腐,风机安装,保温施工、系统调试
9		防排烟系统	部件制作,风管系统安装,防排烟风口、排烟阀、常闭正压风口与设备安装,风管与设备防腐,保温施工、风机安装,系统调试
10		空调风系统	部件制作,风管系统安装,空气处理设备安装,消声设备制作与安装,风管与设备防腐,风机安装,风管与设备绝热,系统调试
11		空调水系统	管道冷热(媒)水系统安装,冷却水系统安装,冷凝水系统安装,阀门及部件安装,冷却塔安装,管道与设备的防腐与绝热,系统调试

续表

序号	分部工程	分项工程	施工内容
12	建筑电气	变配电室	成套配电柜、控制柜(屏、台)和动力、照明配电箱(盘)安装,裸母线、封闭母线、插接式母线安装,电缆沟内和电缆竖井内电缆敷设,电缆头制作、导线连接和线路电气试验,接地装置安装,避雷引下线
13		供电干线	桥架安装和桥架内电缆敷设,电缆沟内和电缆竖井内电缆敷设,电线、电缆导管和线槽敷设,电线、电缆穿管和线槽敷线,电缆头制作
14		电气动力	成套配电柜、控制柜(屏、台)和动力、照明配电箱(盘)及安装,桥架安装和桥架内电缆敷设,电线、电缆导管和线槽敷设,电线、电缆穿管和线槽敷线,电缆头制作,插座、开关安装
15		电气照明安装	成套配电柜、控制柜(屏、台)和动力、照明配电箱(盘)安装,电线、电缆导管和线槽敷设,电线、电缆导管和线槽敷线,槽板配线,钢索配线,电缆头制作,专用灯具安装,插座、开关安装,建筑照明通电试运行
16		智能应急照明系统	应急智能配电箱、控制柜(屏、台)和动力、照明配电箱(盘)安装,电线、电缆导管和线槽敷设,电线、电缆导管和线槽敷线,电缆头制作,安装接地装置

3)建筑设计概况

标准层平面功能分区主要包括:公共区域(含中岛)、后场走道及货梯厅、扶梯中庭、电梯厅、卫生间等空间。

(2)重难点分析

本项目位于地铁5号线、15号线站旁,人流密集,且项目周边存在大屯派出所、奥运中心区城管大队等机关单位,以及融华世家、浩运园、凯旋城、民怡园、阳光新干线等居民区多个既有人员集聚密集的建筑物,施工期间应做好充分的防尘、降噪措施;项目工期紧,施工内容多,且拆改施工不可避免地会有一定噪声及粉尘产生,加之项目第一阶段施工周期为5月5日~6月25日,期间跨越高考及中考时段,小区居民较为敏感,扰民问题较为突出。由此导致垃圾外运及堆场管理较为困难,需要合理管控,因此主动与周边建筑使用单位及居民做好沟通,确保项目施工不对周边办公及生活人员造成影响,是本项目建筑垃圾减量化施工的重难点环节。

应对措施:

噪声控制:为了保证居民的休息,从夜间20:00到次日早7:00,现场禁止声响较大的作业,如混凝土浇筑、钢材和木料切割、电钻等,以及垃圾清运、到场材料卸车用叉车。如遇到混凝土浇筑需要连续作业,需提前向居民告知说明,并安排专门管理人员旁站,指挥工人正确操作振动棒,控制噪声;垃圾清运及材料进场避开居民休息时间。

车辆控制:项目属于市内大型车辆白天禁行区域,所有大型车辆只能22:00以后进出现场,车辆禁止鸣笛,夜间卸料时要求轻拿轻放。

场地控制:项目外围无材料堆场,物业只提供一小块垃圾堆场,材料到场需及时转运上楼,垃圾也需及时清理。

(3)源头减废措施

1）采用可周转使用的临建设施（图 5-26）。

2）推行无线化充电工具和移动充电电箱及移动充电焊机，减少现场临电投入，提高工效（图 5-27）。

图 5-26　可周转临建

图 5-27　无线化充电工具和移动充电
电箱及移动充电焊机

3）推行无尘台锯切割、液压打孔机打孔，降低木屑粉尘污染，提高钢材打孔工效（图 5-28）。

图 5-28　无尘台锯及液压打孔机

4）现场设置装配式集中加工区（图 5-29），按照施工段设置木工、金属集中加工区，同时设置可回收金属垃圾临时堆放区，集中管理。

图 5-29　装配式集中加工区

5）采用干粘法铺贴地面石材（图 5-30），前期通过地面统一精找平，一次性将湿作业完成，后续石材铺贴时采用胶泥进行，既保证铺贴质量、提高效率，又降低污染。

图 5-30　干粘法铺贴地面石材

（4）综合利用方案

1）材料集中加工

项目采用集中加工形式，套材加工减少损耗，加工余料分类回收或现场再利用。主要包括功能区域设置、主要设备及净化措施等。

本项目在施工现场选择一处区域设置加工区进行集中管理，实现材料的集中加工。以达成在装饰施工中，对主要加工垃圾的产生点集中、处置集中与再利用集中。

集中加工区的设置，主要由五大核心区域构成，分别为原料堆放区、板材加工区、钢材加工区、组装区和半成品堆放区。原料堆放区主要用于堆放板材如阻燃板、石膏板、硅钙板等，钢材如角钢、方通、槽钢、轻钢龙骨等原始基层材料的区域，板材加工区主要为将板材定尺切割的加工区域，主要工序为弹线和切割等。钢材加工区，主要为将钢材定尺加工的区域，主要工序为切割和钻孔等。组装区为组装板材造型如窗帘盒、灯带，或焊接钢架造型（洗手台盆）等基层标准化部件的区域。半成品堆放区为将定尺切割好的基层板材、钢架或组装好的半成品部件进行集中分类堆放的区域。五大功能区域彼此独立，协同配合，以实现项目后场加工的集中管理。

项目的集中加工区设置（图 5-31），可充分利用现场永久结构，永临结合设置分隔区域。

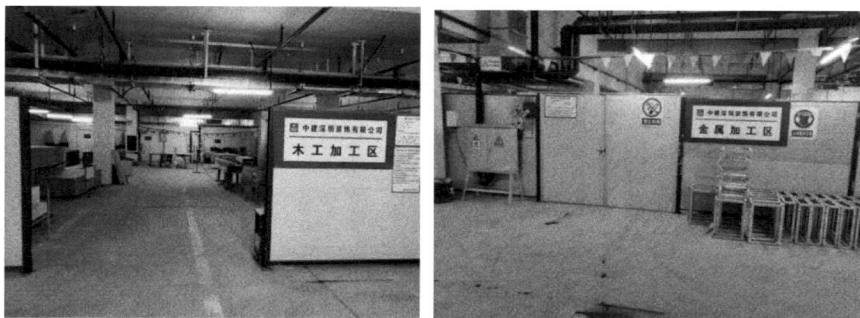

图 5-31　木工及金属集中加工区

设置有材料周转区、各类库房和集中充电区，板材的堆放区、切割区、组装区及半成品堆放区，钢材的堆放、切割、打孔、焊接、涂刷、栓接及半成品堆放区，相应材料的加工及堆放区域尽量贴近，尽量减少材料的二次转运，避免由转运过程导致的垃圾产生。

加工区采用无尘台锯，将切割粉尘进行收集，每天加工完成后进行定期清理。

集中处理，减少粉尘垃圾无序排放，改善现场施工环境，并将可回收的余料进行回收处理，减少最终垃圾的排放量。

半成品堆放区，用于堆放半成品板材、半成品部件等，需设置灭火器。各造型的半成品分类堆放，做好标识，便于后续安装施工。

钢材加工区需设置单独电箱、挡火罩和废料集中回收箱，电焊区配备有焊烟净化器、独立的防锈油漆涂刷区域，对焊接废料和油漆废料均能做好有效回收处理。

按照"五分法"要求对加工产生垃圾定期分类回收。

2）现场分类利用

加工产生垃圾定期分类回收（图 5-32）。施工现场每 2 个楼层安排 1 人负责文明施工

173

及垃圾清运，统一由各楼层现场工程师负责安排，安全员负责监督管理。

建筑垃圾收集、堆放、消纳

本工程建筑垃圾房设置位置在场区西南角。现场按照可回收垃圾分类分拣后，集中将垃圾运至临时垃圾房，根据产生数量经由备案的运输车统一外运、消纳。

垃圾外运
（再生资源站或垃圾消纳场）

运输至垃圾房处二次分拣
（将混合类垃圾挑出）

垃圾第一次分拣
（挑出金属与非金属）

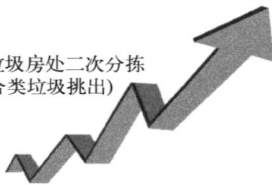

图 5-32　垃圾定期分类回收

垃圾场内运输（图 5-33）：施工作业人员每天施工完成后，做到工完场地清，将当日产生的施工垃圾收集至本楼层垃圾临时堆放点，并经文明施工班组进行分类、运至垃圾集中堆放点。

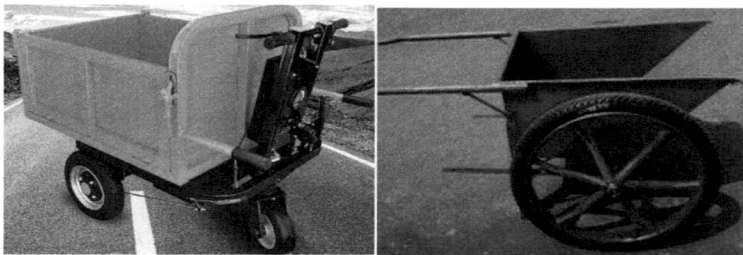

图 5-33　垃圾场内运输

垃圾场外运输（图 5-34）：建筑垃圾每隔 7～10 天清运 1 次。在北京市建筑垃圾管理与服务平台，清运车为专用运输车并配有北斗的监管系统，每次垃圾清运完生成电子运单。

图 5-34　垃圾场外运输

（5）保障体系

1）组织结构

为了保障项目垃圾减量措施落到实处，在公司生产与技术等企业保障小组的支持和领导下，项目成立了以项目经理为组长的项目实施层工作小组，并与项目管理层工作小组配合，负责具体区域具体工序的管理任务，落实项目管理层拟定的减废管理措施等工作。

项目成立管理层工作小组和实施层工作小组；对各部门合理分工，落实责任；上下结合，综合管控的组织管理模式，确保现场建筑垃圾管控按计划顺利实施。

① 管理层工作小组

组长职责：减量管理第一责任人，负责统筹制定各项目标，审批实施专项方案，建立管理组织机构，主持领导小组例会。

组员职责：协助组长开展垃圾减量管理工作，受组长委托主持领导小组例会，组织现场检查、落实整改，协调分包垃圾减量管理工作。

② 实施层工作小组

编制、完善装饰垃圾减量建设方案。对现场建筑垃圾分类严格按方案实施、落实。方案实施过程中定期进行检查、监控。对不符合要求的内容及时安排整改完善。确保现场垃圾分类严格按方案实施，同时留存现场垃圾分类相关记录及影像资料。

项目部有相应的保证措施，保证"无废工地"建设过程中的建筑垃圾现场减量及分类管理措施的实施，具体分为分类制度管理措施、环境管理措施、安全管理措施。

2）制度保障

① 垃圾分类制度

针对工程特点，由技术部牵头项目部各部门制定装饰垃圾全过程分类管理制度，明确建筑垃圾分类原则，做好建筑垃圾分类交底，落实建筑垃圾分类过程信息收集与统计分析，最终进行建筑垃圾现场分类的应用总结，形成技术成果。

工程部牵头做好装饰垃圾现场分类实施工作，配合做好垃圾存储的方案策划，落实现场分区垃圾分类管理，指导分包单位严格落实建筑垃圾分类要求，配合技术部做好现场装饰垃圾分类的资料收集，配合物资部做好现场装饰垃圾的分类处置。

由质量部牵头落实装饰垃圾现场分类监督管理制度，按照《装饰垃圾现场分类技术方案》的相关要求，以及现场装饰垃圾分区管理制度，做好对现场装饰垃圾分类管理的落实情况的监督，及时反馈过程分类管理情况，督促分包单位对违规操作或不正确分类做法进行整改，确保现场装饰垃圾分类工作的有序进行。

建立《装饰垃圾全过程管理制度》，从分类原则、分类识别、分类堆放、分类转运等装饰垃圾现场分类管理的全过程进行管理，落实监督职责，确保现场装饰垃圾分类的有效性和规范性。

② 装饰垃圾分类处理制度

由物资部牵头落实装饰垃圾现场分类的后期分类处置工作，落实相关装饰垃圾消纳资源，明确装饰垃圾分类消纳运输车辆，以及对现场可回收资源或可现场利用的资源进行分类处置，做好装饰垃圾分类处置台账以及过程资料。

③ 装饰垃圾回收利用制度

由商务部和物资部结合装饰垃圾的分类特性，制定现场装饰垃圾的回收利用制度。结合"五分法"的装饰垃圾分类原则，根据不同类别的装饰垃圾实行不同的回收再利用方式，充分提高现场装饰垃圾的再利用率。

3）环境管理措施

装饰垃圾分类管理过程中做好现场扬尘控制，尤其无机非金属类材料（如石膏板材切割料、打磨粉尘等）的分类投放、分类存放、分类运输、分类处理尤为重要，做好装饰垃圾分类过程中扬尘控制。

在运送垃圾、设备及建筑材料等物资时，车辆不污损场外道路。运输容易散落、飞扬、流漏的物料的车辆，必须采取措施封闭严密，保证车辆清洁。出入车辆必须进行冲洗，并做好车辆设备冲洗记录。

现场安装扬尘检测设备，能有效检测现场扬尘情况，发现扬尘检测超标即可启动现场自动喷淋系统进行降尘，现场配备移动式降尘设备（雾炮）重点区域重点防控，以便更好、更及时地采取有效措施，控制现场扬尘。

对易产生扬尘的堆放材料应采取密目网覆盖措施；对粉末状材料应封闭存放；场区内可能引起扬尘的材料及装饰垃圾搬运应有降尘措施，如覆盖、洒水等；易扬尘区域清理灰尘和垃圾时利用吸尘器清理，机械剔凿作业时可用局部遮挡、掩盖、水淋等防护措施；建筑清理垃圾应搭设封闭性临时专用道或采用容器吊运。

施工现场非作业区达到目测无扬尘的要求。对现场易飞扬物质采取有效措施，如洒水、地面硬化、围挡、密网覆盖、封闭等，防止扬尘产生。

4）安全管理措施

金属类装饰垃圾现场切割分解时，应严格按照切割安全操作规程及相关安全防护要求进行作业，禁止违章操作；采用气焊等动火作业前，必须向项目部报备并开具动火证明，施工人员持证上岗，并配备必要的消防器材。

现场垃圾堆放注意严禁超高。

易燃易爆垃圾必须堆放在指定专用区域并符合防火要求。

5.2.4　公共空间治理及其他装修垃圾处理及利用

1. 公共空间治理项目背景

公共空间治理与商业更新有相似之处，其在建筑硬件升级和空间改造方面投入更多。以成都中海国际中心 H 座装修项目为例，分析其在更新改造过程中的装饰垃圾组成情况、过程处理措施及处置再利用措施等。

成都中海国际中心 H 座装修项目建筑面积约 $54440.79m^2$，位于成都市高新区金融城核心中央商务区，在交子大道与万象南路的交会处，涉及的所有工程包括装饰装修工程、安装工程及对原有建筑的改造工程、总坪改造及景观改造工程等，建筑项目效果如图 5-35 所示。

图 5-35　建筑项目效果图

2. 公共空间治理及其他装修垃圾组成及特点

依据"五分法"对金属类、无机非金属类、木材类、塑料类和其他类五大类进行分类处置（表 5-12）。

项目装修垃圾分类处置方法　　　　　　　　　　表 5-12

序号	垃圾分类	垃圾来源	产生量(t)	处置方法
1	无机非金属类	原二次结构砌筑墙体拆除	295	使用建渣处理系统粉碎后打包运送至专门回收资源部门

序号	垃圾分类	垃圾来源	产生量(t)	处置方法
2	金属类	原空调水管、消防水管、新风管、电缆线、线管、金属门框、吊顶铝板、龙骨、丝杆、钢筋；拆除时，产生的废锯片、废钻头、焊条头、破损的临时围栏	98	将可利旧材料进行整理归类，在施工后期进行利旧，超出利旧范围的进行调拨、翻修、出售。其余金属废料运到回收站回收再利用
3	木材类	成品保护木板、木方	8	外运回收
4	塑料类	PVC 或 PPR 管、塑料包装、塑料薄膜、橡塑保温棉、岩棉板、酚醛树脂风管等	12	外运回收
5	其他类	有害垃圾类等	5	外运无害化处理
合计			418	—

垃圾组成：

无机非金属类：混凝土、红砖、轻质砌块、瓷砖、石膏、大理石、卫生洁具、玻璃等。

金属类：钢筋、型钢、铝合金门窗、门把手、小五金、钢筋、电线等。

木材类：木方、木包装箱、木质地板、木质踢脚、木质门窗、木质桌椅、废弃纸板等。

塑料类：保温棉、泡沫塑料包装、编织袋、裸土覆盖防尘网、外墙保温下脚料（岩棉、挤塑板、聚苯板）、SBS 卷材、KT 板、广告布等。

其他类：含有害物质，如胶粘剂、废油漆、有害的人造板材等。

3. 公共空间治理及其他装修垃圾的处置技术

（1）装修垃圾的源头控制

源头控制，在拆除阶段就做到"源头控制，分类管理，翻新利旧，以料抵工"，从设计出发，"源头减量，设计优化，分类管理，就地处置，排放控制"。项目采用以下装配式施工技术（图 5-36）：

图 5-36　项目所用装配式施工技术

1）通过应用架空地板空腔，将机电管线走地，同时将部分新建墙体设计成轻质隔墙，减少现场剔凿垃圾产生。

2）通过集中加工区将卫生间台盆、接待台钢架进行半成品制作，现场整体钢架安装，减少现场垃圾产生。

3）通过将新风空间风管设计成工厂成品加工，现场成品安装，减少现场加工产生垃圾。

4）通过深化设计，将机电末端设计成集成带，减少机电末端（灯具、喷淋、风口等）的开孔，减少现场垃圾的产生。

通过深化排板，将墙面及顶面基层轻钢龙骨根据材料尺寸、层高进行优化排板设计，将基层龙骨进行工厂定尺加工，避免现场垃圾产生（图 5-37）。

图 5-37　工厂定尺加工龙骨

（2）拆除及运输技术措施

1）结合图纸和现场分析出可不拆除部位（架空地板、消防管道、新风空调管道、窗帘盒等），通过深化设计，将不拆除部位与新建部位进行结合，减少拆除量（图 5-38、图 5-39）。

图 5-38　原架空地板保留、原窗帘盒保留

图 5-39　原安装管道保留、原新风管保留

2）通过现有图纸与拆除材料进行对比，分析出可回收利用的材料种类（顶棚铝扣板、空调面板、风机盘管、电梯井石材），在拆除时进行保护性拆除，并设置专用堆放点，贴

牌分类分尺寸堆放，设专人保管，减少新建垃圾产生量。

3）针对项目架空地板、铝扣板等多余材料（图5-40），采用保护性拆除后进行优选，调拨或者翻新后调至其他项目使用，大大减少垃圾产生。

图 5-40　架空地板、机电末端材料保护性拆除及堆放

4）拆除阶段通过采用逐层设置垃圾分类回收点（分金属、非金属等），并在地下室设置集中垃圾周转区，安排专业拆除班组进行面基拆除，从层到周转区进行垃圾转运，流水有序拆除。

5）通过设置垃圾处理器（图5-41），将大块料建渣破碎，并打包，减小拆除建渣的体积，提高效率。

图 5-41　垃圾处理器

6）空调面板、消防水管、空调水管、消防烟感等，采取"以料抵工"，变废增效，减少垃圾产生（图5-42）。

图 5-42　机电安装管道、末端设备等拆除以料抵工

（3）集中加工技术措施

1）通过深化设计，现场施工采用集中加工，并在集中加工区设置垃圾回收堆放点，针对废料进行二次套裁，减少垃圾量。

2）通过深化排板，将瓷砖、锁扣地板、铝扣板吊顶等饰面材料根据材料尺寸、现场情况及装饰效果进行优化排板设计，减少面层板材损耗，提高利用率，减少施工过程中的垃圾产生。

3）通过深化设计，采用风管、卫生间洗手盆、接待台等装配式施工，减少现场垃圾产生量。

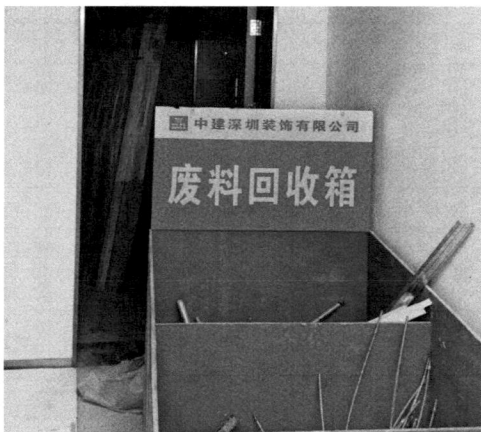

图 5-43　废料回收箱

4）每层楼布置一个废料回收箱（图 5-43），对建筑垃圾进行集中处理。

5）应用无尘台锯施工、水刀切割机等可有效减少现场粉尘垃圾产生，提高文明施工质量。

6）推广现场无线化工具。

项目采用无线化充电工具和移动充电电箱及移动充电焊机，减少现场临电投入，节省材料。

4. 项目案例

（1）项目概况

1）项目信息见表 5-13。

项目信息　　　　　　　　　　　　　　　　　　表 5-13

序号	项目	单位
1	工程名称	中碳登碳汇大厦室内装修工程项目工程总承包(EPC)
2	工程地址	武汉市武昌区中北路地铁四号线青鱼嘴站旁碳汇大厦
3	建设单位	碳排放权登记结算(武汉)有限责任公司
4	审计单位	北京东方华太工程咨询有限公司
5	监理单位	中国轻工业武汉设计工程有限责任公司
6	工程总承包单位	中南建筑设计院有限公司
		中建深圳装饰有限公司
7	合同价	5132.6 万元
8	建设性质	EPC 工程总承包
9	施工工期	1层、3层整体区域于 2022 年 6 月 25 日(50 日历天)具备参观、会议功能使用条件;3层夹层、8层、9层工程整体于 2022 年 8 月 30 日竣工
10	施工范围	本项目总装饰区域建筑面积约 9398.09m²，精装修面积约 7954.56m²,施工范围包括:1层、3层、3层夹层、7层及 8层,合计 5层楼

2）承包范围见表 5-14。

承包范围　　　　　　　　　　　　　　　　　　　　表 5-14

序号	分类	施工工作主要内容
1	拆除工程及物资回收	原建筑及室内装饰部分墙体拆除、消防拆改、新风空调拆改等
2	室内装修工程	墙面工程、地面装饰工程及顶面装饰工程等
3	强电工程	管线敷设、配电设备安装、开关插座安装、灯具安装等
4	展陈工程	设备安装、多媒体内容展示
5	消防系统改造工程	管道改造、自动喷水灭火系统、防火门安装等
6	给水排水工程	给水排水管敷设、给水排水设备安装、卫生洁具及五金安装等
7	空调系统改造工程	管道改造、风口安装等
8	智能化系统	会议室系统、门禁系统等
9	家具	家具安装、摆场

碳汇大厦 1 层北侧商业、3 层、3 层夹层、7~8 层,建筑面积约 9398.09m²,装修面积约 7954.56m²

（2）建筑垃圾产生情况

1）建筑垃圾分类方法

本项目依据"五分法"对现场装修垃圾进行分类。

建筑垃圾分类预估量见表 5-15。

建筑垃圾分类预估量　　　　　　　　　　　　　　表 5-15

序号	建筑垃圾分类	涉及施工内容	垃圾产生预估量	处置方法
1	无机非金属	石膏板、地面混凝土找平（未浇筑完成余料、剔凿）、砂浆、胶粘剂、石材瓷砖边角料	按照实际装修面积,每 500m² 产生一车垃圾计算,9398.09m²/500m²=19 车,约重 42t	外运到专门资源回收站粉碎回收再利用
2	金属类	电缆、电线线头、铁丝、角钢、钢管、涂料等金属容器、金属支架、不锈钢边角料、水管、风管废料废锯片、废钻头、焊条头、废钉子、破损的临时围栏	预估废料约 48t	外运到回收站回收再利用
3	木材类	玻镁板加工后不再利用余料、饰面材料箱体木质包装、石材、成品保护板	暂估 35t	外运回收
4	塑料类	PPR、塑料薄膜、塑料包装、废毛刷、安全网、废毛毡、编织袋、防水卷材、聚苯板、塑料桶等	约 15t	外运回收
5	其他类	涂料、有害材料等（油漆桶等）	约 20t	外运,有害材料做无害化处理
	合计		约 160t	—

2）重难点分析

本项目位于地铁站旁,人流密集,且项目东侧与新安金沙豪庭居民小区相邻,项目工期紧,施工内容多,且拆改施工不可避免地会有一定噪声及粉尘产生,加之项目第一阶段施工周期为 5 月 5 日~6 月 25 日,期间跨越高考及中考时段,小区居民较为敏感,扰民问题较为突出。由此导致垃圾外运及堆场管理较为困难,需要合理管控,是本项目减量的重难点环节。

应对措施：

噪声控制，从 20：00 到次日早 7：00，现场禁止声响较大的作业，如混凝土浇筑、钢材和木料切割、电钻等；如遇到混凝土浇筑需要连续作业，须提前向居民告知说明，并安排专门管理人员旁站，指挥工人正确操作振动棒，控制噪声。

车辆控制，项目属于市内大型车辆白天禁行区域，所有大型车辆 22：00 以后进出现场的车辆禁止鸣笛，夜间卸料时要求轻拿轻放。

（3）源头减废措施

依据项目情况，制定建筑垃圾减量化目标，依据《"无废工地"建设技术指南》，加强源头控制与过程管控，推动形成绿色施工和绿色拆除，持续推进建筑垃圾源头减量和综合利用，最大限度减少建筑垃圾外运量和场外填埋量，实现建筑垃圾产生最小化，综合利用最大化，将施工对环境的影响降至最低的工地管理模式。本项目总装饰区域建筑面积约 9398.09m^2，整体装配式施工，本项目垃圾排放量指标为：整体垃圾排放量不超过 93.98t。

1）交易大厅六边形顶棚装配

本项目在投标方案设计阶段，除了考虑整体装饰效果外，在选材与造型设计上也充分考虑材料利用的最大化与节能环保。

如吊顶造型的设计，材料选择铝材，其加工的便利性及废材的可再利用性均能满足减废需求。

本项目将定制的铝板顶棚，在集中加工中心进行预拼装，利用三角骨架将单个板块组合成六边形的造型单元（图 5-44），然后利用升降车进行装配安装（图 5-45），安装效率高，且安装垃圾少。

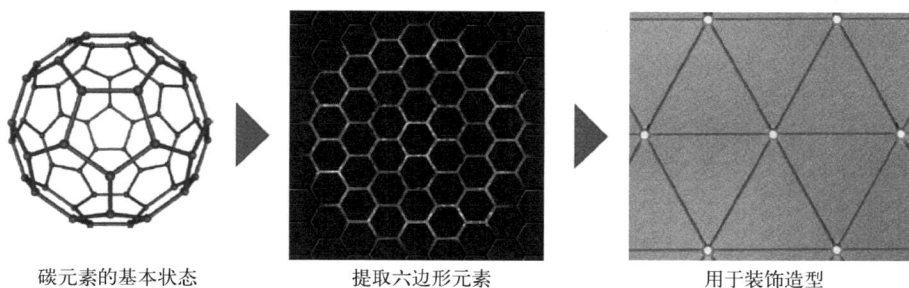

| 碳元素的基本状态 | 提取六边形元素 | 用于装饰造型 |

图 5-44　交易大厅六边形顶棚设计

采用预拼装的方式既能提升顶棚整体安装效率，又能确保造型拼装质量，将加工剩余的铝龙骨料头用做连接板块之间的连接件，既加强了造型结构的稳定性，又将加工余料进行了现场综合利用，减少了垃圾的最终排放。

现场装配时，通过造型间的缝隙将预先固定在造型边上的角码与吊顶覆面龙骨连接，由外侧向内进行安装，最后进行收边处理。

安装过程几乎没有垃圾产生，装配效果良好（图 5-46），满足业主要求。

2）展厅顶棚吊顶整体提升，利用抱箍系统与基层快速连接

本工程展厅吊顶顶棚为圆弧造型石膏板吊顶顶棚，由 5 层嵌套圆形跌级造型构成（图 5-47）。

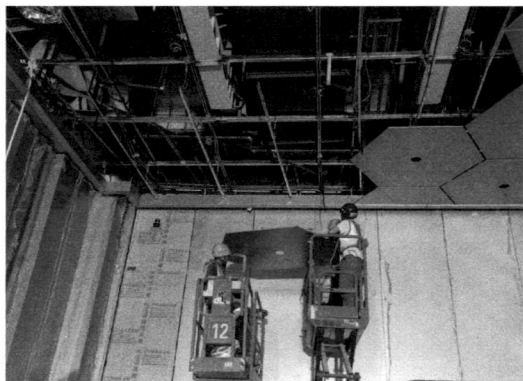

图 5-45　交易大厅六边形顶棚安装

图 5-46　交易大厅六边形顶棚效果图

图 5-47　展厅吊顶顶棚效果图

为避免高空安装出现定位偏差，尺寸错误等导致返工整改的问题产生，减少安装垃圾及措施垃圾，综合项目现场实际施工条件与措施现状，本项目采用在地面进行造型基层制作，待造型制作完成后进行整体吊装作业安装，同时利用统一测量及深化设计的垃圾减量技术措施，实现套材加工，其原理是结合"标准化、集成化、模数化"的思维，推行装饰材料的后场集中加工、现场装配施工，以实现装饰垃圾的施工过程减量。

首先是统一测量放线，在"统一分析图纸"和"统一测量现场"的基础上，实现"统一尺寸"，开展"统一放线"。重点是将图纸与现场相结合。

依据统一测量放线确定的定位控制线，在地面放出顶棚造型完成面线，将图纸数据与现场数据实现统一，首先对环形造型基层板进行试拼装，确保造型规整，弧度顺滑。

在地面首先完成内环环形跌级造型施工，将完成的造型构件通过设置的吊点进行整体提升吊装，先进行试吊，将造型吊离地面约 1m 高度，确认造型变形情况及吊点吊具是否稳定可靠，试吊完成后，利用型材支撑造型结构，完成正式吊装前的检查工作，检查合格后进行正式吊装，随后由内向外依次进行每个环形造型结构的整体提升吊装工作。

整体吊装的环形造型结构，将传统轻钢龙骨系统通过抱箍连接件与钢架基层进行连接，实现快速固定。

环形造型固定完毕后，利用升降车进行支撑龙骨安装、石膏板封板及后续面层施工工作业，因本项目展厅作业区域为大开间，地面平整度较好且无坑洼障碍，使用升降车可免去搭设与拆除脚手架产生的措施垃圾（图 5-48）。

3）台盆应用装配式台盆骨架系统

本项目采用中建装饰自主研发的一款可逆安装的装配式水平支撑系统（图 5-49）。

图 5-48　展厅吊顶顶棚安装　　　　　图 5-49　装配式水平支撑系统

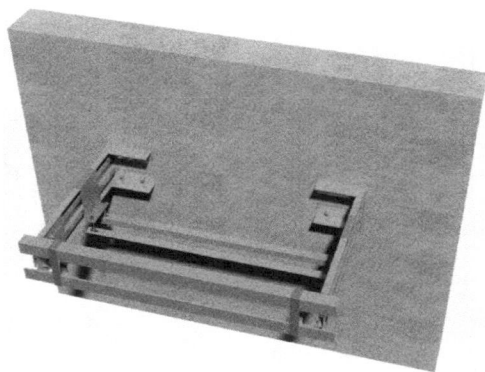

台盆系统的传统做法需要现场对钢材进行切割、焊接和组装，存在以下主要问题：

一是二次加工问题多。切割和焊接过于依赖临电的使用，且存在动火作业，危险源难以控制、固废堆放占空间、安全施工有隐患、文明施工难把控、绿色管理难度大。同时，产生的气体和粉尘均对现场人员的身体健康有危害。

二是安装拆卸不方便。当遇到变更拆除时或尺寸不符合现场情况时，多为破坏性拆除或更换，废材费工。

三是质量效率难控制。现场二次加工、安装及拆卸都依赖于人工，工艺及安装质量难以控制，效率低，人工成本较高。

而集团科创院研发的台盆系统采用装配式构造、干法连接、可拆卸、可调节、可周转，可适用于新建和既有建筑改造项目，满足安全、节能、节材、降噪等方面的要求，属于"小而美"的装配式快速建造基层系统。

该系统包括四个主要构件：转接件、波纹板、连接件、底托。每个构件通过螺栓紧密连接，如同拼装乐高一样，配合一个电动扳手即可在 15min 内完成整套系统的组装。整套系统可一侧与结构墙连接，也可多侧与结构墙连接，通过对骨架进行不同的组合，可满足单盆和多盆的设计。研发团队基于多种工况进行了力学计算分析，整套系统至少可承受 $110kg/m^2$ 的重量，确保该系统的结构安全、可靠、稳定（图 5-50）。

安装效果良好，满足台面及洁具安装，工效高，调节便捷，避免了传统焊接骨架拆改及切割产生的余料垃圾。

4）高隔墙装配式施工

本项目高隔墙的设计，首先是进行空间分析：建筑内部空间形态呈矩形，布展面积充足，且拥有无柱挑空空间，层高较高，隔墙整体高度较高。需要考虑入口处夹层的合理处理和靠玻璃一侧的钢结构的隐藏。

除了常规高隔墙施工中需要增加的钢骨架增强之外，本项目将大面的隔墙骨架体系进行拆分，分解为一个个单元板块，在集中加工区完成单元板块的骨架拼装，现场施工先完成加固钢架的施工，然后在加固钢架中进行单元板块骨架的安装。

单元板块骨架间均采用铆钉紧固连接，并依据规范要求完成穿心龙骨及卡件的固定。

两相邻单元板块间通过侧边横竖龙骨与加固钢架连接，形成稳固的墙体骨架结构，既提高了骨架安装精度，又提高了安装施工效率，更有效减少了加工龙骨余料的浪费，提高了龙骨余料的综合利用率（图5-51）。

图 5-50　装配式水平支撑系统安装　　　　图 5-51　高隔墙装配式施工

在办公区域隔墙及弧形滑动吊屏骨架安装过程中也采用了类似思路，实现了全装配式施工，极大减少了安装及加工过程中的垃圾产生。

安装过程几乎没有垃圾产生，装配效果良好，满足业主要求。

5）无线充电机具及移动电源的应用

项目现场施工中无线充电机具的使用优势有：减少临电布设，用电安全，维护整备垃圾减少，便于集中管理，配合装配式安装方式，提升安装精度，减少由于安装方式落后及安装精度不高产生的垃圾。

本项目施工中应用的无线充电机具，主要有：电钻、冲击钻、扳手、工作灯等，配备单块锂电池时，能连续工作3～5h，每台机具宜配备2块以上锂电池交替使用即可满足现场施工需求。同时，施工现场应统一配备集中充电箱，解决无线充电机具的集中充电与安全充电问题（图5-52）。

合理选用匹配的无线充电工具，即可满足现场绝大部分装饰施工需求。如常规的无线充电工具功率不足，无法满足施工要求时，则可采用移动电箱，配合大功率有线工具实现现场无线装配式施工。

移动电箱可满足手枪钻、角磨机等小型机具的现场施工，也可满足冲击钻、电锤、切割机、液压冲孔机等稍大型机具的间歇性应用。移动电箱的最高功率可达5000W，能满足现场临时电焊的用电需求。

（4）现场综合利用措施

1）建筑垃圾综合利用目标（表5-16）

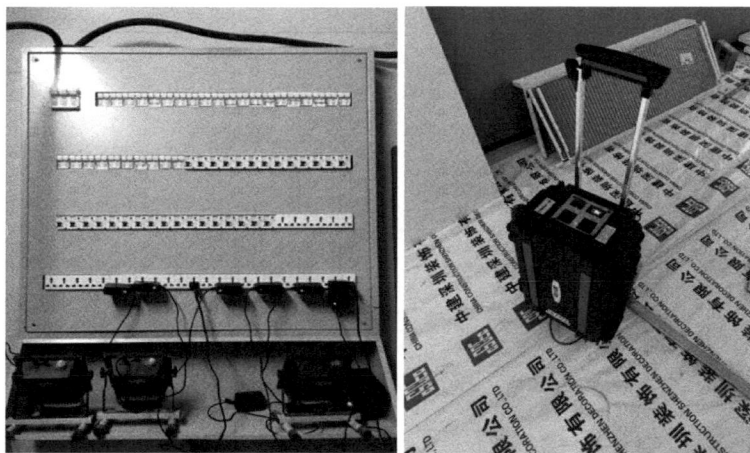

图 5-52 无线充电机具及移动电源

建筑垃圾综合利用目标 表 5-16

序号	建筑垃圾分类	减量目标	综合利用率	就地就近利用率（占综合利用率）	资源化利用率（占综合利用率）
1	无机非金属类	综合利用后最终排放处理垃圾总量约 24t	$(42-24)/42×100\%=42.86\%$	65%	35%
2	金属类	采用现场集中加工装配施工形式，加强现场综合利用后，预估废料约 1t	$(48-1)/48×100\%=97.9\%$	90%	10%
3	木材类	暂估 11t	$(35-11)/35×100\%=68.57\%$	70%	30%
4	塑料类	约 3t	$(15-3)/15×100\%=80.0\%$	60%	40%
5	其他类	约 15t	$(20-15)/20×100\%=25.0\%$	60%	40%
合计		约 54t	—	—	—

2）建筑垃圾综合利用方案

① 材料集中加工

本项目设置加工区进行集中管理，实现材料的集中加工。实现在装饰施工中对主要加工垃圾的产生点集中、处置集中与再利用集中。

集中加工区（图 5-53）由五大核心区域构成，分别为原料堆放区、板材加工区、钢材加工区、组装区和半成品堆放区。原料堆放区主要用于堆放板材，如阻燃板、石膏板、硅钙板等，钢材如角钢、方通、槽钢、轻钢龙骨等原始基层材料的区域；板材加工区主要为将板材定尺切割的加工区域，主要工序为弹线和切割等；钢材加工区，主要为将钢材定尺加工的区域，主要工序为切割和钻孔等；组装区为组装板材造型如窗帘盒、灯带，或焊接钢架造型（洗手台盆）等基层标准化部件的区域；半成品堆放区为将定尺切割好的基层板材、钢架或组装好的半成品部件进行集中分类堆放的区域。五大功能区域彼此独立，协同配合，以实现项目后场加工的集中管理。

钢材类　　　　　　板材类　　　　　　　龙骨类

图 5-53　集中加工区

项目的集中加工区设置，可充分利用现场永久结构，永临结合设置分隔区域，设置有材料周转区、各类库房和集中充电区，板材的堆放区、切割区、组装区及半成品堆放区（图 5-54），钢材的堆放、切割、打孔、焊接、涂刷、栓接及半成品堆放区，相应材料的加工及堆放区域尽量贴近，尽量减少材料的二次转运，避免由转运过程导致的垃圾产生。

图 5-54　板材类半成品堆放区

原料堆放区用于堆放钢材类、板材类、轻钢龙骨类原材料，需设置灭火器。采用标准货架堆放或垫高堆放，确保通风干燥，并采用物资标识牌进行分类标识。

加工区采用无尘台锯，将切割粉尘进行收集，每天加工完成后进行定期清理，集中处理，减少粉尘垃圾无序排放，改善现场施工环境，并将可回收的余料进行回收处理，减少最终垃圾的排放量。

② 废旧油漆桶处置措施

数量少且无污染的油漆桶，可依据油漆桶壁上用后处理说明进行处理后作为项目临时水桶或其他工具桶使用，使用完毕后再交由金属回收站或垃圾处理厂进行回收。多余废桶可以由金属回收站处理，回收前应进行垃圾分类，可以由金属回收站或垃圾处理厂进行无害化处理。

普通油漆桶的回收再利用，需要经过粉碎分离处理，既可以购买具有正规资质厂家生产的，符合环保标准的油漆桶粉碎机，对其分离粉碎二次利用，也可直接交由具有处理资质的厂家处理。

（5）现场分类、利用和处置设备设施

1）现场分类利用

按照"五分法"要求，将加工产生的垃圾定期分类回收分开堆放。

同时在每日施工日志中记录清运、加工及再利用的情况，并做好梳理与规划，为后续统计计算提供数据基础。

2）粉尘处置设施

易产生粉尘、烟尘的施工中，应采取粉尘清理和降尘设备及时收集，防止粉尘扩散或吸入人体内。粉尘类有害垃圾应采取密闭运输和存放，并做好防火、防潮措施。

打磨粉尘处理：墙体及地面饰面打磨时，会产生大量粉尘，其也是装修过程中最易产生粉尘污染的环节。施工时，工人需佩戴粉尘隔离口罩，门窗缝等一些不好打理的地方，可以通过吸尘器打理。本项目现场施工采用带集尘盒的腻子打磨机（图 5-55），自动收集粉尘。

图 5-55　带集尘盒的腻子打磨机

钻孔粉尘处理：采用传统钻孔方式钻墙打孔易产生粉尘，这时可用带自吸尘接灰的电锤冲击钻（图 5-56）进行除尘、集尘，其可适用于玻璃、瓷砖、塑料等表面较光滑的饰面。

切割粉尘处理：石膏板的切割、木工板材、铺设地板等板材的切割时容易出现粉尘，本项目采用无尘切割器，通过精确的切割避免产生粉尘。同时切割器中内置的吸尘技术，也可以把产生的极少数粉尘进行吸纳，防止粉尘外逸和将粉尘最大限度地进行消除。

（6）最终处置

外运处置的建筑垃圾在垃圾收集房实施二次分拣，尤其注意有害垃圾的闭环管理。根

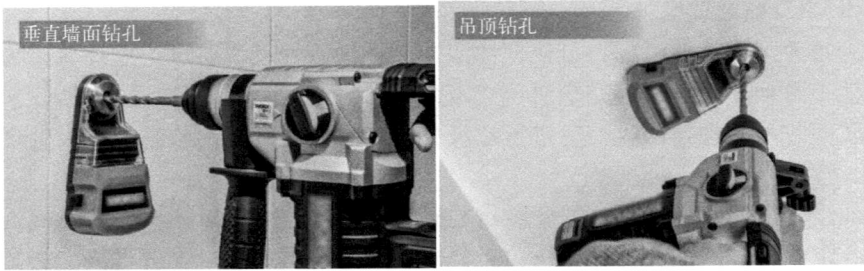

图 5-56　带自吸尘接灰的电锤冲击钻

据垃圾产生种类及数量，统筹协调经由备案的运输车统一外运、消纳。垃圾外运处理依据《武汉市建筑垃圾管理办法》，寻找有建筑垃圾处理许可资质的单位进行处理，清运车为专用运输车并全程覆盖，每次垃圾清出场前及运输完成后对车辆进行清洁处理。

现场设垃圾收集房，并按照"五分法"划定不同垃圾区域，有害垃圾单独堆放，封闭管理。按照"五分法"要求对每个楼层实施垃圾分类分拣。

（7）保障体系

1）组织架构

为了保障项目"无废工地"建设顺利实施，项目垃圾减量措施落到实处，在公司生产与技术等企业保障小组的支持和领导下，成立以项目经理为组长的项目管理层工作小组。设立工程实施层工作小组，负责具体区域具体工序的管理任务，落实项目管理层拟定的减废管理措施等工作（图 5-57）。

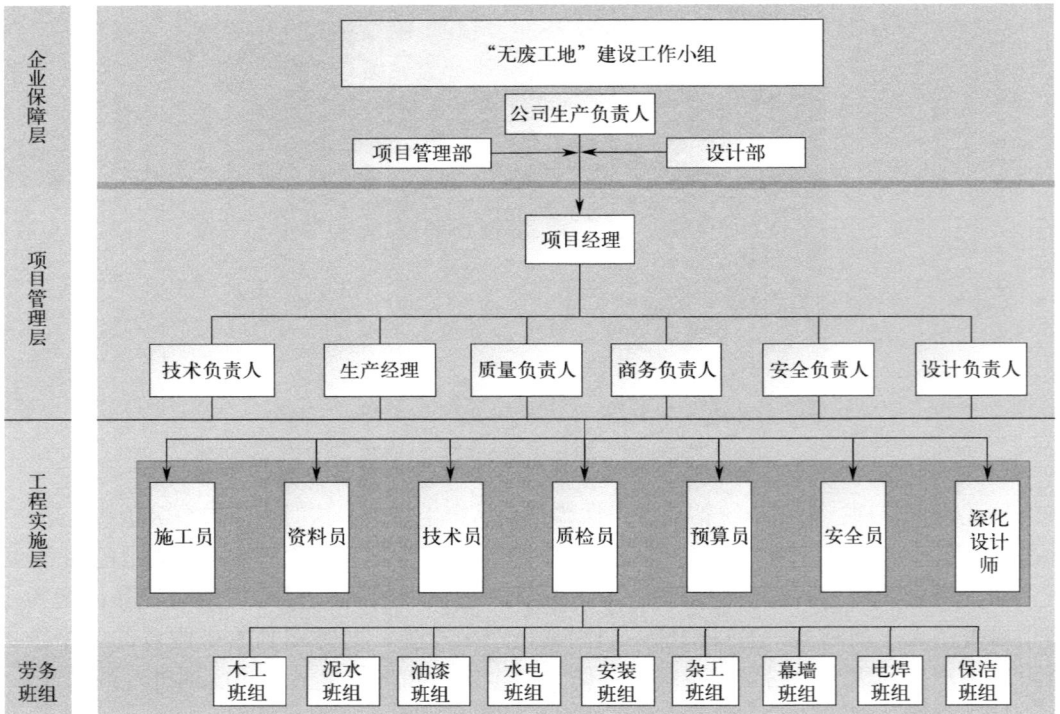

图 5-57　"无废工地"建设工作小组

2）职责分工

成立管理层工作小组和实施层工作小组。

3）制度保障

① 垃圾分类制度

基于工程特点，由技术部牵头项目部相关部门制定装饰垃圾全过程分类管理制度，明确建筑垃圾分类原则，做好建筑垃圾分类交底，落实建筑垃圾分类过程信息收集与统计分析，最终进行建筑垃圾现场分类的应用总结，形成技术成果。

由工程部牵头落实装饰垃圾现场分类实施工作，配合做好前期现场建筑垃圾存储的方案策划，落实现场分区垃圾分类管理，并指导分包单位严格落实建筑垃圾分类的相关要求，配合技术部做好现场装饰垃圾分类的资料收集，配合物资部做好现场装饰垃圾的分类处置。

质量部牵头落实装饰垃圾现场分类监督管理制度，按照《装饰垃圾现场分类技术方案》的相关要求，做好对现场装饰垃圾分类管理的落实情况的监督、反馈过程分类管理情况，督促分包单位进行整改，确保现场装饰垃圾分类工作的有序进行。

通过建立《装饰垃圾全过程管理制度》，指导现场从分类原则、分类识别、分类堆放、分类转运等装饰垃圾现场分类管理的全过程进行有效管理，并通过落实监督职责，确保现场装饰垃圾分类的有效性和规范性。

② 装饰垃圾分类处理制度

由物资部牵头落实装饰垃圾分类处置工作。

③ 装饰垃圾回收利用制度

结合装饰垃圾的分类特性，由商务部和物资部制定现场装饰垃圾的回收利用制度。结合"五分法"的装饰垃圾分类原则，根据不同类别的装饰垃圾实行不同的回收再利用方式，充分提高现场装饰垃圾的再利用率。

④ 环境管理措施

装饰垃圾分类管理过程中做好现场扬尘控制，尤其是无机非金属类材料（如石膏板材切割料、打磨粉尘等）的分类投放、分类存放、分类运输、分类处理尤为重要，做好装饰垃圾分类过程中的扬尘控制。

在运送垃圾、设备及建筑材料等物资时，车辆不污损场外道路。对容易散落、飞扬、流漏物料的车辆，必须采取措施封闭严密，保证车辆清洁。出入车辆必须进行冲洗，并做好车辆设备冲洗记录。

应用现场安装扬尘检测设备有效检测现场扬尘情况，发现扬尘检测超标，启动现场自动喷淋系统进行降尘，配备移动式降尘设备（雾炮）在重点区域重点防控，快速有效控制现场扬尘。

⑤ 安全管理措施

应严格按照切割安全操作规程及相关安全防护要求进行作业；动火作业前，须向项目部报备并开具动火证明，施工人员持证上岗，并配备必要的消防器材。

现场垃圾堆放注意严禁超高。

易燃易爆垃圾必须堆放在指定专用区域并符合防火要求。

4）装饰垃圾分类收集成效评价方法与考评体系

为保证"无废工地"建设顺利实施，装饰垃圾现场分类管理制度的确实落地，进一步提高项目装饰垃圾减量化、资源化、无害化水平，项目部建立装饰垃圾分类处理长效管理机制，逐步提高装饰垃圾分类日常运行和管理水平，建立健全有成效的评价方法与考评体系，检验现场装饰垃圾分类实施效果。

① 建立装饰垃圾分类考评评价管理体系

项目经理是施工装饰垃圾现场分类的第一责任人，全面负责施工现场的装饰垃圾分类控制、实施、考评。

生产、技术、安全、物资及商务各部门负责人将施工垃圾分类控制列入施工全过程管理的范畴，根据自己的岗位职责，切实加强管理。

各劳务分包的班组长是施工现场装饰垃圾分类执行负责人，配合项目部的指挥，实施项目部关于装饰垃圾控制措施。

项目部与各部门管理人员签订装饰垃圾责任书，并按装饰垃圾分类考核表进行考核，以进一步推进本工程施工装饰垃圾控制工作的有序开展。

项目经理部与各个分包单位/施工班组签订责任书，落实防治施工装饰垃圾的责任制，制定奖罚制度，以推动施工装饰垃圾控制工作。

② 装饰垃圾分类考评评价方法

考核工作采取"日检查、月考核、季评价、年汇总"的形式，具体详见项目装饰垃圾分类日常运行检查考评标准。

A. 日检查

主要针对各劳务班组施工过程中产生装饰垃圾分类投放、分类收集、分类处理等各环节日常运行、有效衔接情况。

B. 月考核

以自然月为一个周期，将日检查结果汇总进行评分，纳入月考核。

C. 季评价

以自然季为一个周期，将本季度各个月的考核结果进行对比分析，同时对项目部装饰垃圾分类管理体系的建设和运行情况、日常工作推动情况、宣传和培训情况等进行总结评价。

D. 年汇总

汇总装饰垃圾消纳量对全年装饰垃圾分类实施情况检查考核评价，制定下一年的工作目标。

5.3 城市更新改造装修垃圾处理及利用总结与展望

5.3.1 城市更新改造装修垃圾处理及利用总结

目前存在多种技术和方法来有效处理装饰垃圾，实现资源化利用和环境保护。装饰垃圾的处理是一个综合性的过程，需要对不同类型和成分的垃圾进行分类、预处理和后续处理。

首先，针对含有矿棉板和石膏板的无机非金属类垃圾，需要进行单独分类处理。部分拆除的废旧矿棉板中含有石棉纤维或类似材料制成的建筑材料，考虑到石棉的有毒有害性质，拆除的废旧矿棉板属于有害垃圾，需要进行专门的处理和处置，以防止石棉纤维对环境和人体健康造成影响。目前，一种常见的处理方法是建立专门的矿棉板回收处置单位，将其进行安全处理和处置。

而石膏板具有较高的回收再利用价值。为了实现其有效利用，一种固定式装饰垃圾处理工艺被提出。在这种处理工艺中，装饰垃圾经过预处理后被分为可燃垃圾、骨料垃圾和石膏垃圾。其中，石膏板垃圾需要进行深度加工处理，并与其他无机非金属类材料如混凝土、瓷砖和废砖等分开收集。这样可以方便后续的再生处理，将石膏垃圾回收再利用。回收的石膏可以作为建筑材料的原料，如制造新的石膏板或石膏制品等，实现装饰垃圾的循环利用。

可燃垃圾是装饰垃圾中的另一类重要成分。为了充分利用这部分垃圾的能量价值，可燃垃圾经过处理加工后可以生产为 RDF（Refuse Derived Fuel）燃料棒。RDF 燃料棒是一种经过高温加工处理的燃料，具有较高的热值，可以替代传统的煤炭等化石燃料。RDF 燃料棒可以应用于能源发电和加热系统，实现装饰垃圾的能量回收。

除了石膏板和可燃垃圾的处理，骨料垃圾也是装饰垃圾中需要关注的部分。骨料垃圾可以进行再生处理，生产成不同颗粒直径的再生骨料。这些再生骨料可以用于建筑材料的制造，如混凝土、砌块等，减少对自然资源的依赖，实现装饰垃圾的资源化利用。

此外，还有一些基于再生循环利用技术的方法可以进一步提高装饰垃圾的利用效率和资源化程度。例如，利用木质废弃物可以生产生物炭和木醋酸等产品。生物炭是由废弃木材经过高温热解得到的固体炭质材料，具有较高的固碳能力和土壤改良效果。木醋酸是一种由木质纤维素经过酸解而得到的液体，可以用于农业肥料、农药和工业化学品的生产。

综上所述，我们可以采取多种技术和方法来有效处理装饰垃圾，包括矿棉板的单独分类处理、石膏板的深度加工处理和回收利用、可燃垃圾的能量回收利用、骨料垃圾的再生利用，以及基于再生循环利用技术的木质废弃物处理方法。这些技术和方法的应用可以实现装饰垃圾的资源化利用，减少对自然资源的消耗，降低对环境的负面影响。同时，在进行装饰垃圾处理时，必须遵守国家相关法律法规及各地方的管理规章制度，确保垃圾处理过程中不会对环境和人体健康造成任何负面影响。通过不断改进和创新，我们可以进一步提高装饰垃圾处理技术的效率和可持续发展水平。

5.3.2 城市更新改造装修垃圾处理及利用新技术展望

装修垃圾处理及利用是一个重要的环境保护和资源循环利用领域。随着社会的进步和人们环保意识的增强，对装修垃圾的处理和利用提出了更高的要求。为了实现装修垃圾的可持续发展利用，未来有许多新技术和方法值得期待。

首先，针对装修垃圾中的有害成分，需要加强分类和安全处理。在装修过程中，常见的有害垃圾如石棉板、油漆桶等需要得到单独处理，以防止对环境和人体健康造成潜在威胁。未来，可以引入更先进的有害垃圾处理设备和技术，如高效分离系统、物理化学处理技术等，确保有害成分的安全处置。

其次，装修垃圾中的无机非金属类材料可以通过深度加工和再生利用来降低资源消耗。例如，石膏板可以通过高温煅烧和研磨等工艺，将其转化为石膏粉末，并用于制造新的石膏板、石膏制品等。此外，可以使用智能化的分类与回收技术，将石膏板与其他无机材料如混凝土、砖块等进行分离和回收，实现资源的最大化利用。

再者，装修垃圾中的可燃垃圾也应得到充分利用。利用现代化的垃圾处理设备，可将装修垃圾中的可燃部分进行高温焚烧，生成高效能源，如电力或热能。同时，还可以采用相关技术将可燃垃圾转化为 RDF 燃料棒，以替代传统的化石燃料，减少对自然资源的依赖。这些技术的应用可以实现装修垃圾的能量回收，实现资源利用和环境保护的双重目标。

另外，针对装修垃圾中的有机废弃物，可采用生物转化技术进行有效处理。通过厌氧消化、堆肥等方式，有机废弃物可以被分解为沼气和有机肥料。沼气不仅可以作为清洁能源供应给家庭或企业使用，还可以作为替代化石燃料减少温室气体排放。有机肥料则可应用于农业领域，提高土壤质量和农作物产量。

此外，技术创新也将在装修垃圾处理与利用中发挥重要作用。例如，智能化的垃圾分类系统、图像识别技术和机器学习算法可以提高装修垃圾的快速分类准确性；先进的垃圾处理设备和工艺可实现高效率和低能耗的垃圾转化；基于物联网技术的智能垃圾管理系统可以实时监测和调控装修垃圾处理过程，提高整体处理效率。

综上所述，未来装修垃圾处理及利用将借助新技术和方法实现更高水平的资源化利用和环境保护。通过加强分类和安全处理、深度加工和再生利用、能源回收、有机废弃物转化等手段，装修垃圾可以得到有效处理并转化为可再利用的资源。同时，技术创新和智能化管理的引入将进一步提高装修垃圾处理的效率和可持续发展水平。这将有助于减少对自然资源的消耗，降低环境污染，并推动绿色可持续发展。

5.4 本章小结

本章论述了城市更新改造装修垃圾处理与利用技术，分别从老旧小区改造装修垃圾、厂房商业有机更新装修垃圾、片区更新装修垃圾及公共空间治理及其他装修垃圾四种不同项类型的项目，分析其更新改造过程中装修垃圾的处理与再利用技术。老旧小区改造，主要为普通住宅类项目，改造装修垃圾主要由无机非金属类垃圾与木材类垃圾组成。同时包含具有一定保护性拆除及再利用价值的成品卫浴洁具、木质柜体等。其管理的重点在于分类与运输，老旧小区改造装修垃圾的深度分类方式主要有源头深度分类、中转站深度分拣两种模式。采用分类装袋和专车转运等措施，在装饰垃圾的产生源头就做好分类。运输过程的管理，依据项目所在地的不同，有着不同的管理制度，其目的均在于有效实现装修垃圾运输全程监控，如厦门实施的建筑装修垃圾运输主动告知和联单管理制度等。

厂房商业有机更新类项目通常规模较大，部分老旧建筑内部结构复杂，因此在进行拆除时这些大量的垃圾和废物可能来自多个房间、走廊、办公室、生产区域和仓库，需要有足够的人力和资源来对这些垃圾和废弃物进行处理及分类。在分析不同厂房商业有机更新项目装饰垃圾产生情况后，发现其改造过程中产生的装修垃圾种类十分繁多，但其主要成分是混凝土、砖、砌块及砂浆等无机非金属类材料。

片区更新类项目，通常由各地政府机构主导，也是各地政府最为重视的领域。片区更新产生的装修垃圾的处置和利用与项目所在地的处理条件更为相关,以深圳市片区更新装修垃圾处理情况为例,其填埋率达到 83.1%,大部分的装修垃圾在施工现场由清运车辆运往政府指定的受纳场填埋处置,较少部分的装修垃圾被运输至回收处理中心或个人废品回收站进行回收处置,且这部分的装修垃圾回收处理率仅为 16.9%。但这仍是国内相对回收处置较好地区,其他地区的回收利用率更低。只有通过不断的完善回收利用途径,拓宽再生材料利用范围,才可提高装饰垃圾的回收处置占比。

公共空间治理及其他装修垃圾处置则是侧重建筑硬件升级和空间改造,利用现有结构,优化空间布局,减少更新改造过程的装修垃圾产生与排放。

装修垃圾处理及利用是环境保护和资源循环再利用的重要一环,随着社会的进步和国家对环境保护的高度重视,人们对装修垃圾的处理和再利用提出了更高的要求。围绕装饰垃圾处理技术的情况,目前现有的技术处置措施,受限于目前技术水平与实施成本,在平衡了效率、成本与收益后,选取了目前较优的处置措施来处理城市更新过程中的装修垃圾,实现资源化利用和环境保护。随着技术的进步,未来仍有许多新技术和方法值得期待。

第6章

城市更新改造固体废弃物减量化评价

6.1 概述

6.1.1 固体废弃物的危害

国内对建筑废弃物的处理逐渐向减量化、资源化方向发展，但处置量有限，传统的堆填处置仍然是固体废弃物的主要处置方式，"固体废弃物围城"困境凸显。城市更新改造固体废弃物的主要来源有土地和道路开挖、旧建筑拆除、建筑施工以及建筑材料生产固体废弃物。在土地开挖过程中产生的碎石也可以用做道路铺设。道路开挖过程中往往会产生较多的废弃混凝土土块与沥青块这两种类型的建筑固体废弃物。在对新旧建筑的改造或施工过程中，也会产生大量的建筑固体废弃物，主要包括一些砖石木材、金属等材料固体废弃物，其中往往对旧建筑进行拆除所产生的建筑固体废弃物数量是最大的。建材生产过程中产生的固体废弃物，通常是一些混凝土、石料的废渣、废料，以及建筑原材料生产中有损坏的材料。固体废弃物的主要成分构成就是混凝土砖瓦石块以及废弃木料等。

固体废弃物的处理方式通常是被运往郊外或乡村，就地进行堆放或进行简单的填埋，由此会大量占用土地，产生固体废弃物围城的现象，严重影响居民的日常生活环境，破坏生态环境建设。在实际建筑工程建设工作中，一些建筑企业单位忽视对建筑固体废弃物的处理，只是直接运走或堆放，导致建筑固体废弃物在长时间堆放后会出现污染，严重地破坏了周边的生态环境。此外，国内外多次严重的建筑固体废弃物受纳场滑坡事故早已向社会敲响了警钟，要高度重视固体废弃物受纳场的安全问题，避免重大灾害的再次发生。主要有以下环境污染与安全隐患。

1. 土壤污染

固体废弃物本身存在一定的环境污染特性，无论是惰性固体废弃物还是非惰性类固体废弃物都可能含有危害成分。目前我国对固体废弃物的填埋方法具有单一性即直接将未处理的废弃物填埋 8m 后加埋 2m 土层。而这些废弃物大多难以降解，导致有害物质在土壤中的积累，进而超标并妨碍植物生长，严重时甚至可能导致植物死亡。除此之外种植在含有有害物质土壤上的植物，也会吸收有害物质转移到果实中，通过食物链的传递最终危害到人类的身体健康。对建筑废弃物消纳场土壤污染情况进行检测，结果显示重金属污染严重，对周围居民的生命健康存在一定影响。若直接堆填固体废弃物，可能会潜藏较大的环境问题。因此，开展建筑废弃物消纳场土壤环境重金属污染检测与评估工作显得尤为重要。

2. 空气污染

在城市更新过程中产生的固体废弃物，如废石膏中含有丰富的硫酸根离子，这些离子在厌氧环境下可能转化为硫化氢。同时，废纸板和废木材在分解过程中会释放木质素和单宁酸，进而产生挥发性有机酸。这些难以直接感知的有害气体，一旦释放到空气中，会对整个地区的空气质量造成显著影响。工程渣土往往在产生、临时堆放、运输、消纳处置阶段存在扬尘污染。其中运输过程往往造成了比较明显的扬尘污染问题，是城市管理"顽疾"之一。

3. 水体污染

城市更新改造固体废弃物中的建筑用胶、涂料、油漆不仅是难以生物降解的高分子聚合物材料，还含有有害的重金属元素。这些露天堆放或直接掩埋地下的建筑固体废弃物经雨水浸透浸淋后，固体废弃物中所含有的有机、无机污染物会随着水分的流动形成固体废弃物渗滤液，渗滤液呈强碱性且含有大量重金属离子、硫化氢以及一定量有机物。若对其不加以重视任其流入江河、湖泊或渗入地下，就会对周围地表和地下水造成严重污染。如若水体被污染，水体自我修复能力降低，水生生物的生存将会受到威胁，水流沿线居民的生活用水也将受到不良影响，饮水安全无法得到保障。

4. 安全隐患

固体废弃物填埋存在安全隐患，主要以滑坡、崩塌、泥石流等地质灾害为主。一旦事故发生，将带来无法预料的危害。近年来，在我国影响较大的事故属深圳光明新区红坳受纳场滑坡事故，造成了极为严重的生命财产损失。

根据专家调查，认定深圳市渣土受纳场滑坡事故系受纳场渣土堆填体滑动所致，是一起生产安全事故，其直接原因主要有：受纳场未建设有效的导排水系统，场内原有积水并未排出，形成底部软弱滑动带，加之持续流入场内的水分以及高含水率渣土的直接受纳，堆填体含水饱和；该受纳场规划库容为 400 万 m^3，封场标高 95m，而实际堆填量达到 583 万 m^3，实际标高达到 160m，超量超高堆填。

目前大多数城市建筑固体废弃物堆放地的选址在很大程度上具有随意性，且建设、运营及管理都不规范，留下了不少安全隐患。在外界因素如降雨或其他地质自然灾害的影响下，建筑固体废弃物受纳场极易出现崩塌，带来安全问题。此外，在郊区堆填建筑固体废弃物的场地以坑塘沟渠居多，这导致了地表排水和泄洪能力的降低，严重影响水体的调蓄能力和生态安全。

随着城市建筑固体废弃物量的增加，固体废弃物堆放点数量也在不断增加，堆放场面积也逐渐扩大。填埋场中固体废弃物堆埋体的稳定性极其重要，是填埋场的主要安全隐患。影响固体废弃物堆体稳定性的因素很多，填埋场作业不规范、固体废弃物填埋场产生的渗滤液不能及时导排而在固体废弃物堆体中形成含水层、填埋场设计缺陷、地表径流或持续暴雨的冲刷都可降低固体废弃物堆体的稳定性。

6.1.2　减量化现状与发展趋势

城市更新改造固体废弃物是对各类建筑物和构造物及其辅助设施等进行建设、改造、装修、拆除、铺设等过程中产生的各类固体废弃物，主要包括渣土、废旧混凝土、碎砖瓦、废弃金属、废旧管材、塑料、木材等。

固体废弃物减量化是指通过先进技术、设备和管理措施，将建筑废弃物直接利用或重新加工制作成再生产品进行利用，减少建筑固体废弃物的产生量和排放量。建筑固体废弃物减量化是对建筑固体废弃物的数量、体积、种类、有害物质的全面管理，一方面，要求减少建筑固体废弃物的数量、种类，减小体积和降低有害成分浓度，并减轻或消除其危害；另一方面要求对建筑固体废弃物进行利用，提高资源化利用率。固体废弃物减量化既解决建筑固体废弃物处置、消纳问题，又实现资源回收利用，最大程度地减少环境污染，是实现可持续发展的重要途径。

1. 发展现状

美国政府规定了任何生产有工业废弃物的企业，必须自行妥善处理，不得擅自随意倾卸。日本的主导方针是尽可能不从施工现场排出建筑固体废弃物，建筑固体废弃物要尽可能重新利用。法国提出在施工、改善及清拆工程中，对废物的生产及收集作出预测评估，以确定回收程序，从而提升废物管理层次。上述这些国家大多施行的是建筑固体废弃物源头削减策略，即在建筑固体废弃物形成之前，就通过科学管理和有效的控制措施将其减量化。

跟发达国家相比，我国对建筑固体废弃物源头减量化研究起步较晚，20 世纪 80 年代末 90 年代初，国家和地方政府制定了相关政策以促进建筑固体废弃物的综合利用，这一系列的法律规范构成了我国建筑固体废弃物管理的法律法规体系，详见表 6-1。

我国建筑固体废弃物相关政策一览表　　　　　　表 6-1

序号	时间	政策
1	1992 年	《城市市容和环境卫生管理条例》
2	1995 年	《中华人民共和国固体废物污染环境防治法》
3	2001 年	《城市房屋拆迁管理条例》
4	2003 年	《城市建筑固体废弃物和工程土渣管理规定》
5	2005 年	《城市建筑固体废弃物管理规定》
6	2009 年	《城市建筑固体废弃物处理技术规范》
7	2015 年	《促进绿色建材生产和应用行动方案》
8	2015 年	《2015 年循环经济推进计划》
9	2017 年	《城市建筑固体废弃物处理技术规范(2017 年征求意见稿)》

党的十八大以来，生态文明建设作为社会主义建设事业的重要组成部分被提升至国家战略层面，"生态立国"理念深入人心，生态环境保护政策措施的力度前所未有、触及根本，建筑固体废弃物处理的相关政策措施也逐步完善。2020 年修订后的《中华人民共和国固体废物污染环境防治法》(以下简称《固废法》)审议通过，其中对建筑固体废弃物污染环境防治工作提出了明确要求。为了贯彻落实《固废法》相关指示，住房和城乡建设部发布了《关于推进建筑固体废弃物减量化的指导意见》和《施工现场建筑固体废弃物减量化指导手册》，有望进一步完善建筑固体废弃物治理的体制机制，从而推动建筑固体废弃物减量化真正落地。

对于建筑固体废弃物资源化来说，国外对建筑固体废弃物资源化利用研究始于 20 世纪 60 年代，其中以美国、日本和欧洲等主要发达国家或地区为代表，建筑固体废弃物的资源化利用率已经达到了较高水平。目前，美国基本实现了建筑固体废弃物"零排放"目标，日本建筑固体废弃物资源转化率达到了 96％，英国拆建产生的建筑固体废弃物循环利用率已达到 90％。整个欧洲对建筑固体废弃物再生资源化利用技术、法律法规和政策都十分重视，利用率均为 80％以上。

中国经济建设起步晚于西方发达国家，城市建筑固体废弃物资源化利用率很低。虽然从 1995 年起，中国逐渐重视建筑固体废弃物资源化利用技术的发展，并颁布了一系列政策法规，特别是近年来，颁布的关于建筑固体废弃物资源化法律法规已近百部，政府对节能减排和循环经济模式扶持力度越来越大，资源化利用技术得到较快发展，中国的建筑固体废弃物资源化利用水平正在稳步提升，但资源化利用率仍处于较低水平，不足 10％。处理方式仍主要处于粗放的填埋和堆放阶段，一方面它会侵占大量的土地，另一方面固体废弃物中的部分有机物和有毒有害物质会对周围环境造成二次污染，有着较大的发展空间。一些地区建筑商和政府仍然对建筑固体废弃物管理认识不足、管理不善从而导致建筑固体废弃物乱堆乱弃现象严重。

现如今青岛、江苏、陕西、深圳、长春等多地已经开展建筑废弃物的资源化利用工作，在一定程度上减少了天然砂石等自然资源的消耗，缓解了由建筑废弃物大量堆积和填埋引起的环境压力。由于建筑废弃物的资源化利用涉及破碎、筛分、分级处理、清洗等多个过程和工序，在这期间会产生大量粉尘、NO_x、CO、COD_{CR}、SS 等污染物，造成环境的二次污染。不仅如此，在资源化处置过程中还会因技术、设备的落后，工序的繁琐和重复等原因造成能源的过多消耗和再生产品成本的增加。据多地考察和调研了解到，我国约 60％的建筑废弃物综合利用企业配套设施简易、处置模式简单粗放、生产不规范，粉尘有组织排放浓度高于 $150mg/m^3$（15m 排气筒），废水中 COD_{CR} 和 SS 的含量分别高于 $500mg/L$ 和 $400mg/L$，且能源消耗多、固体废弃物排放量大、资源化利用率低。此外，由于我国建筑废弃物综合利用企业生产不规范、技术不成熟、再生产品标准未形成体系以及政府管理机制不完善等原因，导致再生产品质量得不到保证。例如以建筑废弃物为原料的再生骨料，不但含有旧混凝土、砖瓦和各种轻质物料，而且其密度、大小、形状各不相同，组成比例也不稳定。

2. 控制与实施

在国内，减少工程固体废弃物的任务主要涉及政府监管机构和建筑施工单位。因此，要有效减少这类废弃物，必须从提高管理效能、推动技术革新以及在工程项目建设的全生命周期加强利益相关方的协同控制。这样才能实际达到工程固体废弃物的有效减量，并实现构建"无废城市"的目标。施工现场是建筑固体废弃物减量化工作的主战场，而减量化工作重在源头减量、系统推进、精细管理，其出发点和落脚点是高效利用资源，治理环境污染。

在建筑固体废弃物减量化管理方面，一要明确建筑固体废弃物减量化的主体责任，重视目标责任的分解和传导；二要推动工程建造相关方转变思想观念，强化建筑固体废弃物减量化意识；三要大力发展装配式建筑，推行工厂化制造、装配化施工、信息化管理的建造方式；四要推动工程建设组织方式改革，推行工程总承包、建筑师负责制的全过程工程咨询制度，加强工程立项策划、设计与施工的深度协同。

在推进建筑固体废弃物减量化设计方面，一方面，基于全寿命期的发展理念，要充分考虑建筑与自然的和谐共生，选用高强度、高性能、高耐久性和可循环材料，采用先进适用的技术体系，推进部件、构件和配件的标准化等利于装配化、模块化实施的设计思路和方法；另一方面，要避免奇怪的建筑设计，选择适宜的结构体系，推进建筑、结构、机电、装修和景观设计的全专业一体化协同和设计与施工的协同，重视施工图深化设计，减少施工过程设计变更，以便实现建筑固体废弃物减量化策划与设计的前置控制。

在施工现场建筑固体废弃物减量化落实方面，必须从固体废弃物产生的源头着手，细化工艺控制，打通建筑固体废弃物场内收集、运输、分类、处置、消纳和再生利用等环节，细化管理。重视技术研究，强化激励，切实把建筑固体废弃物减量化工作落到实处。首先，总承包单位要编制建筑固体废弃物减量化的专项方案，明确目标和职责分工。其次，施工组织设计和施工方案要精细，要对设计方案进行深度优化。只有做好设计深化和施工组织优化，将精细化理念贯穿于施工全过程，才能为做好建筑固体废弃物减量化工作奠定良好基础。再次，要强化施工质量管控，减少因质量问题导致的返工或返修，减少建筑固体废弃物的产生。最后，要提高临时设施的周转使用率和材料的再生利用率，注重临时设施和永久性设施的有机结合和利用，切实把放错地方的建筑固体废弃物转化为有用资源，最大限度在施工现场加以利用，建立建筑固体废弃物减量化管理制度，实行分类收集、分类存放、分类处置，在施工现场找到再生利用的"出口"非常重要。

3. 存在的问题

（1）法律法规不健全。有关促进建筑固体废弃物资源化发展的法规很少，相关的规定也很不全面。例如，法规中只有一项规定是用于对违反建筑固体废弃物管理的单位和个人进行处罚，但是具体的处罚标准和实施规定却无从查起，而且缺乏建筑固体废弃物在运输过程中对环境污染控制的相关标准，这都给建筑固体废弃物的管理工作带来了很大的难度，且建筑固体废弃物收费标准低。

（2）资源化产品缺乏市场。客观地说，现阶段我国建筑固体废弃物产量十分巨大，而且资源严重短缺，建筑固体废弃物资源化产品具有很大的市场需求。但是事实上，现阶段这个市场还没有完全打开，产品销路不畅。建筑企业和普通市民都对建筑固体废弃物资源化产品的性能存在着很大的疑虑，并没有真正地去接纳和认可资源化产品。

（3）缺乏相关或者支持产业。一个产业的潜在优势往往是因为它具有较强竞争优势的相关或者支持产业。例如，德国的印刷机雄霸全球，这都来自德国造纸业、机械制造业以及制版业等行业的支持。因此，增加产业的竞争优势，最好能够培养相关或者支持产业的竞争力。建筑固体废弃物处理设备制造业和建筑固体废弃物再生服务业是建筑固体废弃物资源化产业的相关或者支持产业。生产设备制造业、建筑固体废弃物资源评估行业、产品认证行业、技术咨询等行业都不具备促进建筑固体废弃物资源化产业发展的竞争优势。

（4）资金不足。建设厂房、添置、更新设施、收购建筑固体废弃物以及日常生产管理等都需要大量资金的维持。根据调查，某市的建筑固体废弃物资源化项目总投资高达7076.3万元，并且项目投入运营后的运营开支对资金的需求量也很大。但是民营资金实力不强、很难获得信贷的支持；目前资源化产品的市场效率不是很好，还不能带来丰厚的经济回报，建筑固体废弃物资源化项目本身就是一个微利或者无利的，它的社会公益性远大于其经济效益，所以对项目进行融资比较困难。资金问题造成了建筑固体废弃物资源化起步困难的局面。

4. 发展趋势

中国建筑固体废弃物发展趋势主要朝两个方向发展：一是现场直接处置、就地利用。如采用移动或半移动式破碎站，施工现场往往处于市区或居民集中区，普遍对环境要求较高。允许填埋，但对填埋的建筑废物征收高额处理费用，而送到资源化再利用企业则依市场调节，收费议价，相对便宜。二是运送至"再生资源加工厂"集中处置。采用生产效率较高的大型成套固定处理装备，达到清除杂质、分级加工的目的。比如明确详细规定了国家、政府、订购者、排放者及建筑废弃物处理商的义务，规定了建设废弃物处理企业的设施、设备、技术能力等。再如强制规定在道路建设中必须优先使用 30% 的再生骨料，对再生处置企业实行准入制。任何人倾倒建筑废弃物，必须缴纳相当于新材料价格 20% 的税收，这笔税金的 90% 用于研究建筑废弃物再利用。

5. 固废减量化效益

建筑废弃物减量化利用能够产生一定的经济效益、社会效益和环境效益。

（1）经济效益分析。在木制建筑固体废弃物中，完整性高的木材可以重新被用做建筑材料，剩余的木材可以在简单处理后按照等级进行使用。砖瓦类的建筑固体废弃物中有大量的碎砖和砂浆，可以制作空心砌体的骨料。沥青类的建筑固体废弃物经分离后可以作为新沥青的加工材料，回收后的沥青还可以用于沥青路面的铺设中。混凝土类型的建筑固体废弃物可将其粉碎之后进行分级，可作为骨料和水泥再生制作的主要材料，可用于道路施工、建筑填充墙、基础垫层等方面。建筑废弃物减量化、资源化利用在一定程度上可以节约资源、降低成本，提高工程项目经济效益。

（2）社会效益分析。建筑废弃物减量化可以更好地对建筑固体废弃物进行优化处理和合理利用，减少建筑固体废弃物对环境所造成的污染和影响。建筑废弃物减量化、资源化行业的发展也很好地解决了就业压力，在对各种建筑废弃物进行减量化、资源化过程中，需要由专业的人员来进行处理，每个环节和过程都离不开人，大大缓解了就业压力。

（3）环境效益分析。我国在经济发展过程中，生态环境受到了不同程度的破坏，环境压力逐渐增大。建筑废弃物减量化、资源化很好地减少了这些建筑固体废弃物对生态环境的破坏，提高了资源的重复利用率。总的来说，建筑废弃物减量化、资源化更有利于城市的经济、生态，人的健康可持续发展。

6.1.3　固体废弃物减量化评价意义

城市固体废弃物排放量急剧增加带来的环境问题日益严重。据统计，2020 年全国一般固体废弃物产生量 36.6 亿 t、综合利用量 20.4 亿 t、处置量 9.2 亿 t、贮存量 8.1 亿 t、倾倒丢弃量 113.49 万 t。统筹推进固体废弃物"减量化、资源化、无害化"，既是改善生态环境质量的客观要求，又是深化生态环境工作的重要内容，更是建设生态文明的现实需要。如何使城市固体废弃物从目前以填埋和焚烧为重点的无害化处理逐步转向废弃物的减量化及资源化利用，关键在于其管理和评价。建立一种全面而系统的废弃物资源化利用评价体系是减少其污染、提高资源化利用率的重要保证，是实现城市建设环境效益目标、经济效益目标以及社会效益目标共赢的有效措施。

国外废弃物减量化及资源化利用工作开展较早，美国、日本和欧盟等一些发达国家相继立法，并用多种数学方法对废弃物减量化及资源化利用进行评价。中国的香港地区建立了较为完善的废弃物减量化及资源化利用评价指标体系和评价方法。目前国内固体废弃物管理还处于初步体系化和科学化阶段，减量化及资源化利用尚处于实施推广阶段，评价指标仅采用综合利用率，还缺乏全面、系统的评价指标体系及评价方法。但这一问题已引起学者们的高度重视并持续深入研究，主要采用生命周期评价法、层次分析法等方法对城市固体废弃物处理系统进行评估。

建立固体废弃物减量化评估体系，能为政府监管和指导提供科学依据，促进固体废弃物综合利用企业的规范化和绿色化生产，助推实现建筑废弃物的有效减量和资源化。评价体系的建立不仅有助于减量化、资源化利用过程中二次环境污染问题的解决，生产设备、技术、工艺的改进和能源消耗的降低，还有助于提高我国建筑废弃物减量化、资源化利用率和建筑固体废弃物再生产品的质量，降低再生产品成本以及加快再生产品的推广使用。此外，它还可以减少对自然资源的消耗，推进城市生态修复，促进我国生态经济、循环经济和低碳经济的发展。

6.2 固体废弃物减量化评价思路与评价方法

6.2.1 评价思路

1. 评价原则

在对固体废弃物减量化进行评价时，应遵循以下几个原则：

（1）全过程原则：固体废弃物减量化评价涵盖建筑项目的整个生命周期，包括设计阶段、施工阶段、装修阶段和拆除阶段等。在设计阶段，可以通过优化建筑设计，减少不必要的建筑材料和结构，从而降低建筑固体废弃物的产生。在施工阶段，可以通过采用先进的施工技术和设备，提高建筑材料的利用率，减少建筑固体废弃物的排放。在装修阶段，可以通过采用可拆卸、可回收的装修材料和设计，提高装修材料的再利用率，减少建筑固体废弃物的产生。在拆除阶段，可以通过采用先进的拆除技术和设备，提高建筑材料的再利用率，减少建筑固体废弃物的排放。

（2）综合性原则：固体废弃物减量化评价应综合评价直接和间接的经济效益、环境效益、社会效益等多方面的因素。直接经济效益包括减少建筑固体废弃物处理费用、降低建筑材料费用等；间接经济效益包括降低能源消耗、减少空气污染、改善环境质量等。环境效益包括减少土地占用、降低污染排放、保护自然资源等。社会效益包括提高社会就业率、促进地方经济发展、改善当地环境等。

（3）可操作性原则：固体废弃物减量化评价方法应具有实际可操作性，能够在实践中得到使用和推广。评价方法应基于实际情况，具有简单易行、数据易获取、计算方便等特点，以便在实际工作中得到广泛使用。

（4）客观性原则：固体废弃物减量化评价应尽可能采用定量指标进行评价，避免过多的主观臆断和经验判断，提高评价的客观性和准确性。

（5）系统性原则：将固体废弃物减量化评价系统视为一个整体，综合考虑各个组成部分和环节之间的相互影响和作用，从系统整体的角度出发进行评价。

（6）可持续性原则：固体废弃物减量化评价不仅考虑当前的经济效益和环保水平，还考虑对未来环境和社会可持续发展的影响。评价应充分考虑可持续发展的理念，采用环保、节能、循环利用等措施和技术，减少对自然资源的消耗和环境的破坏，同时考虑未来的可扩展性和可维护性等。

2. 多元评价视角

固体废弃物减量化评价是一个多维度的工作，需从多元视角出发，以提高评价的客观性和准确性。

（1）直接评价和间接评价

直接评价。直接法可通过公式计算对城市更新项目建筑固体废弃物的减量效果进行评估，如计算建筑固体废弃物理论产生量、实际减少量、减量化率、资源化量、资源化率等。

间接评价。除直接法之外，还可以通过一系列间接评价方法来评价减量化效果，如通过对固体废弃物处置（传统处置与减量化处置）的成本收益、环境排放、土地资源占用等角度进行量化评价。专家打分与层次分析法等半定量的分析方法也可以用于建筑固体废弃物资源化间接评价。

（2）减量化效果评价

废弃物回收利用率与资源化率。评估采取减量化措施后建筑固体废弃物的回收和再利用情况，计算回收利用率、资源节约率是评估建筑固体废弃物减量化效果的重要指标。废弃物回收利用率和资源节约率越高说明减量化措施的效果越好，同时还可以降低环境影响、减少废弃物的排放，对于实现资源循环利用具有重要意义。

目标实现率评价。根据建筑固体废弃物减量化的目标来评价其实现程度。这些目标可能包括减少建筑固体废弃物产生、提高建筑固体废弃物回收利用率、降低对环境的负面影响等。通过比较实际减量化效果与目标之间的差距，可以客观地评价建筑固体废弃物减量化的效果。

经济效益评价。主要从建筑固体废弃物减量化的经济成本及收益方面进行评价。例如，通过对比采取减量化措施前后的投入和产出，计算投资回报率、净现值等指标，以评估减量化措施的经济学意义。经济效益分析法可以帮助我们了解减量化措施的投资情况和经济效益，为决策者提供决策依据。同时，考虑减量化措施对建筑行业整体的经济影响，包括对建材市场、废弃物处理和再利用产业等相关产业的影响。

环境效益评价。主要从建筑固体废弃物减量化产生的环境效益方面进行评价。这包括对建筑固体废弃物从产生、收集、运输、处理到最终处置的全过程减量化环境效益进行评价，对空气质量、水质、土壤及生态环境的效益评价。例如，评估采取减量化措施后对空气和水质的具体改善程度，对土壤和生态环境的具体影响等。

社会效益评价。主要从建筑固体废弃物减量化对社会的影响方面进行评价。这包括对社会资源的节约、公众健康和生活质量等方面的影响。例如，评估采取减量化措施后对公众健康的改善程度，对社会资源节约的具体效果等。

（3）全过程评价

设计阶段评价。设计阶段实施建筑固体废弃物减量化被广泛认为是最有效的。设计阶段是建筑废弃物产生的源头，相关设计规划人员可以通过充分考虑整个项目设计规划的每一个细节，采用低废弃率建筑材料或绿色建材，合理进行施工设计规划（如采用预制装配式结构体系设计）等一系列措施来降低施工过程建筑废弃物的产生。在设计阶段的评价包括对设计阶段实施建筑固体废弃物减量化措施后建筑固体废弃物的产生量、处理量、经济效益、环境效益等多项指标。

施工阶段评价。建筑业普遍认为施工阶段是产生建筑固体废弃物的直接过程，在施工阶段实施有效的固体废弃物减量化，对减少建筑固体废弃物产生有重要作用。施工阶段固体废弃物减量化评价包括对施工现场采用减少固体废弃物产生的施工方法及技术、施工人员固体废弃物减量化行为和施工阶段实施固体废弃物减量化管理等方面。

装修阶段评价。建筑装修阶段固体废弃物产生来源广泛、成分复杂，且可能含涂料、阻燃性或保温隔热材料等有毒有害物质而潜在一定的生态环境风险。装修阶段固体废弃物减量化评价包括管控装修施工活动、装配式装修方式的有效实施、有毒有害固体废弃物的专项处置及对环境污染的影响等方面。

拆除阶段评价。建筑拆除过程中的建筑固体废弃物排放量远远超过建筑建造阶段的建筑固体废弃物排放量，并产生对土地资源的占用以及对环境的污染。拆除阶段减量化评价包括建筑资源化再利用、优化拆除方法（结构拆除、选择性拆除）、固体废弃物（混凝土、粉煤灰、玻璃、木材等）分类回收再利用等方面。

整体评价。除上述分阶段评价外，在建筑项目结束后，对其整体的固体废弃物减量化效果进行评价。这包括对建筑固体废弃物的实际减量成果、经济效益、环境效益和社会效益等方面的评价。

3. 专家评估法

请相关领域的专家对建筑固体废弃物减量化进行评价，专家可以根据自己的专业知识和经验对建筑固体废弃物减量化的各个方面进行评估。通过专家评估法我们可以获得来自相关领域专家的意见和建议，这些意见和建议可以为我们提供更加全面和深入的评价结果，帮助我们更好地了解和掌握建筑固体废弃物减量化的实际情况和效果。这种方法具有一定的主观性，但可以提供有益的意见和建议。

以上评价思路可以单独使用，也可以根据实际情况组合使用，以构建一个更为全面和系统的建筑固体废弃物减量化评价框架。下面介绍几种常见的评价方法。

6.2.2　基于直接法的评价

减量化、资源化是固体废弃物污染防治的三大原则之二，减量化是指减少建筑固体废弃物的产生量和排放量，降低固体废弃物有害成分的浓度、减轻或消除其危害特性等。所称资源化，根据《中华人民共和国循环经济促进法》，指将废弃物直接作为原料进行利用或者对废弃物进行再生利用。与减少产生量不同，资源化是在废弃物产生后进行的相关活动，能够减少废弃物排放。在极高资源化率的情况下，甚至可以实现废弃物零排放，显著提高废弃物（也可视作"资源"）的利用率。

而建筑物或构筑物的生命周期一般包括规划阶段、设计阶段、施工阶段、装修阶段、使用阶段、拆除阶段等。不同阶段建筑固体废弃物的减量（以重量或体积计，R_{CDW}）可表示为建筑固体废弃物理论产生量（T_G）与实际产生量（A_G）的差值；而建筑固体废弃物的减量率（P_R）则可表示为建筑固体废弃物的减量重量或体积与实际产生量的比值，公式如下所示。

$$R_{CDW} = T_G - A_G \tag{6-1}$$
$$P_R = R_{CDW}/A_G \tag{6-2}$$

资源化评估在建筑固体废弃物产生后进行。资源化评价直接法是以建筑固体废弃物产生量与资源化利用量为基础进行的。公式如下所示，现阶段的固体废弃物资源化量（以重量或体积计）可表示为 U_SW（Solidwaste），其资源化率（P_U）则可表示为固体废弃物资源化量与实际产生量（A_G）的比值。

$$P\_U = U\_SW/A\_G \tag{6-3}$$

6.2.3 基于生命周期法的评价

通过对建筑项目整个生命周期中的环境影响进行评估，以了解建筑固体废弃物减量化的实际效果。该方法可以帮助我们系统地分析建筑固体废弃物减量化在整个生命周期中的环境效益、经济效益和社会效益。生命周期评价法包括四个主要步骤：目标定义、清单分析、影响评估和结果解释。通过这四个步骤，我们可以评估建筑材料的选择、施工方法和建筑固体废弃物处理等环节对环境的影响，从而为优化建筑固体废弃物减量化方案提供依据。

我国大中城市和特大城市数量快速增长，大规模的城市建设产生了巨量固体废弃物，而在固体废弃物产出、运输及处置消纳环节，都会造成相应环境污染。合理评价其环境影响是固体废弃物处置管理的一大重要板块。生命周期评价是目前主要使用的方法之一。

根据 ISO14040，生命周期评价（LCA-Life Cycle Assessment）是一种科学、系统地对环境影响进行量化研究的国际标准方法，它能够对产品（废物）系统在整个生命周期内的投入、产出和潜在的环境影响进行汇编和评估，可用于企业决策、商业推广和政府环境监管。此外，LCA 可有效避免环境影响度量片面化或环境问题的转移，并可用归一化指标进行对比分析，且评价对象具有普适性。

基于 LCA 方法，收集城市固体废弃物从产生到处置的每个阶段及其相关操作或单元过程的物质和能量利用数据，以及相关环境排放数据，识别和量化其输入（原材料、资源与能源）和输出（环境排放物）关联数据，评估各个阶段物质（资源）能源利用效率以及所排放的废水、废气和其他固体废弃物的环境影响，并通过加强可回收物的循环再利用、处置工艺的优化设计等措施，将整个过程的环境影响降至最小，从而设计出环境有效、经济可行及社会可接纳的城市固体废弃物综合管理系统。

总体而言，生命周期评价能够考虑固体废弃物处置各个阶段对环境影响的平衡，而不是某一阶段或工艺的环境最优。为优化固体废弃物管理系统，避免不合理的固体废弃物处置管理途径，开展固体废弃物生命周期管理显得尤为重要。因此针对城市更新改造固体废弃物与处置开展基于 LCA 的环境影响评价和对比分析较为可行。

国际环境毒理学和化学学会（SETAC）将生命周期评价的基本结构划分为 4 个关联部分，包括目标与范围的确定（Goal and Scope Definition）、清单分析（Inventory Analysis)、影响评价（Impact Assessment）以及改善评价（Improvement Assessment）。其组成部分间相互关系如图 6-1 所示。

国际标准化组织（ISO）确定了生命周期评价的基本步骤，即目的与范围确定、清单分析、影响评价和结果解释，4 个步骤互相联系，并不断重复进行。与 SETAC 框架相比，ISO 细化了评价步骤，去掉改善分析阶段并增加生命周期结果解释环节，更利于开展生命周期评价的研究应用。其评价框架如图 6-2 所示。

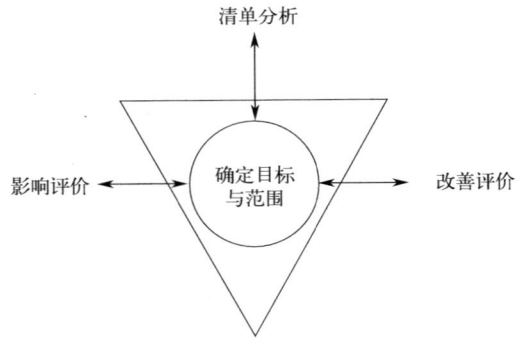

图 6-1　SETAC 生命周期评价技术框架图

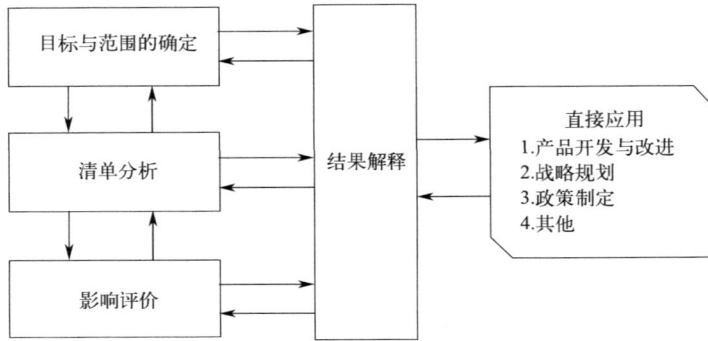

图 6-2　ISO14040 生命周期评价框架

1. 目标与范围的确定

研究目标与研究范围的确定是生命周期评价的第一步。研究目标包括进行生命周期评价的原因说明和结果作用。研究范围需要详细定义所研究的产品系统、边界、数据要求、假设及限制条件等，保证研究深度与广度以满足预定目标。由于生命周期评价过程的反复性，在某些情况下，可能会对研究目标与范围进行修正。

城市更新改造固体废弃物资源化评价中，采用生命周期评价进行环境影响评估首先需要确定固体废弃物从产生到处置阶段的评估系统，并针对各阶段收集所要研究的数据，其中收集的数据具有代表性、准确性、完整性。同时，确定产品的功能单位，以便在后续阶段中对产品系统的输入和输出进行标准化。

2. 清单分析

清单分析是进行生命周期影响评价的基础，是对所研究产品系统生命周期的输入、输出进行收集、汇编与量化的阶段。通常系统输入的是原材料和能源，输出的是产品和向空气、水体以及土壤等排放的废弃物（如废气、废水、废渣、噪声等）。清单分析的核心是建立以产品功能单位表示的产品系统的输入和输出的数据清单。

清单分析的具体步骤包括数据收集的准备、数据收集、计算程序、制定清单分析中的分配方法及得出清单分析结果等。清单分析可以对所研究产品系统的每一过程单元的输入与输出进行详细清查，为诊断工艺流程物质流、能量流和废物流提供详细的数据支持。清单分析的方法论已在世界范围内进行了大量研究与讨论，是目前生命周期评价组成部分中发展最为完善的一部分。

3. 影响评价

影响评价建立在清单分析基础上，将清单分析数据与具体的环境影响联系起来，对产品生命周期各阶段所涉及的潜在环境影响进行评估。研究的深度、环境影响的类别以及评价方法的选择均取决于生命周期评价研究的目的与范围。在生命周期评价中，全球变暖潜力（Global Warming Potential，GWP）、富营养化（Eutrophication Potential，EP）、酸化（Acid Ification Potential，AP）、臭氧消耗潜值（Ozone Depletion Potential，ODP）等作为主要评价指标，皆具有对综合环境影响进行评估的功能。

4. 结果解释

结果解释是将清单分析和影响评价的结果与研究目的、范围进行综合分析形成结果及建议的过程。结果解释与清单分析和影响评估过程是紧密关联的。前三个阶段中任一阶段完成后即进行结果讨论，考察初始确定的研究范围是否合适，是否需要作出必要调整，所收集的数据是否符合研究的目的，哪些数据对结果的影响最灵敏等。结果解释中得到的结论和建议将提供给生命周期评价研究的委托方，作为决策和行动依据。

6.2.4　基于层次分析法的评价

建筑固体废弃物减量化评价中，常在专家打分法基础上，通过确定权重的方法评价整体的建筑固体废弃物减量化效果。常见的权重确定方法有层次分析法（AHP）、熵值法、主成分分析法等，其中层次分析法（AHP）由于操作简便，易于理解，使用范围最广泛。

层次分析法（Analytic Hierarchy Process，AHP）由美国运筹学家、匹兹堡大学教授萨蒂（A. L. Saaty）于 20 世纪 60 年代初提出，是系统分析中的一种简洁实用的决策方法。层次分析法的基本原理就是把复杂系统问题中各类因素划分为相互关联的有序层次，并在每一层根据某一规则对该层次中各要素进行逐对比较，构造判断矩阵，然后计算该层各要素对于该准则的相对重要性次序的权重以及对于总体目标的组合权重，并进行排序，最后基于排序结果对问题进行分析和决策，总体思路如图 6-3 所示。

1. 建立层次分析结构

用层次分析解决问题时，首先根据问题的性质和要达到的目的，将问题条理化、层次化，建立层次结构模型。具体而言，将复杂问题分解为元素的组成部分，这些元素按属性及关系形成若干层次，同时下一层次元素受上一层次元素支配，继而形成一个递阶层次。其中，最高层为目标层，是指决策的目的、要解决的问题；中间层为准则层或指标层，包括需要考虑的因素、决策的准则；最低层为方案层，是指决策时的备选方案。

2. 构造两两比较的判断矩阵

递阶层次结构建立以后，上下层次元素间的隶属关系即被明确。下一步需要确定各层次各因素之间的权重。AHP 通过构建判断矩阵的方法导出元素的权重，即采用相对尺度对元素进行两两比较，并将比较结果形成矩阵。

记准则层元素 H 所支配的下一层次的元素为 A_1，A_2，$\cdots$，A_n。在准则 H 之下，按元素的重要性程度赋予 A_1，A_2，$\cdots$，A_n 相的权重，并根据比较结果形成判断矩阵 $A = (a_{ij})_{n \times n}$，其中 a_{ij} 为元素 A_i 与元素 A_j 相对于准则 H 的重要性比较结果。在对各指标

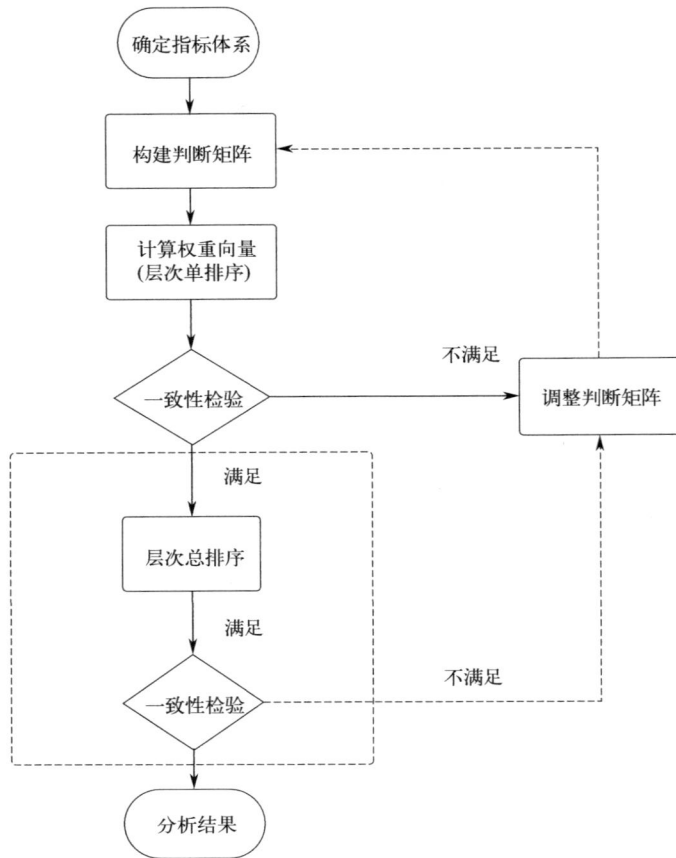

图 6-3　AHP 总体思路

重要程度进行判断时，采用 Saaty 的 1～9 比例标度法，对重要程度标度划分为 1、3、5、6、9 共 5 个，将 2、4、6、8 作为中间值，并遵循一致性原则，具体见表 6-2。而对于判断矩阵 A，具有如下性质：（1）$a_{ij}>0$；（2）$a_{ij}=\dfrac{1}{a_{ji}}$；（3）$a_{ii}=1$。

AHP 的比例标度　　　　　　　　　　　　　　　　　　　　　　　　表 6-2

相对重要性的权数	定义	解释
1	同等重要	对于目标两个活动的贡献是相等的
3	稍微重要	经验和判断明显偏爱一个活动
5	明显重要	一个活动明显地受到偏爱
6	强烈重要	一个活动强烈地受到偏爱
9	极端重要	一个活动极端地受到偏爱
2、4、6、8	两相邻判断的中间值	—

3. 层次单排序及一次性检验

这一步需要解决在准则 H 之下，n 个元素 A_1，A_2，…，A_n 的排序权重计算问题，并进行一致性检验。

将判断矩阵 A 中的各元素按列做归一化处理，得另一矩阵 $B=(b_{ij})_{n\times n}$，其元素一般项可表达为：

$$b_{ij}=\frac{a_{ij}}{\sum_{j=1}^{n}b_{ij}}(i,j=1,2,\cdots,n)\tag{6-4}$$

将矩阵 B 中各元素按行分别相加，其和为：

$$r_i=\sum_{j=1}^{n}b_{ij}(i=1,2,\cdots,n)\tag{6-5}$$

对向量 $r=(r_1,r_2,\cdots,r_n)^T$ 做归一化处理，即获得各元素相对权重的计算：

$$w_i=\frac{r_i}{\sum_{j=1}^{n}r_j}\tag{6-6}$$

计算 A 的最大特征根 $\lambda_{\max}$：

$$\lambda\frac{1}{n}\left(\frac{\sum_{j=1}^{n}a_{1j}w_j}{w_1}+\frac{\sum_{j=1}^{n}a_{2j}w_j}{w_2}+\cdots+\frac{\sum_{j=1}^{n}a_{nj}w_j}{w_n}\right)_{\max}\tag{6-7}$$

在判断矩阵的构造中，要求判断有大体的一致性。因为出现甲比乙极端重要，乙比丙极端重要，而丙比甲极端重要的情况总是违反常识的。而且，当判断偏离一致性过大时，排序权向量计算结果作为决策依据将出现某些问题。因此在获得判断矩阵后，需要进行一致性检验。一致性检验通过，则说明矩阵可行，否则，说明矩阵不可行，需要重新构建判断矩阵。通常认为矩阵的一致性比率 $CR<0.10$ 时，判断矩阵具有可以接受的一致性。一致性比率计算公式如式 (6-8) 和式 (6-9) 所示。其中，一致性指标用 CI 表示，若 $CI=0$，表示有完全的一致性；CI 接近 0，有满意的一致性；CI 越大，不一致越严重。另引进平均随机一致性指标 RI，RI 和判断矩阵的阶数有关，一般情况下，矩阵阶数越大，则出现一致性随机偏离的可能性也越大，RI 的取值见表 6-3。

$$CR=\frac{CI}{RI}\tag{6-8}$$

$$CI=\frac{\lambda_{\max}-n}{n-1}\tag{6-9}$$

RI 的取值　　　　　　　　　　　　　　　　　　表 6-3

n	1	2	3	4	5	6	7	8	9	10	11
RI	0.00	0.00	0.58	0.90	1.12	1.24	1.32	1.41	1.45	1.49	1.51

4. 层次总排序及一致性检验

层次总排序即计算同一层次上所有元素对于最高层相对重要性的排序权值。若上一层次 A 包含 m 个元素 A_1，A_2，$\cdots$，A_m，其层次总排序权值分别为 a_1，a_2，$\cdots$，a_m，下一层次 B 包含 n 个元素 B_1，B_2，$\cdots$，B_n，它们对于 A_j 的层次单排序权值分别为 b_{1j}，b_{2j}，$\cdots$，b_{nj}（当 B_K 与 A_j 无关系时，$b_{kj}=0$，其中 B_K 表示 B 层元素的某一个，A_j 表示 A 层元素的某一个），此时 B 层次总排序见表 6-4。

层次	A_1	A_2	$\cdots$	A_m	B 层次总排序值
	a_1	a_2	$\cdots$	a_m	
B_1	b_{11}	b_{12}	$\cdots$	b_{1m}	$\sum_{j=1}^{m} a_j b_{1j}$
B_2	b_{21}	b_{22}	$\cdots$	b_{2m}	$\sum_{j=1}^{m} a_j b_{2j}$
$\vdots$	$\vdots$	$\vdots$	$\vdots$	$\vdots$	$\vdots$
B_n	b_{n1}	b_{n2}	$\cdots$	b_{nm}	$\sum_{j=1}^{m} a_j b_{nj}$

总排序表   表 6-4

如果 B 层次某些因素对于 A_j 的一致性指标为 CI_j，相反，平均随机一致性指标为 RI_j，则 B 层次总排序一致性比例为 $CR = \dfrac{\sum_{j=1}^{m} a_j CI_j}{\sum_{j=1}^{m} a_j RI_j}$。

6.3 固体废弃物减量化评价体系构建

6.3.1 评价范围与指标原则

固体废弃物减量化评价可从源头策划设计到综合利用整个过程考虑，对其减量化技术、施工措施、组织管理、减量化效果等多方面进行评价。

所谓评价主要是通过归类分析，选取一些对固体废弃物资源化影响重大的指标，按照一定的规则和方法，从某一方面或多个方面进行优劣评定，从而确定城市固体废弃物资源化的发展水平和存在的问题。为了使评价结果能够客观、准确地反映固体废弃物资源化的发展水平，评价指标的选取应遵循以下原则。

（1）完备性原则。选取的指标要具有整体性和完整性，一般单个指标只能评价目标的某一方面，而所有选取的指标应能反映废弃物资源化方法、功能及其适用性等技术指标，同时也要反映废弃物资源化管理的完整信息，从而比较全面地反映被评价系统的主要特征和发展趋势。

（2）系统性原则。废弃物资源化评价是一个涉及多因素、多目标的复杂系统，评价指标体系力求全面反映城市的综合情况，既要反映系统的内部结构与功能，又能准确评价系统与外部环境的关联，既能反映直接效果，又能反映间接影响，以保证评价的可靠性和系统性。

（3）科学性原则。具体指标的选取应建立在对城市废弃物资源化充分认识和深入研究的科学基础上，并能够反映城市废弃物资源化利用过程。以可持续发展为目标，评价过程中既包含定量分析指标，又有定性分析指标，既有宏观指标，又有微观指标，做到定量与定性、微观与宏观相结合。

（4）独立性原则。描述固体废弃物资源化发展状况的指标时往往存在着指标之间的重叠，因此在选择指标时，尽可能选择具有相对独立性的指标，从而增加评价的准确性和科学性。

（5）可比性原则。在确定评价指标和标准时，考虑时间和空间的变化及其影响，合理地选取相对指标和绝对指标，使其不仅适用于一个城市不同时期的纵向比较，也能适用于不同城市之间的横向比较。

（6）可操作性原则。评价指标体系要考虑指标的量化及数据取得的难易程度和可信度，做到指标精练、方法简捷，具有使用价值和推广价值。为此，选取的指标要具有可操作性，指标含义明确且易于理解，指标数据易于调查、整理或理论推算、实测。

6.3.2 指标筛选与指标体系构建

本研究主要通过以下方法筛选出城市更新改造固体废弃物减量化及资源化评价指标体系。

（1）广泛收集工业固体废弃物、建筑废弃物、城市固体废弃物等相关研究的评价指标，从中选择近年来采用频率较高的指标，建立分层次的指标库，作为城市更新改造固体废弃物减量化及资源化评价指标体系的参考样本。

（2）综合国内外对固体废弃物减量化及资源化的技术和现状，从上述指标库中筛选出与城市更新改造固体废弃物资源化评价目标关系密切的指标，结合本领域实际案例，构成城市更新改造固体废弃物减量化及资源化评价指标体系的初步方案。

（3）以上述方案为基础，征求建筑废弃物、固体废弃物资源化等相关领域以及废弃物管理和综合评价领域专家意见，并进行城市更新项目实地调研，尽量考虑指标间的独立性，同时兼顾指标的量化方法和数据采集的难易程度及可靠性，从而对指标进行调整，最终建立一套全面、系统、简洁、易行的综合评价指标体系。

根据上述方法，并结合住房和城乡建设部《关于推进固体废弃物减量化的指导意见》《施工现场固体废弃物减量化指导手册》以及减量化及资源化相关实践经验，建立的城市更新改造固体废弃物资源化与减量化评价指标体系见表6-5。

城市更新改造固体废弃物资源化与减量化评价指标体系　　　　表6-5

目标层	约束层	指标层	指标说明
城市更新改造固体废弃物资源化与减量化评价指标体系	源头减量	减量优化设计	避免或减少施工拆改、变更产生固废永临结合、周转利用
		永临结合	水、电、消防、道路等临时设施工程交付时满足使用功能需要
		优化施工方案	运用装配式、BIM、物联网等实现精细化、信息化、智慧化施工
	综合利用	分类回收及存放	工程渣土、工程泥浆、建筑固废和拆除固废等分类回收及存放情况
		就地处理	渣土泥浆回填、部分材料就地加工或资源化利用
		综合利用率	固体废弃物回收再利用(含资源化)占产生量的比率
		资源化利用率	固体废弃物资源化利用占产生量的比率
		资源化再生产品利用	施工现场对资源化再生产品的使用
	排放控制	分类称重	对出场固体废弃物进行分类称重(计量)
		记录统计	每次称重(计量)后及时记录和统计
		公示排放	在施工现场出入口等显著位置实时公示固体废弃物出场排放量
	保障措施	相关方案	有固体废弃物减量化及资源化相关方案
		纳入相关文件	将固体废弃物资源化、减量化目标和措施纳入招标文件、合同、设计文件等
		管理组织机构	设有管理组织机构
		相关管理制度	技术管理制度、实施管理制度、监督管理制度、处置管理制度等
		相关记录及资料	固体废弃物分类、处置、利用等相关记录和影像资料
		相关宣传	固体废弃物减量化及资源化相关宣传

6.3.3 综合评价方法

1. 指标的数量化处理

每一个评价指标即为综合评价的一个变量，变量的求取是综合评价的基础性工作。从表 6-5 可以得知，城市更新改造固体废弃物资源化评价指标可分为定量指标和定性指标，定量指标以数值形式表达，如综合利用率、资源化利用率等指标，这类指标具有特定数值，可直接采用；而定性指标具有表述性特征，如分类回收及存放情况等指标，不易量化。指标性质不同导致数据之间缺乏可比性。为了消除指标类型带来的这种影响，须对原始数据进行数量化转换处理，通常需要建立相应的分级标准，采用分级赋值和哑变量方式获取定性指标的量化值。

各指标的单位和量纲不完全相同，也会造成数据之间缺乏可比性，为使各指标具有可比性，需要对原始数据进行标准化处理，即将不同量纲、量级和单位的指标数据归一为 [0，1] 之间的无量纲数据。为了保证指标具有可比性，不论是定量指标还是赋值后的定性指标，也不论定量指标原始数值是否在 [0，1] 之间，均须进行标准化处理。

2. 指标权重的计算

指标权重是指在相同目标约束下，各指标的重要性。它表征指标在评价过程中的重要性，是一个定量化指标，在多指标综合评价中，权重系数具有举足轻重的作用，它会使综合评价结果更客观和更符合实际。

权重计算就是确定各评价指标在综合评价中的重要程度，在指标体系确定后，就需要对各指标赋予不同的权重系数。权重确定的方法归纳起来有经验加权（定性加权）和数学加权（定量加权）两种，前者主要是由专家直接评估，主要包括专家评分法、成对比较法等，后者借助数学原理，具有较强的科学性，主要包括主成分分析法、层次分析法、模糊定权法、秩和比法、熵值法、相关系数法等。不论哪一种方法，权重分配都有其相对合理的一面，又有一定的局限性。在具体运用时，不论哪种方法确定权重分配，都需要保证其有较为合理的专业解释。

3. 综合评价方法的选择

现代综合评价的方法很多。按照综合评价与所使用信息特征的关系，可分为四类：基于数据的评价、基于专家知识的评价、基于模型的评价和混合评价法。基于数据的评价主要包括层次分析法、数据包络分析法和模糊综合评价法，而基于专家知识的评价主要以专家打分综合法为主导，基于模型的评价主要有人工神经网络评价法和灰色综合评价法，混合评价法则是基于数据、模型、专家知识，如模糊层次分析法和模糊神经网络评价法等。实践已经证明，现在能用的、能有效地处理开放复杂巨系统的评价方法是定性和定量相结合的综合集成方法。其中，层次分析法根据总评价目标的性质和要求，把复杂的系统分解成多个组成因素，将所包含的因素和指标进行分类分层排列，形成有序的递阶层次结构，对同层次内诸因素采用两两比较的方法确定出相对于上一层目标的权重，层层分析下去，从最低层直到最高层，然后综合人们的判断，给出所有因素相对于综合评价目标的重要性排序，从而进行评价、筛选和决策等活动。因为层次分析法对决策中的定性和定量因素能够统一处理，所以被广泛用于多目标决策系统中，属于一种有效的、定性和定量相结合的综合处理方法。

6.4 固体废弃物减量化评价体系案例分析

6.4.1 改造项目简介

五棵松万达广场改造项目（一期装修改造工程），位于北京市海淀区复兴路 69 号，为厂房商业更新类项目。本次改造不改变业态性质，仍为商业业态，为整体的商业设施更新改造，产业升级。主要目的是通过增加业态种类、升级视觉效果和改善场内环境，全面提升商业效益，对原有建筑进行结构调整、装修更新以及机电系统的改造。本次改造地下建筑规模 11.45 万 m²，其中地下 2 层为停车库，地下 1 层为商业；地上为 6 层商业，建筑规模 19.66 万 m²，建筑面积共 31.1 万 m²，合同工期为 2022 年 1 月～2023 年 5 月，承包范围包括装饰装修机电拆除、结构拆除、结构加固及新建、二次结构、粗装修、安装工程（给水排水、电气）等。

6.4.2 改造项目固体废弃物减量化措施

改造项目固体废弃物减量化以绿色、低碳为导向，从施工的各阶段进行控制，包括设计阶段、施工阶段、施工产生后三个阶段采取减量措施，要求多个部门协同合作，不仅要从源头预防与控制固体废弃物的产生，还要对已经产生的固体废弃物及时分类与资源化回收利用。

1. 设计阶段减量措施

（1）项目建设单位依据工程勘察的成果和设计文档，拟定了一套详尽的建筑固体废弃物管理方案。该方案详细规定了废弃物的预计产生量、处理方法以及清运的时间安排。此外，这些管理措施也被清楚地列入了与施工方签订的合同中，确保了执行的严格性和透明度。明确建筑固体废弃物减量化目标和措施，并纳入招标文件和合同文本，将建筑固体废弃物减量化措施费纳入工程概算。采取有效策略，激励设计单位做有助于减少建筑固体废弃物的设计方案，同时促进施工单位实施旨在减量化建筑废弃物的施工技术和措施。

（2）项目设计单位在保持设计标准和功能完整性的同时，通过合理规划设计周期和优化设计图纸，有效地从源头控制并减少了建筑固体废弃物的生成。通过详细的节点构造和精确的实施方法，采用信息化工具进行预制材料的下料排板和虚拟装配，有效实现了精准下料和精细化管理，有效避免了施工现场临时加工带来的大量材料浪费，从而显著降低了建筑材料的损耗率。

（3）项目建设、设计和施工单位协商明确建筑固体废弃物综合利用率目标，制定建筑固体废弃物现场综合利用方案，统筹管理和策划每一类建筑固体废弃物的综合利用措施和综合利用量。

2. 施工阶段减量措施

（1）项目施工现场的临时设施采用重复利用率高的标准化设施，在一定区域范围内统筹临时设施和周转材料的调配。包括：可周转临边防护、可周转体系支架、可周转活动板房、可周转物料加工棚、可周转废料池、可周转钢筋堆场等。

（2）在符合相关标准规范的基础上，项目建设、设计和施工单位积极推进临时设施与永久性设施的融合设计和应用，以此减少了因拆除临时设施而产生的建筑固体废弃物。现场临时道路布置与原有及永久道路兼顾考虑，充分利用原有及永久道路基层，并加设预制拼装可周转的临时路面，如：钢制路面、装配式混凝土路面等，加强路基成品保护；现场临时围挡最大限度利用原有围墙或永久围墙；现场临时用电根据结构及电气施工图纸，经现场优化选用合适的正式配电线路，达到配电施工的永临结合；临时工程消防、施工生产用水管道及消防水池利用正式工程消防管道及消防水池；现场垂直运输利用消防电梯；地下室临时通风利用地下室正式排风机及风管；临时市政管线利用场内正式市政工程管线；现场临时绿化利用场内原有及永久绿化。

（3）项目施工现场实行智慧化管理。各类建筑材料采用智能地磅过秤，精准快速称重，减少材料浪费及各类建筑固体废弃物产生；利用 BIM 技术建立建筑、结构、机电等多专业三维模型，提前解决机电与结构、建筑之间预留洞口问题，减少现场后期开凿、返工，减少返工造成资源浪费及建筑固体废弃物产生；利用无人机航拍技术，建立施工项目原始地表模型，精细化土方统计及工程量测算，优化土方平衡，减少土方开挖和工程渣土的产生。

（4）项目设立领导小组和工作小组，通过合理配置各部门的工作职责，确保责任明确；采取自上而下的管理模式，实现对建筑固体废弃物的全面管控，以保证废弃物管理工作按照既定计划顺利进行。领导小组负责统筹制定各项目标，审批实施专项方案，建立管理组织机构，主持领导小组例会，组织现场检查、落实整改，协调分包无废工地建设管理工作。工作小组负责编制、完善无废工地建设方案。对现场建筑固体废弃物分类严格按方案实施、落实。方案实施过程中定期进行检查、监控。对不符合要求的内容及时安排整改完善。确保现场固体废弃物分类严格按方案实施。同时留存现场固体废弃物分类相关记录及影像资料。

（5）项目对施工人员进行充分的宣传教育和技能培训，采用有效的激励措施等方法全方位地增强施工人员主动减量化意识和施工队伍的专业性。

3. 固体废弃物产生后减量化措施

（1）项目施工现场产生的建筑固体废弃物，遵循"分类管理，就地就近利用"的原则，采用"7分法"（工程渣土、工程泥浆、金属类、无机非金属类、木材类、塑料类、其他类）进行分类，对各施工阶段建筑固体废弃物进行分类预估（表 6-6）。

建筑固体废弃物分类预估 表 6-6

序号	施工阶段	主要建筑固废	预估量	处置
1	拆除工程	建筑废料	15 万 m³	再生资源站/填埋场
2		金属	300t	再生资源站
3	主体结构	无机非金属、金属、木材	500t	再生资源站/填埋场
4	装饰装修	无机非金属、金属、木材、其他	500t	再生资源站/填埋场

（2）项目根据场地条件，合理设置固体废弃物分类储存区、固体废弃物加工区及产品储存区并明显标识，提升施工现场固体废弃物资源化处置水平及再生产品质量。固体废弃物收集点按所分类别规划堆放场地，工程固废、拆除固废堆放区宜保证临时贮存能力，临时存放场所宜采用封闭或半封闭的形式。

（3）在项目施工现场对金属类固体废弃物采用就地就近的方式进行处置，通过简单的加工处理，将其作为施工材料和工具直接回用于工程中。例如，废钢筋通过切割和焊接，加工成马凳筋、预制地坪配筋、排水沟盖板等，或通过机械接长技术加工成钢筋网片，用于场地洗车槽、工具式厕所、防护门、排水沟等。对于无法在现场综合利用的材料，则分类进行再生资源回收利用。

（4）项目施工现场对无机非金属建筑固体废弃物，则根据现场施工需要进行资源化再利用。对于符合骨料标准的工程渣土和工程泥浆，加工成混凝土的粗骨料和细骨料使用。工程渣土和泥浆通过固化处理用做临时道路的材料。废弃的混凝土及其制品则通过砂石分离装置分离后再次利用。所回收的再生粗骨料用于道路水泥稳定碎石层中。通过预填和压浆形成的再生混凝土，用于道路路基、重力式挡土墙、地下管道基础等结构。废沥青则通过破碎、筛分和重新拌合后，形成具备适当路用性能的再生沥青混凝土，用于铺设路面的面层或基层。

（5）对于项目施工现场不具备就地利用条件的建筑固体废弃物，按规定进行分类并及时转运给有相应能力的就近建筑固体废弃物综合利用场所进行资源化利用和处置。对外运处置建筑固体废弃物有较全面的运输管理，包括外运监督制度，记录出场量与转运终端入场量，杜绝擅自倾倒、抛洒行为。

6.4.3　基于直接法的减量化评价

本项目预估产生建筑固体废弃物约 4500t，通过建筑固体废弃物减量化资源化管理，实际排放量 4043t，共减少建筑垃圾 457t，建筑面积 31.1 万 m^2，实现建筑垃圾单位（万 m^2）排放量 130t。据了解，全国一般水平为每 1 万 m^2 建筑的施工产生建筑垃圾 550t；与全国水平相比，减废 550t－130t＝420t。

6.4.4　基于生命周期法的环境影响评价

1. 目标与范围的确定

该项目生命周期评价系统边界是从施工现场建筑固体废弃物产生后开始，经过分类堆放收集、运输到利用处置阶段，同时考虑废弃物的填埋消纳。通过分析不同阶段对环境负荷产生的影响，探讨装修改造项目建筑固体废弃物减量化资源化的环境效益，如图 6-4 所示。

2. 清单分析

分析固体废弃物减量化资源化生命周期过程，即分类收集阶段、分类运输阶段、分类处置阶段，对其物质、能源输入量与输出量数据进行收集和量化分析。

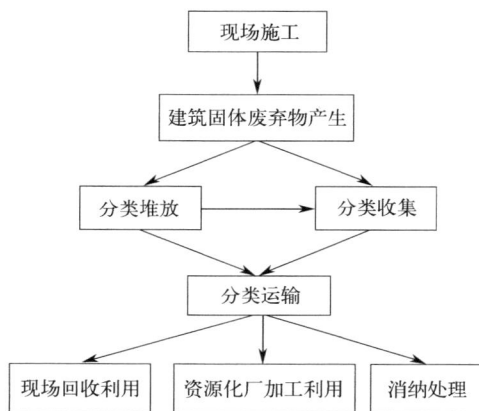

图 6-4　建筑固体废弃物研究系统边界

3. 影响评价

根据清单分析数据，运用相关评价软件，结合该项目对环境的影响，以全球变暖潜力、土壤污染、空气污染、水体污染等作为主要评价指标，对建筑固体废弃物生命周期各阶段所涉及的潜在环境影响进行评估，并进行说明。

其中本项目为装修改造项目，所使用的装饰装修材料可能存在对人体健康造成危害的有毒有害物质，如挥发性有机化合物、重金属等，若通过建筑固体废弃物填埋，渗入土壤，会严重污染土壤，同时通过"土壤→植物→人体"，或通过"土壤→水→人体"间接被人体吸收，达到危害人体健康的程度，因此需要对土壤污染进行检测，加强室内装饰装修材料污染控制（表6-7）。

装饰装修项目常见污染物　　　　　　　　　　　　　　　　　　　表6-7

装饰装修建材	污染物
内墙涂料	可溶性铅、挥发性有机化合物（TVOC）
溶剂型木器涂料	苯
木家具	镉、铬、铅、汞
人造板及其制品	甲醛
壁纸产品	甲醛、重金属（铅、镉、铬、汞、钡、锑）和砷、硒
地毯、地毯衬垫以及地毯用胶粘剂产品	挥发性有机化合物、甲醛、苯乙烯、4-苯基环己烯、丁基羟基甲苯等

在本项目的改建和施工中，由废石膏产生的硫酸根离子在无氧环境下易转变为硫化氢。同时，废弃的纸板和木材在降解过程中可能溶出木质素和单宁酸，这些成分会进一步分解形成挥发性有机酸。这类隐形的有害气体一旦被释放到大气中，可能导致该地区空气质量恶化。工程渣土往往在产生、临时堆放、运输、消纳处置阶段存在扬尘污染等危害，因此需要对施工现场建筑固体废弃物减量化处理过程产生的二氧化硫（SO_2）、二氧化氮（NO_2）、颗粒物（PM10、PM2.5）、一氧化碳（CO）及臭氧（O_3）进行监测，根据日均浓度对空气质量作出评价。环境污染依照《环境空气质量标准》GB 3095—2012，选取SO_2、NO_2、PM10、PM2.5、CO及O_3因子，根据《环境空气质量技术规范（试行）》，利用日均浓度的百分位数进行评价（表6-8）。

评价工作等级分级表　　　　　　　　　　　　　　　　　　　表6-8

项目类别环境敏感程度	Ⅰ类项目	Ⅱ类项目	Ⅲ类项目
敏感	一	一	二
较敏感	一	二	三
不敏感	二	三	三

水体评价根据《环境影响评价技术导则　地下水环境》HJ 610—2016中相关规定，首先确定建筑废弃物消纳场所属的地下水环境影响评价项目类别，再结合项目地下水环境敏感程度，确定评价工作等级，并按一、二、三等级评价要求进行地下水环境影响评价工作（表6-9）。

地下水环境敏感程度分级表　　　　　　　　　　　　　　　　　表6-9

敏感程度	地下水环境敏感特征
敏感	集中式饮用水水源（包括已建成的在用、备用、急水源，在建和规划的饮用水水源）准保护区；除集中式饮用水水源以外的国家或地方政府设定的与地下水环境相关的其他保护区，如热水、矿泉水、温泉等特殊地下水资源保护区

续表

敏感程度	地下水环境敏感特征
较敏感	集中式饮用水水源(包括已建成的在用、备用、应急水源,在建和规划的饮用水水源)准保护区以外的补给径流区;未划定准保护区的饮用水水源,其保护区以外的补给径流区;分散式饮用水水源地;特殊地下水资源(如矿泉水、温泉等)保护区以外的分布区等其他未列入上述敏感分级的环境敏感区[a]
不敏感	上述地区之外的其他地区

注:[a] "环境敏感区"是指《建设项目环境影响评价分类管理名录》中所界定的涉及地下水的环境敏感区。

建筑固体废弃物填埋场项目按工业固体废弃物处置确定其评价项目类别,其中一类固体废弃物为Ⅱ类评价项目,二类固体废弃物为Ⅰ类评价项目。地下水水质现状监测因子一般包括两类:一类是基本水质因子,它能反映区域地下水一般状况;另一类为特征因子,根据建设项目废水污染因子、液体物料成分、固体废弃物浸出污染因子等污水特点确定。

6.4.5　基于层次分析法的综合评价

建筑固体废弃物减量化过程的具体实施是人们关注的重点,因此主要针对减量化过程开展评价。

1. 评价指标分为必选指标与调整指标

(1) 必选指标。必选指标为建筑固体废弃物每万平方米排放量。根据 2020 年 5 月 8 日《住房和城乡建设部关于推进建筑垃圾减量化的指导意见》(建质〔2020〕46 号)要求:"新建建筑施工现场建筑垃圾(不包括工程渣土、工程泥浆)排放量每万平方米不高于 300t,装配式建筑施工现场建筑垃圾(不包括工程渣土、工程泥浆)排放量每万平方米不高于 200t"。其指标等级值设定由地方主管部门或行业协会组织专家确定,同一地区、同类项目评定值一致,指标等级如下。

基准值(达标值):建筑垃圾排放量不高于 200t/300t(新建建筑/装配式建筑);一星级要求在基本级规定的数据基础上,额外减少废弃物量至少 30%(210t/140t)。二星级则需在基本级基础上额外减少 50% 的废弃物量(150t/100t)。最高的三星级标准要求在基本级基础上进一步减少 90%~100% 的废弃物量(30t/20t)。

本项目为改造项目,建筑面积 24.23 万 m^2,通过实施减量化措施,建筑垃圾排放量预计每万平方米为 130t,确定为一星级。

(2) 调整指标。调整指标的选取参考了《建筑与市政工程绿色施工评价标准》GB/T 50640—2023、《建筑工程绿色施工规范》GB/T 50905—2014 等十余个国家及地方规范、标准及其他相关文件,在研究与建筑固体废弃物减量化相关章节条目后,结合上文概述及讨论,得出针对建筑固体废弃物减量化评价标准的具体条目,其中涉及设计、施工和现场分类及回收利用三个阶段,按照源头减废、现场综合利用、最终处置、保障能力、减废统计五类进行分析,以"减量化、资源化、无害化"为基本原则对建筑固体废弃物减量化工作开展评价。

调整指标分值达到 80 分及以上的工地,评价等级在必选指标评价等级基础上提升 1星,当评价等级为三星级时不再提升;调整指标分值得分少于 50 的工地,评价等级降低1 星,当评价等级为基本级时不再降低。

参考无废工地建设评分指标，并结合万达项目实际情况对指标进行适当调整，形成评价调整指标体系，如图6-5、表6-10所示，并根据层次分析法进行评价。

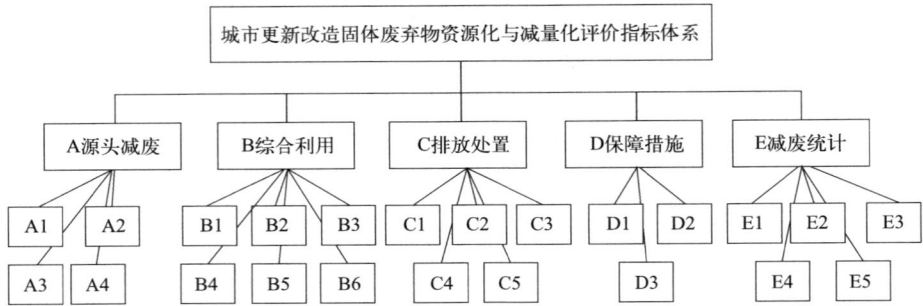

图 6-5　城市更新改造固体废弃物资源化与减量化评价指标体系

指标体系具体说明　　　　　　　　　　　　　　　　　　表6-10

目标层	约束层	指标层	指标说明
城市更新改造固体废弃物资源化与减量化评价指标体系	A 源头减废	1 专项方案	施工现场建筑固体废弃物减量化专项方案
		2 纳入合同与概算	建筑固体废弃物减量化纳入合同与概算
		3 建筑固体废弃物再生产品设计	设计文件包含建筑固体废弃物再生产品用设计等内容
		4 建筑固体废弃物减量化措施设计	设计文件中包含建筑固体废弃物减量化的具体措施
	B 综合利用	1 综合利用率	施工现场建筑固体废弃物综合利用率
		2 资源化利用率	施工现场建筑固体废弃物资源化利用率
		3 就地利用	施工现场建筑固体废弃物就地利用
		4 就近利用	施工现场建筑固体废弃物就近利用
		5 综合利用设施	现场分类、利用和处置设备设施
		6 使用再生建材	建筑固体废弃物再生建材在施工现场利用
	C 排放处置	1 无机非金属类	进入资源化利用设施或综合利用场所
		2 金属类	作为再生资源销售
		3 木材类	作为再生资源销售
		4 塑料类	作为再生资源销售
		5 其他类	运往规范填埋场或受纳场
	D 保障措施	1 建立管理组织与管理制度	设有管理组织机构,建立并且实施技术管理制度、实施管理制度、监督管理制度、处置管理制度等
		2 相关记录及资料	固体废弃物分类、处置、利用等相关记录和影像资料
		3 相关宣传	固体废弃物减量化及资源化相关宣传
	E 减废统计	1 建筑固体废弃物分类称重并记录	施工单位在大门及相关区域对出场建筑固体废弃物进行分类称重(计量),并记录

目标层	约束层	指标层	指标说明
城市更新改造固体废弃物资源化与减量化评价指标体系	E 减废统计	2 公示处置消纳合同	工地大门按要求对建筑固体废弃物公示处置消纳合同
		3 综合利用率与资源化利用率统计资料	综合利用率、资源化利用率的相关统计计算资料
		4 信息和智能手段	减废统计增加云平台、区块链、人工智能等信息和智能手段
		5 碳排放核查与统计及减碳方案	施工现场碳排放的核查与统计以及减碳方案

2. 指标权重计算

采用 1～9 标度法对存在相关性的指标间重要程度进行评价，建立判断矩阵。经检验与修正，所有判断矩阵一致性检验系数 CR 均小于 0.1，均通过一致性检验。根据判断矩阵构造归一化特征向量，汇总得到未加权超矩阵 W。将未加权超矩阵 W 与判断矩阵构造的权重矩阵相乘得加权超矩阵 W_l。对加权超矩阵进行稳定性处理，得到极限超矩阵 W_∞，可获得各指标的权重。

3. 综合评价

评价等级设置为小于 50 不合格；50～60 合格；60～70 良好；60～80 较优秀；80 以上优秀。根据各指标权重，结合专家打分法进行城市更新建筑固体废弃物减量化与资源化的综合评价，评价结果显示良好（表 6-11）。

指标权重与评价结果 表 6-11

约束层	权重	指标层	评价分值
A 源头减废	0.20	A1	5
		A2	1
		A3	5
		A4	2
B 综合利用	0.45	B1	5
		B2	5
		B3	5
		B4	5
		B5	3
		B6	2
C 排放处置	0.15	C1	4
		C2	3
		C3	3
		C4	3
		C5	3

约束层	权重	指标层	评价分值
D 保障措施	0.05	D1	1
		D2	2
		D3	1
E 减废统计	0.15	E1	1
		E2	1
		E3	2
		E4	2
		E5	4
总分值和评价等级		68，良好	

因此，本项目必选指标为一星级，结合调整指标来看，低于 80 分，不进行调整，本项目最终评价为一星级。

6.5 本章小结

城市更新改造固体废弃物减量化及资源化是控制城市环境污染、推进城市低碳环保、实现城市可持续发展的有效途径。随着我国城市更新改造的持续推进，各类固体废弃物数量逐年增加。因此，固体废弃物的减量化和资源化处置成为未来发展的主要方向。国家已出台一系列政策支持，生态环境部也公布了"无废城市"建设试点，"十四五"规划明确提出加快"无废城市"建设进程，推动我国固体废弃物减量化和资源化利用的发展。而全面系统的减量化及资源化评价体系的建立是推动这一进程的重要保证。对于城市更新改造固体废弃物减量化及资源化评价而言，其评价不仅包括固体废弃物填埋对环境和安全的影响，更主要的是固体废弃物减量化及资源化利用的实际状况。

因此，本章基于城市更新改造固体废弃物减量化及资源化现状趋势概况，分析评价体系构建及其作用；其次，通过对固体废弃物堆填产生的环境影响和安全问题进行评价，进一步凸显固体废弃物减量化及资源化的迫切性；通过分析固体废弃物减量化及资源化潜力，为评价指标体系的构建打下基础；最后，依据评价指标体系构建原则，主要从源头减量、综合利用、排放控制、保障措施四个层面，对大量指标进行甄选、提炼和整合，构建了全面系统的废弃物减量化及资源化评价指标体系，并结合实例进行系统分析与评价。

在节能环保、循环经济的指引下，建筑业节能减排、资源循环利用成为发展主旋律。加上我国"碳达峰""碳中和"目标工作的持续推进，固体废弃物减量化及资源化利用受到高度重视。本章所建立的评价体系旨在为政府在城市更新及改造中监管固体废弃物的减量化和资源化提供理论支持。同时，该体系也为固体废弃物综合利用企业的规范化和绿色化生产提供了参考框架，有助于推动我国城市更新改造项目中废弃物的减量化和资源化利用。

参考文献

［1］ 文文．建筑废弃物资源化利用评价体系研究［D］．长春：吉林建筑大学，2020.

［2］ 王地春，张智慧，刘睿劼，等．建筑固体废弃物治理全生命周期环境影响评价——以废旧黏土砖为例［J］．工程管理学报，2013，26（04）：1-5.

［3］ 宋成军，张玉华，李冰峰．农业废弃物资源化利用技术综合评价指标体系与方法［J］．农业工程学报，2011，26（11）：289-293.

［4］ 马娟．城市固体废弃物卫生填埋场环境风险评价［D］．阜新：辽宁工程技术大学，2009.

［5］ 黄菊文，李光明，王华，等．层次分析法评价固体废弃物的资源化利用［J］．同济大学学报（自然科学版），2006，（08）：1090-1094.

［6］ 黄菊文，李光明，王华，等．固体废弃物资源化利用评价体系及研究方法［J］．环境污染与防治，2006，（01）：64-68.

［7］ 迁晓轩，彭孟启，齐贺，等．建筑工程固体废弃物减量化概况及评价标准探究［J］．环境工程，2020，38（03）：1-8.

［8］ 齐广华，鲁官友，张凯峰，等．渣土类建筑固体废弃物资源化利用关键技术与应用［M］．北京：中国建材工业出版社，2022.

［9］ 周文娟，陈家珑．建筑固体废弃物资源化产业发展与标准体系［M］．北京：中国建材工业出版社，2021.

［10］ 赵由才，王罗春．建筑固体废弃物处理与资源化［M］．北京：化学工业出版社，2004.

［11］ 住房和城乡建设部科技与产业化发展中心，北京市朝阳循环经济产业．建筑固体废弃物资源化利用技术指南［M］．北京：中国建材工业出版社，2018.

［12］ 孟庆国．PCM装配式建筑工程消耗量定额研究［D］．哈尔滨：哈尔滨工业大学，2021.

［13］ 住房和城乡建设部关于推进建筑固废减量化的指导意见［J］．建筑监督检测与造价，2020，13（03）：1-2＋6.

［14］ 宋晓芳，郭琪璇．郑州市建筑固废减量化对策研究［J］．居舍，2022，（15）：167-169.

第7章

城市更新改造固体废弃物处理与利用典型案例剖析

7.1 概述

近年来，在城市快速增长、人口剧增所带来的旧城老化、服务能力不足等挑战下，政府开始探索以老旧小区改造、厂房商业更新、片区更新和公共空间治理为主的城市更新路径。

住房和城乡建设部提出了城市更新行动的重点任务，主要包括完善城市空间结构、实施城市生态修复和功能完善工程、强化城市历史文化和保护塑造城市特色风貌、加强居住社区建设、推进新型城市基础设施建设、加强城镇老旧小区改造、增强城市防洪排涝能力、推进以县城为重要载体的城镇化建设等。

城市更新采用"政府引导，市场运作"的方式，旨在完善城市功能，优化产业结构，改善人居环境，推进土地、能源、资源的节约集约利用，目前主要以老旧小区、厂房商业更新、片区更新和公共空间治理为重点。

目前各地均加速推进城市更新计划，并出台相应文件（表7-1）。

城市更新文件   表 7-1

序号	发布方	文件名称
1	中央	关于开展第一批城市更新试点工作的通知
2	北京	北京市城市更新行动计划(2021~2025 年)
3	上海	上海市城市更新条例
4	广州	广州市城市更新办法
5	深圳	深圳特区城市更新条例
6	重庆	重庆市城市更新管理办法
7	南京	南京市城市更新试点实施方案
8	沈阳	沈阳市城市更新管理办法
9	辽宁	辽宁省城市更新条例
10	大连	大连市城市更新管理暂行办法

在可预见的未来，城市更新项目会逐步增多，所以伴随城市更新发展的，一定会带来固体废弃物增加。结合国家发展和改革委员会《"十四五"循环经济发展规划》及《住房和城乡建设部关于推进建筑垃圾减量化的指导意见》，配套固体废弃物减量化及循环使用，对于施工企业来说，城市更新项目固体废弃物处理会是施工重点之一。

目前针对城市更新产生的固体废弃物情况，拆除产生的固体废弃物种类主要有：渣土；废弃砖瓦、砂浆块；混凝土块；废弃钢筋；废弃机电桥架、管线；废弃塑料、竹木；废弃家具；废弃保温、隔热、防水材料；废弃涂料金属桶；废弃包装材料等。

7.2　老旧小区改造项目固体废弃物处理及利用剖析

7.2.1　老旧小区改造项目固体废弃物处理与利用策划

1. 项目概况

大箕山家园老旧小区改造项目（图 7-1）位于无锡市滨湖区蠡园街道大箕山家园，改造区域包括大箕山家园 17 栋单体，大箕山家园南区 24 栋单体，大箕山家园北区 24 栋单体等共约 65 栋单体和 2 个地下车库。建筑面积 22.8 万 m^2，地下 1 层，地上 12 层，砖混结构。改造内容包括建筑出新改造、楼道出新改造、配套设施建设工程、道路交通改善、室外道路改造提升工程、室外管线工程、景观提升改造工程、外立面出新改造提升、社区服务用房维修改造、拆除与垃圾外运、海绵城市专项施工等。

图 7-1　大箕山家园老旧小区改造项目

2. 固体废弃物处理与利用策划

（1）重难点分析

1）现场临时用地紧张，固体废弃物存放及分类储存困难，项目位于成熟社区，周边各类配套设施齐全，空地率很小，用地紧张，固体废弃物存放及分类储存困难很大。

应对措施：现场各区设立分类垃圾池，根据现场固体废弃物产生速度，及时协调消纳单位进行处置。

2）涉及分包分供较多，统筹管理困难，不同分包分供商同时进场，给工作面管理及交接带来困难。

应对措施：组建总包—分包统筹协调管理小组，实行区域负责制度，每个区域实施固体废弃物第一次分类分拣，按照五分法要求，分开堆放。设立文明施工及垃圾清运专责小组，制定文明施工与垃圾清运管理制度，垃圾清运专员按照既定时间表，将临时堆放点的垃圾及时清运至指定的垃圾处理场所。

3）固体废弃物的源头控制，现场分类管理，固体废弃物减量化和再利用是重点和难点。

应对措施：项目部编制专项施工方案，建立领导小组，明确各管理职能，以月为单位进行检查纠偏，保障项目固体废弃物减量化及处理利用方案的实施。

（2）固体废弃物分类

结合老旧小区改造项目实际情况及固体废弃物现场分类原则，对项目不同维度进行固体废弃物分类（表7-2）。

老旧小区改造项目固体废弃物分类 表7-2

目标维度	序号	层次维度	房修改造阶段	市政景观改造阶段
无机非金属类	1	明显经济效益	碎砖	建筑坏工
	2	较小经济效益	损坏的灯具	清表渣土
	3	无经济效益	水泥	无
	4	负经济效益	涂料、腻子	油漆
金属类	1	明显经济效益	涂料金属桶	钢筋、铁丝
	2	较小经济效益	焊条头、废钉子	焊条头、废钉子
	3	无经济效益	无	无
	4	负经济效益	无	无
塑料类	1	明显经济效益	苯板条	塑料包装防尘网
	2	较小经济效益	机电管材	塑料薄膜
	3	无经济效益	废毛刷	废毛刷、编织袋
	4	负经济效益	废胶带	无
其他类	1	明显经济效益	纸质包装	大乔木、纸质包装
	2	较小经济效益	无	无
	3	无经济效益	无	小灌木
	4	负经济效益	玻璃胶、密封胶、涂料滚筒	涂料滚筒

目标维度：结合本工程实际情况，将现场固体废弃物划分为四大类（无机非金属类、金属类、塑料类、其他类），每一大类再细化若干小类。

阶段维度：

1）房修改造阶段

本工程房修改造阶段固体废弃物主要为无机非金属类、金属类、塑料类，主要包括：碎砖、水泥；涂料金属桶；苯板条；机电管材等。

产生原因：

① 外墙翻新产生的碎砖、涂料、腻子；

② 涂料施工产生的涂料金属桶；

③ 雨污水管线更换产生的机电管材；

④ 屋面工程施工产生的苯板条。

2）市政景观改造阶段

本工程市政景观改造阶段固体废弃物以无机非金属类、金属类、其他类为主，主要包括：建筑坊工、渣土；钢筋、铁丝；乔灌木。

产生原因：

① 土方开挖回填产生的建筑坊工、渣土；

② 门卫、景观亭及非机动车棚施工产生的钢筋、铁丝；

③ 绿化清表、移除过程中产生的乔灌木。

层次维度：

1）明显经济效益

具有明显经济效益的固体废弃物主要包括：建筑坊工、碎砖、涂料金属桶、钢筋、苯板条、防尘网、纸质包装、乔木等。

2）较小经济效益

具有较小经济效益的固体废弃物主要包括：损坏灯具、渣土、废钉子、机电管材、塑料薄膜等。

3）无经济效益

无经济效益的固体废弃物主要包括：水泥、编织袋、小灌木、废毛刷等。

4）负经济效益

负经济效益的固体废弃物主要包括：涂料、油漆、腻子、废胶带、密封胶、涂料滚筒等。

（3）固体废弃物预估量见表 7-3、表 7-4。

房修改造工程固体废弃物预估量　　　　　　　　　　　表 7-3

序号	施工阶段	建筑垃圾分类	涉及施工内容	预估量	处置
1	房修改造工程	无机非金属类	单元门侧墙拆除产生的碎砖	60m³	用做道路路基回填
2		金属类	涂料金属桶	1.2t	再生资源站/消纳场
3		塑料类	苯板条、防水卷材、机电管材、塑料包装、塑料薄膜等	1.5t	再生资源站/消纳场
4		其他类	纸质包装	1t	再生资源站/消纳场

市政景观改造工程固体废弃物预估量　　　　　　　　表 7-4

序号	施工阶段	建筑垃圾分类	涉及施工内容	预估量	处置
1	市政景观改造工程	无机非金属类	清表渣土、建筑坊工	2000m³	用做淤泥土换填土材料、道路路基回填
2		金属类	加工后剩余钢筋、铁丝	2t	再生资源站/消纳场
3		塑料类	塑料包装、塑料薄膜等	1.5t	再生资源站/消纳场
4		其他类	乔木移除	450棵	再生资源站/消纳场

（4）固体废弃物综合利用目标见表 7-5。

固体废弃物综合利用目标 表 7-5

序号	项目	指标说明	利用率
1	建筑坯工利用率	非机动车库、景观墙等结构拆除产生的建筑坯工再利用	资源化利用率≥40%
2	绿化清表渣土综合利用率	绿化清表产生的粉质黏土再利用	资源化利用率根据现场实际用量确定
3	减少乔木移除数量	乔木根据胸径调整移除范围	乔木移除减少数量≥50%

（5）保障体系：项目组织机构如图 7-2 所示。

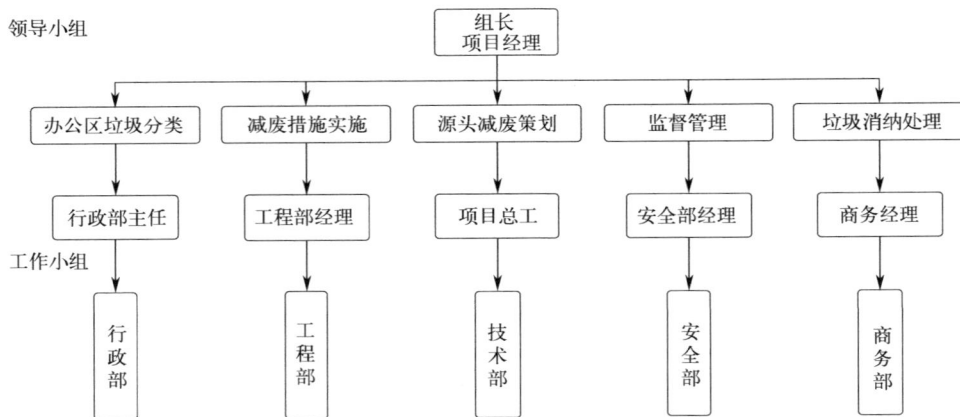

图 7-2 项目组织机构

7.2.2 固体废弃物综合利用实施案例

1. 废弃砖块、砂浆块、混凝土块再利用

各区构筑物，如门卫室、非机动车库、景观墙等结构拆除产生的废弃砖块、砂浆块、混凝土块用做道路路基回填材料（图 7-3、图 7-4）。

图 7-3 结构拆除产生的固体废弃物用做道路路基回填

图 7-4　建筑垆工破碎用做道路路基回填

2. 绿化清表渣土再利用

绿化清表产生的渣土，经过筛分晾干后，用做河塘区域淤泥土换填（图 7-5）。

图 7-5　淤泥土开挖换填

3. 减少乔木移除数量

原设计要求胸径≥20cm 的乔木移栽至苗圃，胸径＜20cm 的乔木直接移除。现调整为胸径≥15cm 的乔木移至苗圃，胸径在 10～15cm 范围内的树形优美、冠幅良好的乔木就近进行场内移栽，胸径＜10cm 的乔木砍伐后移除，大大降低了乔木砍伐产生的固体废弃物。

7.2.3　固体废弃物减量及综合利用总结评价

经过精细策划，采取源头减量设计和各种利用措施，最终固体废弃物减量 830t，节省了 7.3 万元，达到了 300t/m^2 的指标，具有良好的社会效益和环境与生态效益。

1. 社会效益

与以往简单分拣为非金属和金属处理方式相比，本项目综合处置措施改善了施工现场的环境。

2. 环境与生态效益

降低固体废弃物堆放造成的土地占用，对保护现有耕地面积具有深远的意义，减少了对地表和地下水体的污染，降低了大气污染。

7.3 厂房商业有机更新项目固体废弃物处理及利用剖析

7.3.1 厂房商业有机更新项目固体废弃物处理与利用策划

1. 项目概况

北京五棵松万达广场改造项目（图 7-6），位于北京市海淀区复兴路 69 号，原建筑为商业业态，总建筑规模 31.11 万 m^2。五棵松卓展购物中心原为大型高端综合商业场，现需按照第四代万达广场标准进行改建。本次改造以增加业态类型、升级视觉效果、改善场内环境、实现商业效益综合提升为目的，对原有楼体进行结构、装修与机电改造。

图 7-6 北京五棵松万达广场改造项目

该项目改造不改变业态性质，仍为商业业态。地下建筑规模 11.45 万 m^2，其中地下 2 层为停车库，地下 1 层为商业；地上为 6 层商业，建筑规模 19.66 万 m^2。本次改造为整体的商业设施更新改造，产业升级。

2. 固体废弃物处理与利用策划

（1）重难点分析

建筑垃圾消纳困难，本项目工程为商业建筑改造，建筑面积达到 30 万 m^2，建筑装饰拆除产生的建筑垃圾量较大且垃圾消纳周期较为集中，垃圾消纳困难较大。

扰民问题尤显，本项目工程位于北京五棵松，南侧紧邻长安街延长线，西侧紧邻西四环，北侧靠近五棵松北路，且周围紧邻紫金长安住宅区，夜间倒运垃圾时，容易产生噪声，造成扰民问题。

建筑垃圾倒运困难，本工程项目位于市区核心位置，距离垃圾消纳及回收站距离较远，同时只能夜间倒运建筑垃圾，对建筑垃圾消纳增加很大难度。

（2）固体废弃物分类

结合厂房商业有机更新项目实际情况及固体废弃物现场分类原则，对项目不同维度进行固体废弃物分类（表 7-6）。

厂房商业有机更新项目固体废弃物分类

表 7-6

目标维度	序号	层次维度	基础阶段	主体阶段	装修阶段
无机非金属类	1	明显经济效益	渣土	混凝土、砌块、条板	瓷砖边角料、大理石边角料、碎砖、损坏的洁具、损坏的井盖（混凝土类）
	2	较小经济效益	渣土	砖石、条板	损坏的灯具
	3	无经济效益	碎砖、泥浆	碎砖、灌浆料	水泥
	4	负经济效益	油漆	油漆	油漆、玻璃、腻子
金属类	1	明显经济效益	钢筋、铁丝、角钢、型钢、废卡扣（脚手架）、废螺杆	钢筋、钢管、铁丝、型钢、金属支架	电线、电缆、信号线头、铁丝、角钢、型钢、涂料金属桶、金属支架
	2	较小经济效益	废电箱、废锯片、废钻头、焊条头、废钉子、破损围挡	废锯片、废钻头、焊条头、废钉子、破损围挡	废锯片、废钻头、焊条头、废钉子、破损围挡
	3	无经济效益	无	无	无
	4	负经济效益	无	无	无
木材类	1	明显经济效益	模板、木方	模板、木方	木材
	2	较小经济效益	木制包装	木制包装、纸质包装	木制包装
	3	无经济效益	无	无	无
	4	负经济效益	无	无	无
塑料类	1	明显经济效益	塑料包装、塑料、塑料薄膜、防尘网、安全网	塑料包装、塑料、苯板条	苯板条、塑料包装、塑料
	2	较小经济效益	废消防水带、废胶带、防水卷材	废毛刷、安全网、塑料薄膜、废毛毡、编织袋、防水卷材	废消防水带、编织袋、机电管材
	3	无经济效益	废毛刷、废毛毡	废毛刷	废毛刷
	4	负经济效益	编织袋	岩棉	废胶带
其他类	1	明显经济效益	玻璃胶等	纸质包装	纸质包装
	2	较小经济效益	灌注桩头	轻质金属夹芯板	轻质金属夹芯板
	3	无经济效益	废消防箱	岩棉	石膏板
	4	负经济效益	轻质金属夹芯板	涂料	油漆（桶）、玻璃胶、结构胶、密封胶、发泡胶、涂料、乳胶漆、涂料滚筒

目标维度：结合本工程实际情况，特将现场固体废弃物划分为五大类（无机非金属

类、金属类、木材类、塑料类、其他类），每一大类再细化为若干小类。

阶段维度：

1）主体结构施工阶段

本工程主体结构施工阶段固体废弃物以无机非金属类、金属类、木材类为主，主要包括：混凝土、钢筋、钢管、铁丝、型钢、金属支架、废弃架料、废弃木方、模板等。

产生原因：

① 结构修补剔凿产生的混凝土废渣；

② 主体结构钢筋工程施工产生的钢筋废料、铁丝；

③ 现场防护棚施工产生的型钢废料；

④ 主体结构模板工程中产生的螺杆、废弃架料；

⑤ 主体结构模板工程中产生的废弃木方、模板。

2）装修施工阶段

本工程装修施工阶段固体废弃物以无机非金属类、塑料类、木材类为主，主要包括：砌块、砂浆废料、石粉、瓷砖边角料、大理石边角料、玻璃、木质包装、纸质包装等。

产生原因：

① 砌筑及初装修工程中产生的砌块、砂浆废料、石粉等；

② 精装修工程中产生的瓷砖、纸质包装材料等废弃垃圾；

③ 门窗工程中产生的玻璃；

④ 电梯工程等设备安装中产生的木质包装。

层次维度：

1）明显经济效益

本工程所涉及的具有明显经济效益的建筑垃圾主要包括：钢筋、铁丝、型钢、瓷砖边角料、大理石边角料、模板、木方、渣土、混凝土等。

2）较小经济效益

本工程所涉及的具有较小经济效益的建筑垃圾主要包括：挤塑板、塑料薄膜、防水卷材、机电塑料管材、纸质包装、塑料包装等。

3）无经济效益

本工程所涉及的无经济效益的建筑垃圾主要包括：泥浆、瓷砖、编织袋、防尘网、岩棉等。

4）负经济效益

本工程所涉及的负经济效益的建筑垃圾主要包括：油漆、涂料、密封胶等。

（3）固体废弃物预估量见表6-6。

（4）固体废弃物减量化目标

明确建筑垃圾综合利用率目标，制定建筑垃圾现场综合利用方案，统筹管理和策划每一类建筑垃圾的综合利用措施和综合利用量。施工现场建筑垃圾的综合利用，应遵循因地制宜、分类利用的原则，提高建筑垃圾综合利用水平。

优先考虑就地或就近资源化利用和综合利用。并且应统筹考虑工程全寿命周期的可持续性要求，采用耐久性好、可循环利用的建筑材料。

（5）保障体系：项目组织架构如图7-7所示。

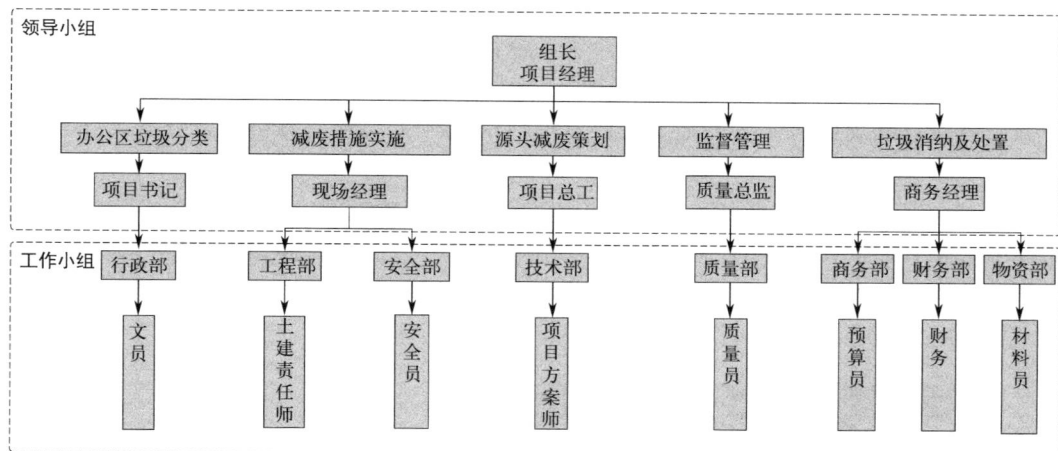

图 7-7　项目组织架构

7.3.2　固体废弃物综合利用实施案例

1. 源头减量措施

（1）建设单位应明确建筑垃圾减量化目标和措施，并纳入招标文件和合同文本，将建筑垃圾减量化措施费纳入工程概算。

（2）建设单位应推动设计单位进行绿色建筑设计，优化设计方案，从源头上减少固体废弃物。

（3）设计单位应在满足设计要求的前提下，遵循绿色建筑设计原则。利用拆除垃圾，深化利旧设计，探索如何最大限度地利用现有结构和材料，而不是简单拆除重建。

（4）在设计阶段，考虑所有建筑节点和构造细节。利用软件工具进行下料排板优化，确保材料的最大化利用，减少切割和浪费。在实际施工前，通过 BIM 软件进行虚拟装配，模拟建筑构件的组装过程，预测可能的问题并提前解决。

（5）施工现场优先采用可周转的标准化设施。可周转临边防护、可周转体系支架、可周转活动板房、可周转物料加工棚、可周转废料池、可周转钢筋堆场等。

（6）施工单位在施工过程中通过将永久设施与临时设施相结合的方式来减少建筑垃圾的产生。

1）现场临时道路布置与原有及永久道路兼顾考虑，充分利用原有及永久道路基层，并加设预制拼装可周转的临时路面，如：钢制路面、装配式混凝土路面等，加强路基成品保护。

2）现场临时围挡应最大限度利用原有围墙或永久围墙。

3）现场临时用电应根据结构及电气施工图纸，经现场优化选用合适的正式配电线路，达到配电施工的永临结合。

4）临时工程消防、施工生产用水管道及消防水池可利用正式工程消防管道及消防水池。

5）现场垂直运输可利用消防电梯。

6）地下室临时通风可利用地下室正式排风机及风管。

7）临时市政管线可利用场内正式市政工程管线。

8）现场临时绿化可利用场内原有及永久绿化。

（7）施工现场应实行智慧化管理。

1）各类建筑材料采用智能地磅过秤，精准快速称重，减少材料浪费及各类建筑垃圾产生。

2）利用BIM技术建立建筑、结构、机电等多专业三维模型，提前解决机电与结构、建筑之间预留洞口问题，减少现场后期开凿、返工，减少返工造成资源浪费及建筑垃圾产生。

3）利用无人机航拍技术，建立施工项目原始地表模型，精细化土方统计及工程量测算，优化土方平衡，减少土方开挖和工程渣土的产生（图7-8）。

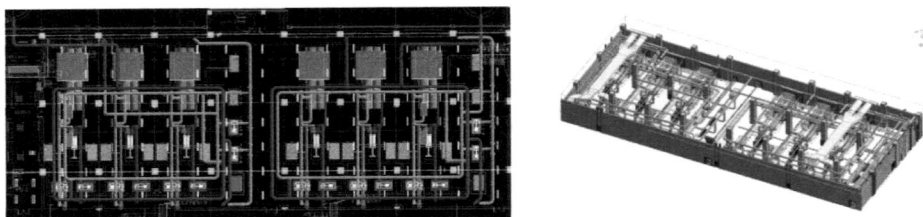

图 7-8　BIM 综合技术应用

2. 综合利用

（1）施工现场应建立建筑垃圾回收利用信息记录制度。

（2）具备建筑垃圾现场资源化处置能力的施工单位，应根据场地条件，合理设置垃圾分类储存区、建筑垃圾加工区及产品储存区并明显标识，提升施工现场建筑垃圾资源化处置水平及再生产品质量。

（3）建筑垃圾收集点应按所分类别规划堆放场地，工程垃圾、拆除垃圾堆放区宜保证临时贮存能力，临时存放场所宜采用封闭或半封闭的形式。

3. 现场分类、利用和处置设备设施

（1）施工现场产生的金属类垃圾，如废钢筋、铁件等，可以通过多种方式进行就地处置和资源化利用。废钢筋可以切割加工成定位筋、马凳筋等；废金属材料可以用于搭建临时围栏、支架、脚手架等临时设施，减少新材料的需求。

（2）施工现场产生的无机非金属建筑垃圾，如混凝土、砖瓦、石材等，可以通过多种方式进行就地或就近处置和资源化再利用。

1）废弃的混凝土及其制品可通过砂石分离装置分离后再利用。

2）废砖瓦可替代骨料配制再生轻骨料混凝土，用其制作具有承重、保温功能的结构轻骨料混凝土构件（板、砌块）、透水性便道砖及花格、小品等水泥制品。

3）废旧石材、陶瓷等，破碎筛分后，用于混凝土骨料、轻骨料混凝土构件（板、砌块）、透水性便道砖及花砖等水泥制品。

4）废沥青，经过破碎筛分，和再生剂、新骨料、新沥青材料按适当比例重新拌合，形成具有一定路用性能的再生沥青混凝土，用于铺筑路面面层或基层。

5）工程渣土、工程泥浆符合骨料要求的，可加工成混凝土的粗骨料和细骨料。

6）工程渣土、工程泥浆经过处理可用做路基材料或加工成渣土砖。

7.3.3 固体废弃物减量及综合利用总结评价

经过精细策划，采取源头减量设计和各种利用措施，最终固体废弃物减量 920t，达到了 $300t/万\ m^2$ 的指标，具有良好的经济效益、社会效益和环境与生态效益。

（1）经济效益：成本节约 9.6 万元。

（2）社会效益：与以往简单分拣固体废弃物的处理方式相比，本项目综合处置措施对于固体废弃物的回收利用率更高，更具有可推广性。

（3）环境与生态效益：减少了垃圾填埋及简单露天堆放对环境及水体的污染。

7.4 片区更新项目固体废弃物处理及利用剖析

7.4.1 片区更新项目固体废弃物处理与利用策划

1. 项目概况

怀柔区怀柔镇张各长村 HR00-0004-6002、6003、6004 地块 F2 公建混合住宅用地项目（图 7-9）位于怀柔区怀柔镇张各长村，怀柔新城规划 04 街区。

图 7-9　怀柔区张各长村公建混合住宅用地项目

怀柔新城：承接首都功能疏解和人口转移的重点区域，是怀柔科学城、国际交往新区与影视产业示范区发展的腹地，承载怀柔区公共服务与管理的中心地区。施工范围包括但不限于设计图纸范围内的建筑工程、装饰工程、给水排水工程、电气工程、建筑智能化、建筑节能、消防工程、电梯工程以及室外工程等设计图纸显示的全部工程。

2. 固体废弃物处理与利用策划

（1）重难点分析

1）工序繁复、工期紧张，本工程工序繁复且装饰装修质量要求高，工期紧张。

应对措施：提前进行相关深化设计，解决专业碰撞问题，同时优化部分做法，降低施工难度，提高现场施工进度的同时减少垃圾产生。

2）现场临时用地紧张，垃圾存放及分类储存困难，项目周围均为成熟社区，用地紧

233

张，给垃圾存放及分类储存带来困难。

应对措施：现场建立分类垃圾池，根据现场垃圾产生速度，及时协调垃圾消纳单位进行处置。

3）施工现场使用大量建筑材料，产生不同种类建筑垃圾，建筑垃圾分类管理难度大，如何实现施工现场建筑垃圾减量分类全过程管理是难点。

应对措施：结合项目特点，加强源头控制与过程管控，最大限度减少建筑垃圾外运量和场外填埋量，最大化实现建筑垃圾综合利用，加强项目之间协同，将环境影响降至最低的工地管理模式。

4）"无废工地"建设沟通协调难度大。

应对措施：需要建设、设计、施工和监理等参建单位构建有利于推进建筑垃圾减量化的组织模式，相互协调，加强设计与施工深度融合无废措施的可行性，最大限度降低建筑垃圾排放量。

（2）固体废弃物分类

结合片区更新项目实际情况及固体废弃物现场分类原则，对项目不同维度进行固体废弃物分类（表7-7）。

片区更新项目固体废弃物分类 表7-7

目标维度	序号	层次维度	基础阶段	主体阶段	装修阶段
无机非金属类	1	明显经济效益	渣土	混凝土、砌块、条板	瓷砖边角料、碎砖、损坏的洁具
	2	较小经济效益	渣土	砖石、条板	损坏的灯具
	3	无经济效益	碎砖、泥浆	碎砖、灌浆料	水泥
	4	负经济效益	油漆	油漆	油漆、玻璃、腻子
金属类	1	明显经济效益	钢筋、铁丝、角钢、型钢、废卡扣（脚手架）、废螺杆	钢筋、钢管、铁丝、角钢	铁丝、角钢、型钢、涂料金属桶、金属支架
	2	较小经济效益	废电箱、废锯片、废钻头、焊条头、废钉子、破损围挡	废锯片、废钻头、焊条头、废钉子、破损围挡	废锯片、废钻头、焊条头、废钉子、破损围挡
	3	无经济效益	无	无	无
	4	负经济效益	无	无	无
木材类	1	明显经济效益	模板、木方	模板、木方	木材
	2	较小经济效益	木制包装	木制包装、纸质包装	木制包装
	3	无经济效益	无	无	无
	4	负经济效益	无	无	无
塑料类	1	明显经济效益	塑料包装、塑料薄膜、防尘网、安全网	塑料包装、塑料、苯板条	苯板条、塑料包装、塑料
	2	较小经济效益	废消防水带、废胶带、防水卷材	废毛刷、安全网、塑料薄膜、废毛毡、编织袋、防水卷材	废消防水带、编织袋、机电管材
	3	无经济效益	废毛刷、废毛毡	废毛刷	废毛刷
	4	负经济效益	编织袋	岩棉	废胶带

234

目标维度	序号	层次维度	基础阶段	主体阶段	装修阶段
其他类	1	明显经济效益	玻璃胶等	纸质包装	纸质包装
	2	较小经济效益	灌注桩头	轻质金属夹芯板	轻质金属夹芯板
	3	无经济效益	废消防箱	岩棉	石膏板
	4	负经济效益	轻质金属夹芯板	涂料	油漆桶、结构胶、密封胶、发泡胶、涂料、涂料滚筒

目标维度：结合本工程实际情况，特将现场固体废弃物划分为五大类（无机非金属类、金属类、木材类、塑料类、其他类），每一大类再细化若干小类。

阶段维度：结合本工程所涉及的内容，按照时间维度共划分为基础施工阶段、主体结构施工阶段、装修施工阶段三个阶段。

1）基础施工阶段

本工程基础施工阶段固体废弃物以无机非金属类、金属类、塑料类为主，主要包括：渣土、泥浆、混凝土；钢筋、型钢。

产生原因：

① 土方开挖产生渣土；

② 抗浮锚杆施工产生泥浆；

③ 支护结构施工产生的混凝土废渣；

④ 基础钢筋施工产生钢筋废料；

⑤ 支护结构施工产生型钢废料；

⑥ 土方苫盖产生的防尘网废料。

2）主体结构施工阶段

本工程主体结构施工阶段固体废弃物主要包括：混凝土、砌块、条板、钢筋、角钢、铁丝、螺杆、木方、模板等。

产生原因：

① 结构修补剔凿产生的混凝土废渣；

② 主体结构钢筋工程施工产生的钢筋废料、铁丝；

③ 现场防护棚施工产生的角钢废料；

④ 主体结构模板工程中产生的螺杆、废弃架料；

⑤ 主体结构模板工程中产生的废弃木方、模板。

3）装修施工阶段

本工程装修施工阶段固体废弃物主要包括：砌块、石粉、瓷砖、石膏板、苯板条、塑料包装、塑料、纸质包装等。

产生原因：

① 砌筑及初装修工程中产生的砌块、砂浆废料、石粉等；

② 精装修工程中产生的瓷砖、纸质包装材料等废弃垃圾；

③ 隔断工程中产生的石膏板；

④ 屋面外墙保温工程产生的苯板条。

层次维度：

1）明显经济效益

具有明显经济效益的建筑垃圾主要包括：钢筋、型钢、模板、木方、渣土、混凝土、砌块等。

2）较小经济效益

具有较小经济效益的建筑垃圾主要包括：废电箱、废锯片、废钻头、焊条头、废钉子、破损围挡、砖石、损坏的灯具、废消防水带、废胶带、防水卷材、塑料薄膜、纸质包装等。

3）无经济效益

无经济效益的建筑垃圾主要包括：碎砖、泥浆、灌浆料、废毛刷、废毛毡、石膏板等。

4）负经济效益

负经济效益的建筑垃圾主要包括：轻质金属夹芯板、油漆、玻璃、腻子、废胶带等。

（3）固体废弃物预估量见表7-8。

固体废弃物预估量   表 7-8

施工阶段	主要垃圾类型	垃圾最终产生量
地基及基础	碎砖、砂浆、混凝土、桩头、	634.4t
主体结构/二次结构	混凝土、砂浆、钢材、木材、砌块	1557.6t
装饰装修	包装材料、钢材等	423.5t

（4）固体废弃物综合利用目标

根据《住房和城乡建设部关于推进建筑垃圾减量化的指导意见》，建筑垃圾产生量每万平方米不高于300t。我项目施工现场建筑垃圾（不包括渣土、工程泥浆）排放量预计为2615.5t，折合每万平方米259.47t，低于文件要求里的每万平方米不高于300t的要求。

（5）保障体系：项目组织架构如图7-10所示。

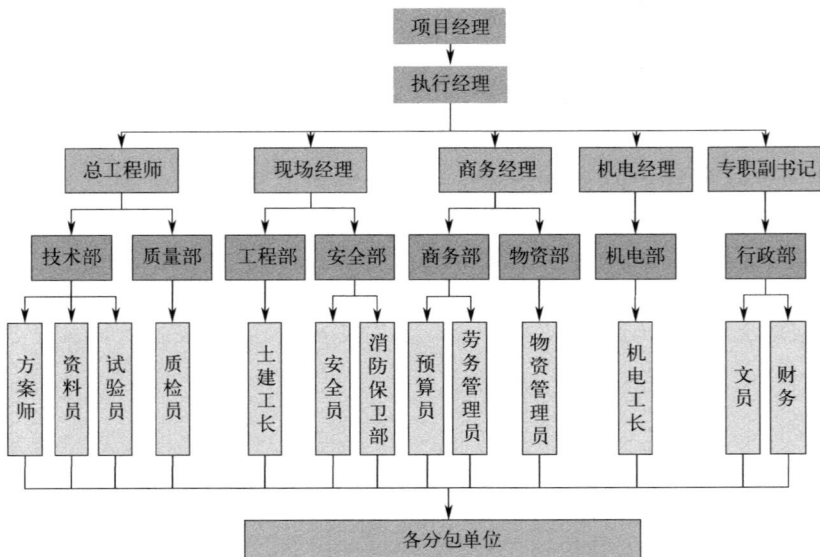

图 7-10 项目组织架构

7.4.2　固体废弃物综合利用实施案例

1. 固体废弃物源头减量措施

施工现场建筑垃圾的源头减量应通过施工图纸深化、施工方案优化、永临结合、临时设施和周转材料重复利用、施工过程管控等措施，减少建筑垃圾的产生。

（1）施工图优（深）化

在不降低设计标准、不影响设计功能的前提下，与设计人员充分沟通，合理优化、深化原设计，避免或减少施工过程中拆改、变更产生建筑垃圾。

地基基础优（深）化设计：结合实际地质情况优化基坑支护方案、优化基础埋深和桩基础深度等。

主体结构优（深）化设计：优化并减少异形复杂节点、节约使用结构临时支撑体系周转材料等。

机电安装优（深）化设计：采用机电管线综合支吊架体系、机电结构连接构件优先预留预埋、机电装配式等。

装饰装修优（深）化设计：采用装配式装修、机电套管及末端预留等。

（2）方案优化

1）地基与基础工程

挖填土方工程中，结合场区内地形地貌，优先考虑工程场地区域内的挖填土石方平衡。通过与业主和园林局沟通在场区附近设置临时堆土点（图 7-11），同时合理优化施工工艺和施工顺序，平衡挖方与填方量，减少土方外运量。

图 7-11　临时堆土点

根据支护设计及施工方案，精确计算材料用量，采用先进施工方法减少基坑支护量。地库深基坑支护形式采用土钉墙和围护桩，以减少土方开挖和节约场区土地目的。基坑支护选用土钉墙支护技术，施工工艺简单；工期压缩，后续工序快速插入，提前消除基坑安全风险（图 7-12、图 7-13）。

在灌注桩施工时，采用智能化灌注标高控制方法，减少超灌混凝土，减少桩头破除建筑垃圾量。

2）主体结构工程

本工程为工业化装配式建筑，装配式结构的外墙全部采用装饰面层、保温层和结构层于一体的预制构件形式，在源头大大减少了固体废弃物的产生。同时利用建筑信息模型（BIM）技术，在深化阶段全面采用 Revit 软件进行深化设计并建模，深化设计全信息模型可直接导出模板图和钢筋图，优化钢筋翻样及配料，避免钢筋浪费（图 7-14、图 7-15）。

图 7-12　深基坑土钉墙支护

图 7-13　深基坑围护桩

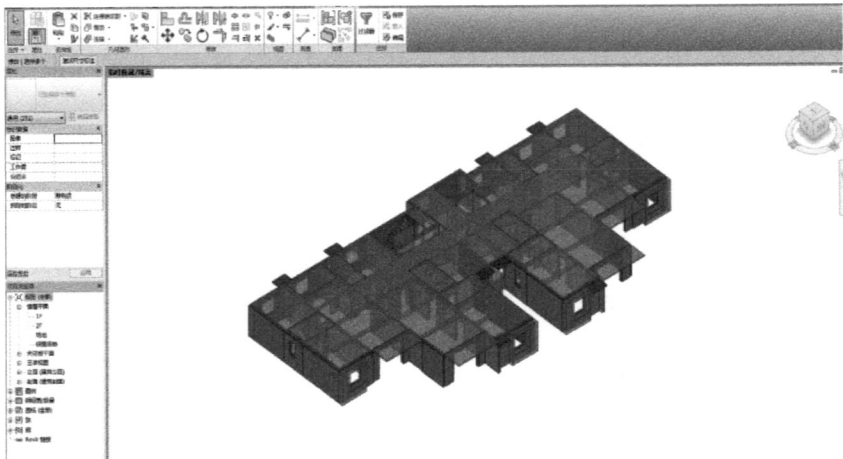

图 7-14　BIM 全信息模型

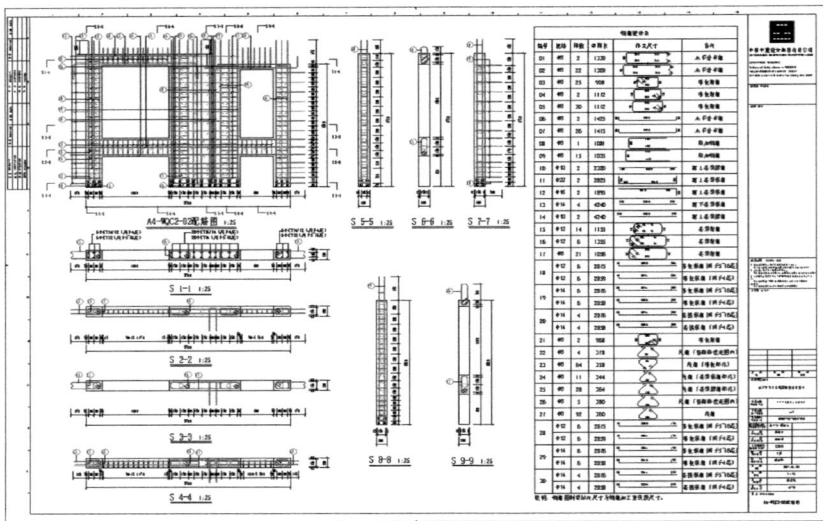

图 7-15　导出钢筋图直接指导构件厂施工

本工程大量采用 HRB400 和 HRB500 级高强钢筋，使用率占总钢材重量的 70％以上。纵向受力钢筋直径≥16mm 采用机械连接。平均可减少钢筋用量约 12％～18％，有效节约材料用量。混凝土墙体梯子筋横撑及部分顶模棍、柱定位箍采用现场的钢筋废料制作（图 7-16～图 7-18）。

图 7-16　高强钢筋直螺纹连接

图 7-17　柱定位箍筋

图 7-18　梯子筋

砌筑工程采用蒸压加气混凝土砌块，砌筑砂浆采用预拌砂浆，现场设置砂浆罐和封闭防护棚。

地面混凝土浇筑采用原浆一次找平，实现一次成型，减少二次找平。

梁板模架支撑体系，次龙骨采用方钢代替木方使用，可实现 95％的周转利用（图 7-19）。

图 7-19　轮扣架次龙骨采用方钢管

水平支撑采用独立支撑＋铝梁（图 7-20），竖向墙板采用可调钢管斜支撑（图 7-21）。周转率高，稳定性好，安拆便捷。

图 7-20　独立支撑＋铝梁

图 7-21　伸缩式钢管斜支撑

3）机电安装工程

机电管线施工前，根据深化设计图纸，对管线路由进行空间复核，确保安装空间满足管线、支吊架布置及管线检修需要。

安装空间紧张、管线敷设密集的区域，应根据深化设计图纸，合理安排各专业、系统间施工顺序，避免因工序倒置造成大面积拆改。

设备配管及风管制作等优先采用工厂化预制加工，提高加工精度，减少现场加工产生的建筑垃圾。

采用现场无线化操作工具和移动充电电箱（图 7-22）。

图 7-22　现场无线化操作工具

4）装饰装修工程

推行土建机电装修一体化施工，加强协同管理，避免重复施工。

门窗、幕墙、块材、板材等采用工厂加工、现场装配，减少现场加工产生的建筑垃圾。

幕墙工程施工前，利用 CAD、Revit 软件进行深化，并完成外立面效果的模拟。按照确定的排板图定尺加工石材，避免材料浪费。

室内装饰深化中，已完成地砖与大理石地面排砖图、吊顶排布图等深化图纸，后续施工将按确认的图纸进行施工，避免材料浪费。

（3）永临结合

在满足相关标准规范的情况下，建设单位应支持施工单位对具备条件的施工现场，水、电、消防、道路等临时设施工程实施"永临结合"，并通过合理的维护措施，确保交付时满足使用功能需要（表 7-9）。

永临结合 表 7-9

序号	永临结合思路	说明
1	现场正式消防作为临时消防使用	主体结构阶段将正式消防管道提前施工,以满足主体及装饰装修阶段的临时消防、临时用水
2	地下室及楼梯间临时照明永临结合	借用工程预埋线管敷设临时照明线路,所穿导线应与工程设计导线规格型号一致,导线最终将保留在管内作为正式工程使用
3	正式排水系统作为临时排水	正式排水系统作为施工阶段的排水措施
4	正式电梯作为临时电梯使用	主体结构施工完成后,提前将正式电梯安装并验收,作为装饰装修阶段材料垂直运输的工具
5	地下室排污泵作为临时泵提前启用	地下室正式泵提前进行安装,作为地下室积雨水的主要排水措施
6	排水沟盖板作为临时盖板	正式排水沟盖板提前策划作为临时排水沟盖板使用,待正式排水沟施工后将盖板加以利用
7	楼梯间正式栏杆提前安装代替临时防护	将楼梯间栏杆提前策划安装,作为楼梯防护。减少临时防护投入,实现正式栏杆提前安装

（4）标准化设施

1）施工现场办公区采用标准化的箱式办公楼、生活区宿舍采用标准化板房等可周转重复利用设施（图 7-23、图 7-24）。

图 7-23　办公区箱式办公楼

图 7-24　生活区宿舍标准化板房

2）本工程"四口五临边"、道路两侧防护、加工区四周防护、小型机械防砸棚、入楼及电梯安全通道、变压器及电箱防护、塔式起重机基础防护与防攀爬设施等均采用公司定型、标准化产品，在实现高周转率的前提下，实现了全公司统一且便于流转（图 7-25～图 7-31）。

图 7-25　建筑临边防护

图 7-26　电梯口定型防护

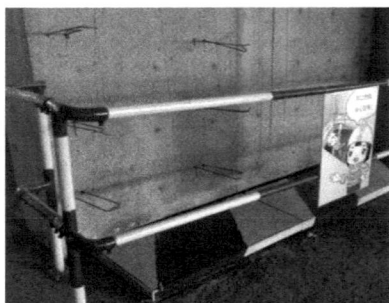

图 7-27　楼板水平洞口防护

图 7-28　钢筋加工棚网片式防护

图 7-29　二级配电箱防护

图 7-30　脚手架钢板网代替密目网

图 7-31　塔式起重机防攀爬设施

（5）物资管理

应按照设计图纸、施工方案和施工进度合理安排施工物资采购、运输计划，选择合适的储存地点和储存方式，全面加强采购、运输、加工、安装的过程管理。

（6）其他

1）采用成品窨井、装配式机房、集成化厨卫等部品部件，实现工厂化预制、整体化安装。

2）结合施工工艺要求及管理人员实际施工经验，利用信息化手段进行预制下料排版及虚拟装配，进一步提升原材料整材利用率，精准投料，避免施工现场临时加工产生大量余料。

3）设备和原材料提供单位应进行包装物回收，减少过度包装产生的建筑垃圾。

4）严格落实材料设备进场检验制度，强化施工质量管控，加强成品保护。

5）结合 BIM、物联网等信息化技术，建立健全施工现场建筑垃圾减量化全过程管理机制。鼓励采用智慧工地管理平台，实现建筑垃圾减量化管理与施工现场各项管理的有机结合。应实时统计并监控建筑垃圾的产生量，以便采取针对性措施减少排放。

2. 技术成本制度管理措施

（1）从技术管理方面控制建筑垃圾

在工程施工过程中，产生施工垃圾的数量多少和工程的技术管理水平的高低有着密切的关系。一般而言，高水平的工程技术管理可以有效地减少建筑垃圾的数量。因此通过提高技术管理水平来减少建筑施工垃圾的产生是一种有效的手段。

1）在施工组织设计的编制中体现建筑垃圾减量化的思想

在施工组织设计的编制中体现建筑垃圾减量化的思想可以有效地控制建筑垃圾的产生，它可以从以下几个方面着手：合理的施工进度安排、科学合理的施工方案、建筑垃圾处置计划以及处置设备。施工进度的合理安排是施工过程有条不紊进行的前提，合理的施工进度有利于有效利用建筑资源，减少材料损耗；可以同时考虑施工方案的选择和建筑垃圾处置计划的制定，即在作施工方案选择时，分析考虑各种建筑垃圾可能产生的情况，在自身条件的允许下，因地制宜，优先选择无污染、少污染的施工设计方案并制定合适的建筑垃圾再利用处理方案。如通过选择填挖平衡的施工设计方案，来减少建筑垃圾的外运量；最后，施工单位根据掌握的再循环利用的技术以及现场的条件来决定是否购置一些合适的建筑垃圾处理设备，如小型破碎机、分离机等。

2）重视施工图纸会审工作

在建筑工程领域，经常因为设计图纸与实际施工的脱节，而产生不必要的建筑施工垃圾。施工企业的技术人员应加强施工图纸会审工作，就图纸中与施工脱节和易导致施工垃圾增加的部位和做法向建设单位和设计单位提出建议和解决方案，避免产生不必要的施工垃圾。例如，在设计当中有时对门窗洞口留设位置安排不合理，稍作调整后，可以明显减少砌墙时的砍砖数量。在会审时提出这些问题可以避免这部分建筑施工垃圾的产生。另外，在图纸会审时，加强各专业分包和总承包商之间的交流沟通工作，可以使各专业分包明确各自的施工范围，前后的专业施工衔接流畅，预埋件和预留空洞的位置布置合理，达到有效避免返工重做的情况。

3）加强技术交底工作

技术交底对保证工程质量至关重要，它是一项技术性很强的工作。工程中经常因为工程质量低劣和不合格而导致不必要的返工或补救，从而导致建筑施工垃圾大大增加。要做好技术交底工作，施工图设计单位应使参与施工的相关技术人员对设计的意图、技术要求、施工工艺等有一定的了解，从而避免因质量不合格导致不必要的返工和补救。

4）推广新的施工技术，避免建筑材料在运输、储存、安装时的损伤和破坏所导致的建筑垃圾；提高结构的施工精度，避免凿除或修补而产生的垃圾。避免不必要的建筑产品包装。

5）做好施工的预检工作

预检是防止质量事故发生的技术工作之一，做好这项工作可以避免因发生质量事故而产生的建筑垃圾。工程预检主要是要控制轴线位置尺寸、标高、模板尺寸及墙体洞口留设等方面，从而防止因施工偏差而返工。另外，做好隐蔽工程的检查和验收及制订相关技术措施，也是控制施工垃圾有效的技术手段和措施。应重点检查对建筑质量影响重大的结构部位的施工，杜绝施工过程中偷工减料、以次充好，降低工程质量的现象，避免质量问题而修补处理时产生不必要的建筑垃圾。

6）提高施工水平和改善施工工艺

通过提高施工水平和改善施工工艺来达到减少建筑施工垃圾目的的措施较多。如使用可循环利用的钢模代替木模，可减少废木料的产生。采用装配式替代传统的现场制作，也可以控制建筑垃圾的产量。又如，提高建筑业机械化施工程度，可以避免人为的建材浪费，提高建材的利用率。

7）现场临时道路布置与原有及永久道路兼顾考虑充分利用原有及永久道路基层，并加设预制拼装可周转的临时路面，如：钢制路面、装配式混凝土路面等，加强路基成品保护；现场临时围挡最大限度利用原有围墙或永久围墙；现场临时用电应根据结构及电气施工图纸，经现场优化选用合适的正式配电线路。施工现场优先采用可周转、利用率高的标准化设施。

8）严把质量关减少建筑垃圾

确保所有材料设备均符合设计要求及国家规范。加强施工过程的质量控制，对关键工序和隐蔽工程实施重点监控，及时发现并纠正质量问题。针对已完成的工程成果，制定详细的保护措施，防止被二次损坏。

9）结合信息化技术减少建筑垃圾

结合 BIM、物联网等信息化技术，建立健全施工现场建筑垃圾减量化全过程管理机制。鼓励采用智慧工地管理平台，实现建筑垃圾减量化管理与施工现场各项管理的有机结合。

10）在保证质量安全的前提下，优先选用免临时支撑体系，如利用钢筋桁架楼承板作为楼板底模。采用临时支撑体系时，优先采用可重复利用、高周转、低损耗的模架支撑体系，如盘扣架。

（2）从成本管理方面来影响建筑垃圾的产生

对于项目部而言，对建筑施工垃圾的控制从根本上来说是对成本费用的控制。建筑施工垃圾实际上就是由建筑材料所组成的，建筑材料的成本在整个工程项目成本中所占的比重最大，一般在70%左右。建筑材料沦为施工垃圾后通常会增加两方面的经济成本，一方面，材料转变为施工垃圾后会造成的材料浪费和增加处理施工垃圾费用；另一方面是购买相同数量、规格的建材费用和重新施工使用建材的成本增加。从成本上控制建筑施工垃圾产生有以下几种途径：

1）严把采购关

在材料的采购管理中，要按照合同和图纸规定的要求进行材料采购，并通过严格的计量和验收，确保材料采购的渠道正规，严把建材质量关，避免后续施工因材料质量不过关而造成的一部分建筑垃圾。有些建材，如砂石、水泥等在运输和装卸中容易出现"跑、冒、滴、漏"和磕破磨损的现象，应加强对建材运输和装卸过程中的监管工作。

2）正确核算材料消耗水平，坚持余料回收，认真核算材料消耗水平，防止把余料当作施工垃圾处理。以混凝土为例，施工过程中往往会产生剩余的混凝土，通常的做法是直接倾倒处理，造成了资源的严重浪费。如果在施工前，认真地核算建材的消耗，可以有效减少混凝土的剩余量，并将剩余的混凝土回收用于施工道路、下水道井圈座和小型砌块等。

3）加强材料现场管理

施工现场材料管理不力，材料乱堆乱放，使得一部分材料在使用前直接变成建筑施工垃圾。例如：木材、钢筋、水泥等建材在储存过程中常常因为管理不当发生虫蛀、腐烂、生锈或强度下降等问题。因此，应做好材料在使用之前的储存工作，避免因储存不当而造成不必要的材料浪费。

4）施行班组承包制度

对那些在操作过程中材料损耗比较严重的工序，可以直接承包给生产班组完成，并将其完成效果和奖罚措施结合。这样会提高节约的效果，减少施工垃圾产量。

（3）从制度管理方面控制建筑垃圾

在建筑施工生产活动中，制度不明、不严和某些建筑施工垃圾的产生有着很大的关系。要使建筑施工垃圾得到有效的控制需要一套完整合理的现场管理制度和严格的制度执行。现场施工应建立如下几种管理制度：

1）应建立限额领料制度

施工材料限额领料制度是对施工材料进行控制的有效手段，是降低物资消耗减少建筑施工垃圾的重要措施。它通过杜绝材料的浪费来减少一部分施工垃圾。施工单位应根据编制的材料消耗计划和施工进度计划中确定的材料量，严格执行限额领料制度。如果材料的消耗超出计划量，应及时找出原因并改进，防止材料浪费现象发生。

2）应加强现场巡视制度

现场巡视监督制度有利于及时发现现场存在的问题，便于及时更正和处理，从而达到有效控制施工垃圾的数量的目的。现场巡视的主要内容是要确保施工人员按图施工，使用合格的建筑材料，按照交底的施工工艺进行操作，以及检查质量隐患等。

3）实行严格的奖惩制度

可以通过经济刺激，如节约获奖、浪费受罚这种方式，来调动施工工人对节约建材的积极性，鼓励基层建筑垃圾减量化技术创新，有效地减少建筑施工垃圾的产生。对于现场施工中现场管理比较困难的部分和材料消耗量比较大的工序可以选择班组承包，并实行严格的奖惩制度。

4）开展不定期的教育培训制度

这种教育培训工作主要体现在两个方面：一方面，加强工人的节约意识，使减量化观念深入人心；另一方面，加强工人对建筑生产中的新技术、新工艺的了解，提高工人的技术水平。有关调查表明，技术工人的职业素质会随着受技术教育的水平和专业培训的程度的提高而提高。职业素质较高的员工通常会有较强的质量和节约等意识，在施工过程中会自觉地去控制建筑垃圾的产生。因此，应大力宣传教育，加强对工人的培训和教育，培养工人建筑垃圾减量化的意识。

3. 施工过程中各类固体废弃物再利用措施

（1）金属类垃圾资源化再利用

钢筋余料再加工成楼板钢筋马凳（图7-32）。

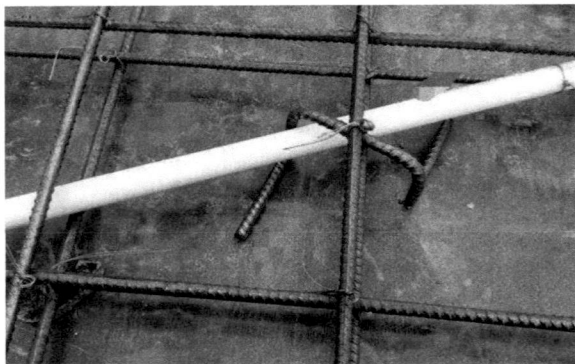

图7-32　楼板钢筋马凳

（2）无机非金属类垃圾资源化再利用

1）非传统水源回收与利用技术

采用全自动一体洗车技术，洗车用水循环利用，定时段对沉淀池进行垃圾清理。经过沉淀后的洗车用水还可用做现场洒水降尘、混凝土养护等重复利用（图7-33～图7-35）。

2）直径小于500mm的洞口、楼面机电预埋管线、楼梯踏步防护采用结构施工时废模板制作（图7-36、图7-37）。

图7-33　现场出入口洗车设备与三级沉淀池

图 7-34　雾炮机喷雾降尘

图 7-35　洒水车定时洒水降尘

图 7-36　楼梯踏步防护

图 7-37　柱边防护

（3）现场分类、利用和处置设备设施

对于塑料等零星建筑垃圾采用可移动式垃圾箱进行收纳，根据现场需要进行机动设置，能够灵活调整。

7.4.3 固体废弃物减量及综合利用总结评价

通过源头减量设计、减量化措施的应用和施工过程中的精细化管理，最终固体废弃物减量 1285t，满足了减量化指标，具有良好的经济效益、社会效益和环境与生态效益。

（1）经济效益：成本节约节省了 15.3 万元。

（2）社会效益：本项目各类固体废弃物的综合处置措施减少了对周边水土环境的污染，改善了现场环境。

（3）环境与生态效益：降低固体废弃物堆放造成的土地占用和对环境及水体的污染。

7.5 公共空间治理项目固体废弃物处理及利用剖析

7.5.1 公共空间治理项目固体废弃物处理与利用策划

1. 项目概况

成华区锦城华创公司建设路大街整体提升项目（图 7-38）工程位于成都市建设路大街一环路至二环路段，总工期 240 日历天。本工程拟改建点位共 15 处建筑物及 21 处绿化景观改造，具体承包内容包括：建筑外立面改造，面积约 27000m²；建筑及景观更新改造，改造范围约 1.3km；节点铺装等改造，面积约 8000m²；道路横断面调整、黑化，人行道提升改造、光彩工程，文化小品，强弱电和管线迁改等街道一体化改造及其他相关配套工程；一体化立体防控建设。

图 7-38 成华区锦城华创公司建设路大街整体提升项目

2. 固体废弃物处理与利用策划

（1）重难点分析

1）公共空间治理项目多数无法完全封闭施工，施工与人流、车流交叉且还要保证居民正常的生产生活。

应对措施：组织总方针，严禁交通堵塞、减少干扰、确保畅通。设置交通告示牌和交通警示牌，施工区与行人通道区域分开，互不干扰。市政改造分幅施工，保证行人和车辆的正常通行。

2）改造内容包括但不限于外立面、道路、管线、绿化景观等，且多数情况下改造点位不集中，分散在各处。

应对措施：在施工前进行详细的深化设计计划，实施精细化的施工管理，确保每个施工环节都能按照设计要求执行，减少返工和废料。

3）工期紧，任务重。

应对措施：分析工程特点制定施工总控计划和配套计划，组织好资源配备和劳动力安排。建立每周计划跟踪的动态管理制度，做到日比较，周汇报。制定科学有效的施工工序安排。

（2）固体废弃物分类

结合公共空间治理项目实际情况及固体废弃物现场分类原则，对项目不同维度进行固体废弃物分类（图 7-10）。

公共空间治理项目固体废弃物分类　　　　　　　　　　　表 7-10

目标维度	序号	层次维度	房修改造阶段	市政景观改造阶段
无机非金属类	1	明显经济效益	碎砖	建筑坏土
	2	较小经济效益	损坏的灯具	清表渣土
	3	无经济效益	水泥、店铺招牌	无
	4	负经济效益	涂料、腻子	油漆
金属类	1	明显经济效益	涂料金属桶	钢筋、铁丝
	2	较小经济效益	焊条头、废钉子	焊条头、废钉子
	3	无经济效益	无	无
	4	负经济效益	无	无
塑料类	1	明显经济效益	苯板条、塑料包装、塑料	塑料包装防尘网
	2	较小经济效益	机电管材	塑料薄膜
	3	无经济效益	废毛刷	废毛刷、编织袋
	4	负经济效益	废胶带	无
其他类	1	明显经济效益	纸质包装	乔木、纸质包装
	2	较小经济效益	无	无
	3	无经济效益	无	小灌木
	4	负经济效益	玻璃胶、密封胶、涂料滚筒	涂料滚筒

目标维度：结合本工程实际情况，将现场固体废弃物划分为四大类（无机非金属类、金属类、塑料类、其他类），每一大类再细化为若干小类。

阶段维度：

1）房修改造阶段

本工程基础施工阶段固体废弃物以无机非金属类、金属类、塑料类为主，主要包括：油漆、腻子、店铺招牌；涂料金属桶；苯板条、塑料包装等。

产生原因：

① 外墙、内墙施工产生的油漆、腻子废料；

② 店铺门头统一换新拆除的招牌；

③ 涂料施工产生的涂料金属桶；

④ 屋面保温层施工产生的苯板条；

⑤ 装饰装修工程中产生的塑料包装材料等固体废弃物。

2）市政景观改造阶段

本工程主体结构施工阶段固体废弃物以无机非金属类、金属类、其他类为主，主要包括：渣土、废弃砖块、砂浆块、混凝土块；钢筋、铁丝；乔灌木、纸质包装。

产生原因：

① 土方开挖产生的渣土；

② 构筑物拆除、破碎产生的废弃砖块、砂浆块、混凝土块；

③ 现浇景观墙等构筑物产生的钢筋、铁丝；

④ 绿化清表、移除过程中产生的乔灌木；

⑤ 纸质包装材料等废弃垃圾。

层次维度：

1）明显经济效益

本工程所涉及的具有明显经济效益的固体废弃物主要包括：废弃砖块、砂浆块、混凝土块、涂料金属桶、钢筋、苯板条、防尘网、纸质包装、乔木等。

2）较小经济效益

本工程所涉及的具有较小经济效益的固体废弃物主要包括：损坏的灯具、清表渣土、焊条头、废钉子、机电管材、塑料薄膜等。

3）无经济效益

本工程所涉及的无经济效益的固体废弃物主要包括：水泥、废毛刷、店铺招牌等。

4）负经济效益

本工程所涉及的负经济效益的固体废弃物主要包括：油漆、腻子、玻璃、废胶带、玻璃胶、密封胶、涂料滚筒等。

（3）固体废弃物预估量见表7-11、表7-12。

房修改造工程固体废弃物预估量 表7-11

序号	施工阶段	建筑垃圾分类	涉及施工内容	预估量	处置
1	房修改造工程	无机非金属类	构筑物拆除产生的碎砖、碎混凝土	150m³	用做道路路基回填
2		金属类	涂料金属桶	0.8t	再生资源站/消纳场
3		塑料类	苯板条、防水卷材、机电管材、塑料包装、塑料薄膜等	1.2t	再生资源站/消纳场
4		其他类	纸质包装	0.6t	再生资源站/消纳场

市政景观改造工程固体废弃物预估量　　　　　表 7-12

序号	施工阶段	建筑垃圾分类	涉及施工内容	预估量	处置
1	市政景观改造工程	无机非金属类	清表渣土、建筑垃圾	210m³	用做道路路基回填
2		金属类	加工后剩余钢筋、铁丝	1.1t	再生资源站/消纳场
3		塑料类	塑料包装、塑料薄膜等	0.8t	再生资源站/消纳场
4		其他类	乔木移除	150 棵	再生资源站/消纳场

（4）固体废弃物综合利用目标见表 7-13。

固体废弃物综合利用目标　　　　　表 7-13

序号	指标	指标说明	计划综合利用率
1	建筑垃圾利用率	景观墙等结构拆除产生的建筑垃圾用做道路路基回填材料	资源化利用率≥40%
2	减少乔木移除数量	取消街边种植池大乔木,保留现状梧桐	乔木移除减少数量≥50%

（5）保障体系：项目组织架构如图 7-39 所示。

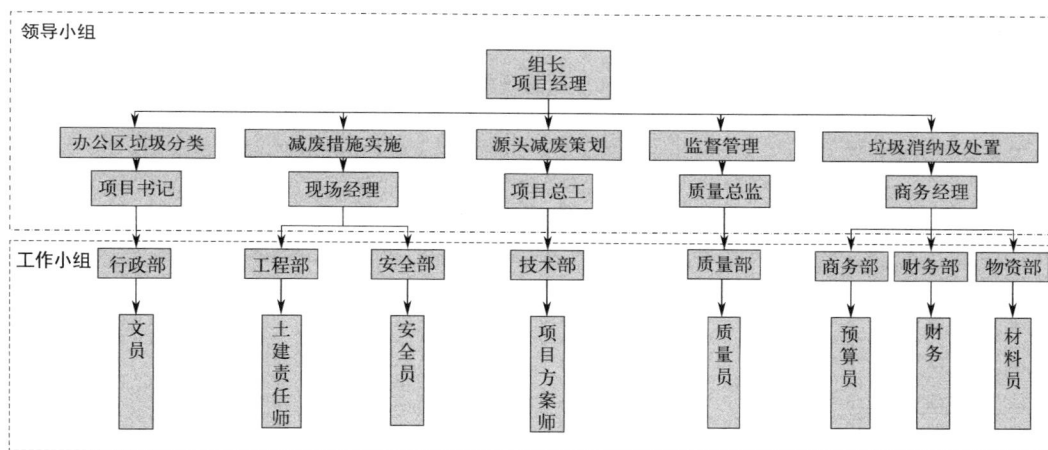

图 7-39　项目组织架构

7.5.2　固体废弃物综合利用实施案例

（1）本工程市政改造线路较长，改造点位及做法众多。根据市政景观施工作业内容，建立《市政景观施工控制手册》，为现场作业人员及管理人员提供直观有效的《区域点位做法指导手册》保证各点位施工的准确性，减少各种界线划分不明确而导致的拆除返工；同时将各区域指导性排砖图融入指导手册中，避免现场切割产生固体废弃物，有效减少铺装材料损耗（图 7-40～图 7-42）。

（2）外立面改造点位较为分散，改造做法众多。根据外立面改造施工作业内容，编制现场技术指导书，为现场作业人员提供直观有效的区域做法，减少因改造点位分散做法多而导致施工错误，避免拆除返工，减少材料损耗（图 7-43，图 7-44）。

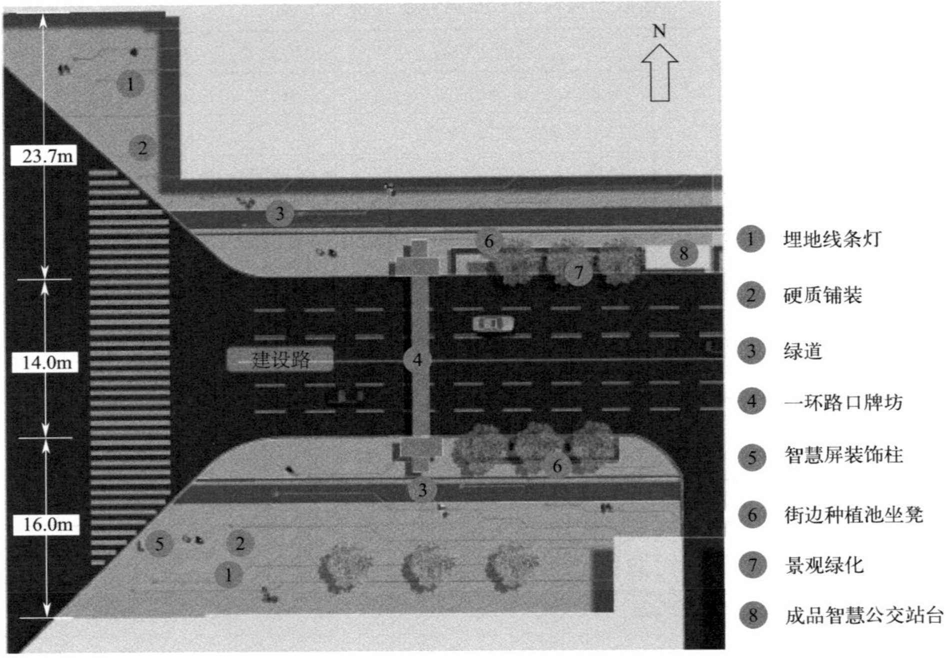

图 7-40 《市政景观施工控制手册》

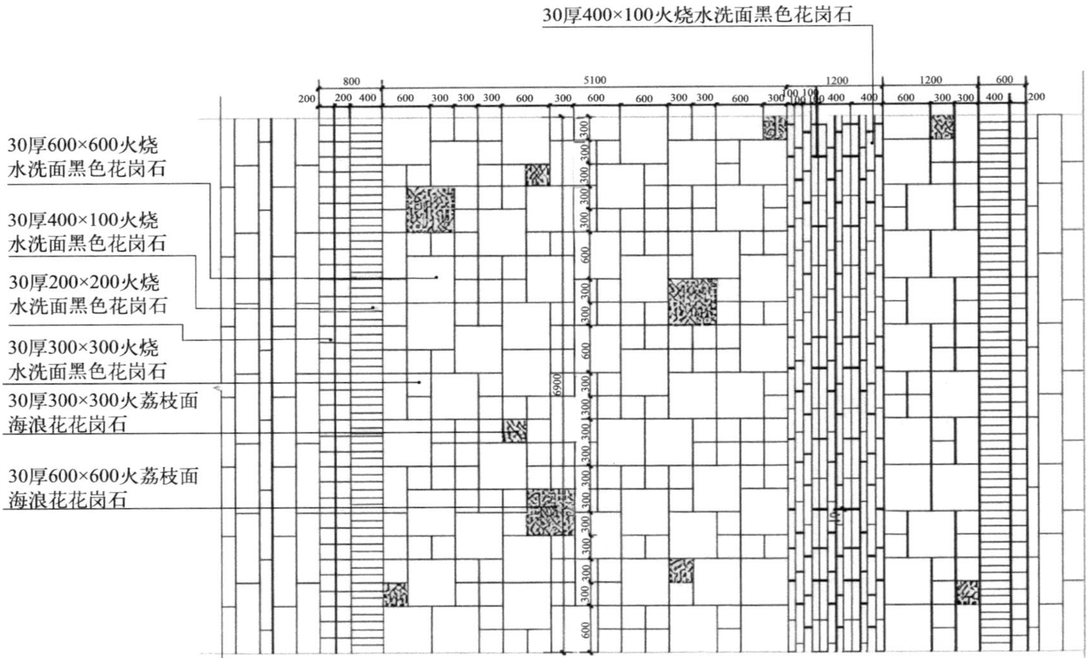

图 7-41 铺装排砖图

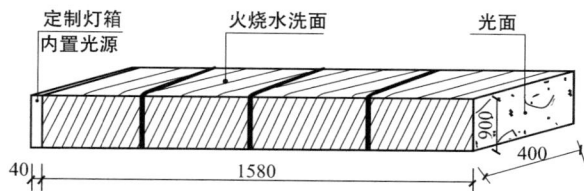

图 7-42　铺装轴测图

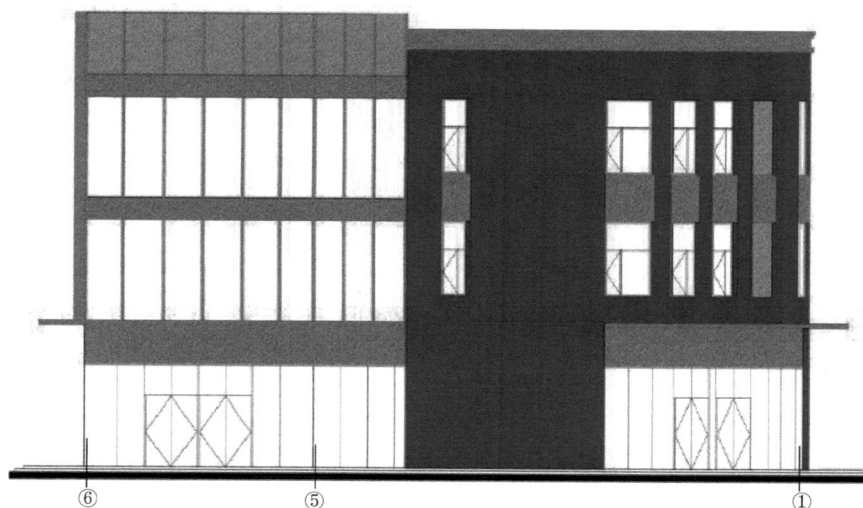

图 7-43　材质分色

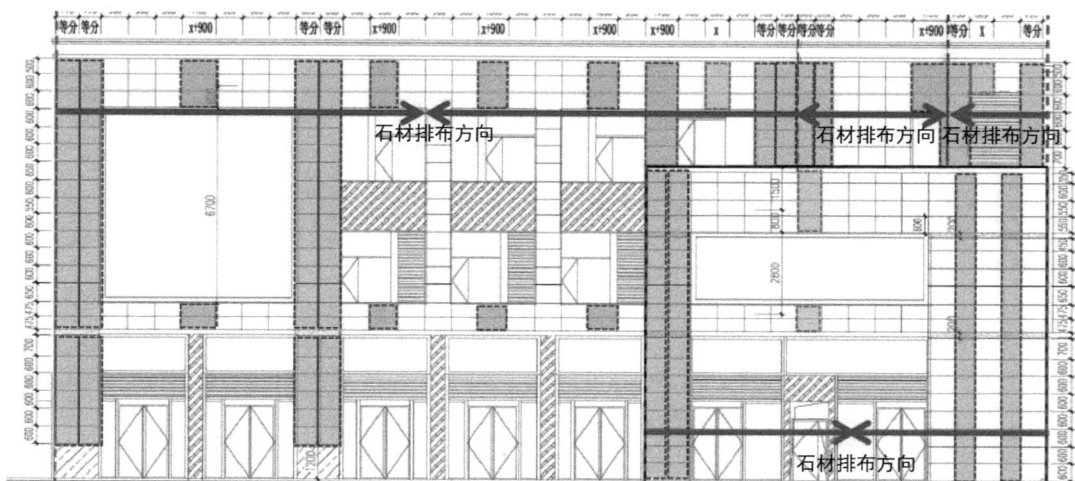

图 7-44　材质分缝

（3）减少乔木移除数量。沙河桥至二环路口道路两侧原设计为种植池大乔木及现状梧桐，为保证建设路风格和谐统一及提升改造效果，取消街边种植池大乔木，提升改造非机动车隔离带，仅保留乔木处种植穴，保留现状比较好的梧桐，间隔种植桂花（图 7-45）。

图 7-45　景观绿化效果

（4）通过"样板引路"制度管理，重点解决市政、人行道铺装、路基及路面结构等各分项工程的施工工艺、质量标准、细部设计及工程效果各环节的问题，保证对工程质量的控制，避免造成拆改返工，减少固体废弃物的产生（图 7-46）。

（5）施工现场工地围挡、安全通道、安全围挡等临时设施采用重复利用率高的标准化设施，避免产生固体废弃物（图 7-47～图 7-49）。

7.5.3　固体废弃物减量及综合利用总结评价

通过绿色建筑设计，施工现场建筑垃圾减量措施的应用，最终固体废弃物减量 565t，节省了 4.5 万元，具有良好的社会效益和环境与生态效益。

图 7-46　沥青道路、铺装人行道样板

图 7-47　标准化施工围挡

图 7-48　标准化安全通道

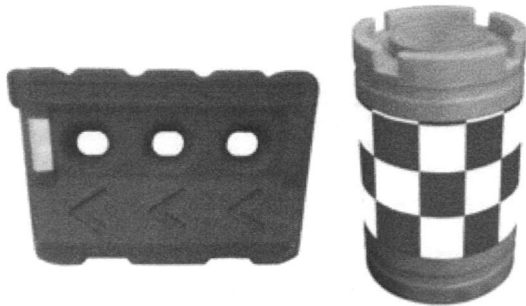

图 7-49　标准化水马矮围挡

（1）社会效益：本项目应用的建筑垃圾减量化措施减少了垃圾填埋和焚烧的需求，节约了建筑材料，提高了资源利用效率，有助于实现可持续发展的目标。

（2）环境与生态效益：减少了固体废弃物对环境及水体的污染。

7.6　本章小结

城市环境直接影响着经济和社会的发展，影响着人民的生活质量。但是城市更新后产生的固体废弃物的处置已经成为一大重要问题。结合当前我国固体废弃物的资源化建设发展水平来看，我国正处于固体废弃物综合利用技术探索阶段，尚未形成规模化的回收利用渠道，从而造成资源消耗量相对较大。

目前主要存在四种类型城市更新改造项目：老旧小区改造、厂房商业有机更新、片区更新、公共空间治理及其他，四种类型项目所产生固体废弃物的特点各不相同。因此，本章对不同城市更新改造项目固体废弃物现状概况进行分析，同时对典型项目固体废弃物利用详细剖析，探讨城市固体废弃物资源化的回收利用策略，从固体废物产生源头对其进行分类和粉碎，进行有针对性的收集处理，以实现城市固体废弃物资源化的回收利用为目的。

固体废弃物综合利用，是一个将废弃物变废为宝的过程，是将废弃物进行再次处理，以达到可以再次利用的状态。在固体废弃物综合利用过程中，需要消除固体废弃物中的有毒有害物质，降低其"回炉重造"过程中对环境的不良影响。资源循环利用是实现可持续发展的必由之路，为确保我国经济、社会、生态的持续健康发展，我们一定要重视固体废弃物的处理方式，提升其综合处理程度，确保我国节能降耗持续发展。本章重点分析对比了传统的固体废弃物处理模式与处理理念，剖析了对固体废弃物资源化、再利用等高度人工物质循环体系是城市发展中的重要环节，将会成为今后城市固体废弃物处理的发展方向。对固体废弃物进行回收利用，是实现循环经济理念，走可持续发展道路的有效途径。

第8章

总结与展望

建筑业是我国国民经济的支柱产业,然而在促进我国国民经济增长的同时,也产生了大量建筑垃圾。建筑垃圾占用土地、污染水体、污染空气、影响市容,加剧土地、资源的紧张局面,阻碍经济社会、环境可持续发展。建筑垃圾的减量化排放和资源化再利用是缓解垃圾围城、避免或降低生态环境风险,实现循环经济绿色发展的最积极、有效措施,也是目前建筑垃圾领域学术界、工程界的头等大事。

本书对城市更新概念进行了分类和界定,通过研究建筑垃圾的来源与组成,明确了建筑垃圾的定义和分类方法。并在建筑垃圾处理技术现状基础上,梳理和分析了城市更新建筑垃圾的分类体系、定量评价和减量化管理体系、五类建筑垃圾处理和利用技术方法及案例。本书为城市更新改造中建筑垃圾的分类控制、减量化处理和资源再利用提供有效的技术参考。

城市更新建筑垃圾处理与利用行业有着巨大的发展潜力和挑战。当前,建筑垃圾量不断增长和处理难题是亟待解决的主要挑战。为了应对这些挑战,推动建筑垃圾处理和利用技术的绿色化和智能化发展,以提高建筑垃圾资源化利用率,并减少对环境的负面影响。同时,对行业的未来发展进行展望,重点包括技术的创新与发展,提高处理效率和资源利用效益。

在城市更新改造中,建筑垃圾处理及再利用技术具有重要的意义和潜力。未来的研究应进一步深入探索建筑垃圾处理技术的创新与应用,促进城市更新改造的可持续发展。

8.1 总结

我国建筑垃圾目前仍以简易堆置和填埋为主,资源化率不足 10%,主要存在如下问题:

(1) 建筑垃圾分类收集的程度不高,绝大部分依然是混合收集。

(2) 建筑垃圾回收利用率低,全国大多数城市无专业的回收机构和设备,建筑垃圾再生利用厂家较少,资源化产品质量不高,市场机制不健全。

(3) 建筑垃圾处理及资源化利用技术水平落后,缺乏新技术、新工艺、新设备。

(4) 建筑垃圾减量化与资源再利用处于初步发展阶段。

(5) 城市建筑垃圾处理的相关政策、法规、标准不健全。

(6) 建筑垃圾处理组织机构及责任不明,监管不到位。

8.1.1 我国城市更新改造垃圾的定量评价及减量化管理

1. 定量评价理论

针对建筑垃圾进行环境影响评价，安全隐患评价及减量化潜力与技术评价是推动建筑垃圾的规范化管理与资源化利用，促进建筑行业长效可持续发展的基础工作。建筑垃圾的定量评价包括直接法和间接法。直接法一般直接量化建设各阶段建筑垃圾的减量重量或体积，间接法即通过一系列间接因素也可对建筑垃圾的减量化效果进行评价，如生命周期评价法、专家打分法、层次分析法等。

2. 减量评价方法

专家打分法是设计阶段首选的技术评价方法，是经过多轮意见征询、反馈和调整后，对项目方案可实现程度进行分析的方法。施工阶段减量法和拆除阶段减量化评价一般采用直接法，如施工阶段即直接量化材料消耗量与剩余材料量。生命周期是常用的定量评价方法之一，建筑垃圾生命周期是指从生产、收集、运输直到最终处理的过程，该方法目前已经得到国际社会普遍认同，是环境负荷量化评价方式，应用于建筑废弃物管理方面，如应用于建筑垃圾资源化技术的能耗估算和碳排放效益评估，能为建筑废弃物资源化再利用提供一定的支持。

3. 减量化管理

垃圾减量化管理是减少垃圾排放最积极有效的措施，通过工程设计、施工管理和材料选用等从源头上控制和减少建筑垃圾的产生和排放数量。建筑垃圾减量化设计通过建筑设计本身，尽可能减少建造过程中废弃物的产生，并对已产生的垃圾进行再循环、再利用，从而达到减量的目的。施工阶段减量即从改进施工管理和技术方面达到建筑材料的减量化目的，拆除后资源化阶段主要基于资源回收，提高再利用和资源化水平。

4. 减量化验证方法

为实现建筑垃圾全过程精准管控和减量化研究，将天基卫星遥感、空基低空遥感或无人机及地基视频监控技术结合，开展建筑垃圾"天—地—空"一体化的精准识别研究，构建我国建筑垃圾大范围快速提取、重点区高精度监测、典型区域实时判别的监测模式，满足不同空间尺度和不同时间尺度的建筑垃圾追踪需求。

利用"天—空—地"遥感手段获取的数据，通过两种方式对区域建筑垃圾减量化评估。一是结合建筑垃圾体量估算和现有存量估算结果，进行区域建筑垃圾的减量化评估；二是利用遥感对特定区域的连续动态监测，评估建筑垃圾的产生、运转、消纳和减量。

8.1.2 我国城市更新改造垃圾处理及利用技术现状总结

1. 渣土泥浆处理及利用技术和措施

（1）工程渣土处理及利用技术和措施

1）工程回填

工程回填是一种广泛应用的渣土处置方式，尤其在土木建设和基础设施开发过程中具有重要作用，涉及基坑原土回填、路基回填、还耕回填、抗涝保收回填等方式。一般可通过使用技术手段，如物理干燥和脱水，将工程渣土转变为普通的填埋材料；此外，经过特定的化学固化技术，工程渣土也可用做固结填土材料。

近些年来，我国对于固化回填技术在路基工程材料方面的应用进行了深入的研究，发现该技术不仅可降低材料和工程成本，还能实现渣土回用，具有良好的环境和经济效益。

由于渣土类建筑垃圾的矿物组成和物理特性具有区域差异性，因此固化回填技术不具有经济可持续性和普适性。另外，虽然直接消纳弃置处理工艺可实现部分源头减量，但其不仅消纳能力有限、占地多、不持续，还有严重的环境和安全隐患。开发渣土类建筑垃圾的资源循环再利用技术是当前亟待解决的问题。

2）土地整理和生态修复

土地整理与生态修复是另一种常见的工程渣土处置方式。这通常涉及对工程渣土进行改良，改善其物理、化学和生物特性，以便更好地利用工程渣土对受污染或退化土地进行修复。

当前主要利用去向是结合新建城市绿地如公园的建设，配合景观设计，选择适宜的公园利用工程渣土进行土地整理、生态修复或堆山造景，可消纳部分工程渣土。

3）围填海造地填料

围填海造地是将渣土作为填料，填入海洋中，以形成新的陆地。这种方式在一些缺乏土地资源，但有大量渣土产出的地区，如一些海滨城市，具有很高的应用价值。进行围填海造地的项目通常需要进行严格的环评，并须遵守相关的环保法规。填海工程中使用的渣土必须满足相关规范规定的性能指标，从而减轻填海工程中的环境污染和资源浪费，也是解决渣土堆置问题的有效途径之一。

4）种植土

渣土类建筑垃圾可用于制备种植土。由于种植土的标准和农田用土一样高，也需要良好的理化性质和丰富的营养。用渣土类建筑垃圾制备绿化工程用土不仅可实现废弃物的减量，还可节约土地资源，具有较高的经济和社会效益。

渣土类建筑垃圾在该领域的应用还处于起步阶段，还比较粗放，仅有些尝试，今后要在材料改良、应用标准、材料配合比等方面进行系统研究，以期能有效降低生产成本和提高绿种植土的质量。

5）再生产品制备

渣土类建筑垃圾制备混凝土用骨料是固废资源再生应用的新途径。虽然，利用渣土泥浆制备的烧结骨料已达到工程利用的标准，但其还不能完全替代天然骨料，这是由于此类骨料的加入会降低混凝土的强度。

目前常用的资源化技术主要有泥砂分离技术、免烧结和环保烧结技术。泥砂分离技术是对渣土和泥浆进行水洗和筛分处理，以分离砂石和泥，其中再生骨料可替代部分天然砂石，泥饼可用做烧结原料或用于土地修复。免烧结技术是用拌料和压制等手段制备一定强度的透水砖、空心砌块等块状建材。环保烧结技术是用节能减排的技术制备砖和陶粒。这些绿色再生建材在城市基础工程建设中的大规模使用有效缓解了天然资源短缺的现状。

6）综合利用

工程渣土通过多种技术的结合，能够生产出各种不同类型的建筑材料，例如烧结砖、轻质微孔混凝土砌块、透水砖、透水混凝土路面砖、陶粒砌砖和海绵城市建筑材料。此外，还可以通过免烧工艺制造出免烧透水路面砖与环保空心砌块等。经过泥砂分离处理的砂石料，可以作为再生骨料与再生砂使用。经处理后也可直接用做绿色路基材料。

工程渣土资源化利用的核心原则是减量化、资源化和循环利用，以推动可持续发展。

当前我国工程渣土的资源化处置体系主要集中在砖砌类物质的烧制。渣土利用最多的仍是制砖，产品种类及用途单一，资源化处置技术单一，核心技术少，未能形成全面、多方位的建筑垃圾处置技术，导致建筑垃圾终端处置企业资源化能力有限，资源化利用效率较低。

（2）工程泥浆处理及利用技术和措施

当前国内外对废弃工程泥浆的处理遵循"减量化—资源化—无害化"的原则，以减量化为主，以"低消耗、低排放、高效率"为基本特征，方式主要体现为先脱水，再对其进行进一步处置。

1）减量化处理技术和措施

主要包含自然沉淀法、高温脱水法、机械压滤法、离心脱水法、絮凝脱水法、固化法、回注法、回填法。

① 脱水技术减量化

工程水分含量高（75%以上），有机质含量较少，成分和性能相对稳定，经"离心法、压滤法、土工管袋法"等脱水技术和改良后可以作为建筑材料、填料、绿化用土等。

② 分离技术减量化

工程泥浆的砂石分离后的废浆水用于降尘或场地清洗用水，分离后的砂石可用做混凝土的再生产及实心砖的制备。

③ 固体技术减量化

采用水泥、石灰、粉煤灰等化学固化剂对泥浆进行固化处理，生成具有一定强度和环境污染控制标准的固体。

2）资源化处置

工程泥浆的含水率高、强度低，直接资源化利用的方式较少，多对其采取脱水或固化处理后再进行资源化处置，脱水处理后产生的泥饼成分与性质一般类似于工程渣土，因此泥浆处理后的泥饼资源化利用途径也可借鉴工程渣土的相关技术。所得泥饼主要被用做土壤材料和工程材料。

2. 工程垃圾处理及利用技术和措施

对于工程垃圾，首先从源头上进行减量处理，然后进行有效的分拣，最后根据工程垃圾的情况，分别进行施工现场再利用、回填、集中回收后进行资源化利用。

（1）工程垃圾处理技术

1）填埋处理

填埋处理就是将建筑垃圾深埋于地下或作为建筑回填土来使用。回填处理的主要垃圾为经过粉碎的废弃混凝土材料和废弃砌块。填埋的处理方式较为普遍，但无论是作为回填材料还是深埋于大地中，均不是垃圾处理的最优方式。回填会面临质量不可控的问题，而深埋处理则是对土地资源的浪费。

2）焚烧处理

对于垃圾中的可燃物和生活垃圾，可以采取焚烧处理的方式。有条件的焚烧处理将在火力发电厂中进行，将建筑垃圾作为火力发电材料进行充分焚烧。这种处理方式虽然简单便捷，但安全性不可控，同时对环境可能造成污染与破坏，不符合可持续发展的理念。

3）回收处理

对于建筑垃圾中仍具有回收价值的材料，可进行回收处理。钢筋与其他金属建筑废弃材料作为金属回收至处理厂重新熔炼；聚苯板等保温材料经过清洗粉碎后可作为保温浆料继续使用；建筑材料设备的纸质包装也能够作为废纸进行回收进行二次加工。

（2）工程垃圾利用技术

1）工程垃圾分离技术

高效分选、再生骨料高品质提升的工艺、技术和装备是工程垃圾高效利用的关键技术。

目前国内一般使用移动式或半移动式的设备在现场分离，将大块混凝土或砖垛初粉碎，将钢筋、木材、布、塑料等基本分开，进行必要的消毒处理后，再将垃圾分类运至堆放场或处理厂。

2）工程垃圾的资源化利用技术

根据发展循环经济的要求，把工程垃圾经分拣、粉碎后，进行资源化利用：废电线、废铁丝、废钢筋以及各种废钢等金属，经分拣、集中、回炉可进行再利用；废木材则用于制造人造木材；砖、石等废料经破碎后，可以取代砂子用于砌筑砂浆、抹灰砂浆、混凝土垫层等，还可以用于制作砖块、铺路砖等建材制品；尤其是废弃混凝土，经过相关的处理，可以生产再生骨料以取代天然砂石应用到混凝土中，可以节约大量的砂石资源。

3）工程垃圾的路用技术

将建筑垃圾再生应用于道路工程领域，主要用于道路基层或作为路基填料使用。由于该技术消纳建筑垃圾量大、对再生骨料品质要求不高而且再生材料的路用性能比较稳定，已经成为建筑垃圾消纳的主要方案。

我国研究再生骨料在道路上的应用起步较早，开发了渣土、碎砖瓦、废混凝土的再生利用技术。建筑垃圾制砖（砌块）是当前建筑垃圾资源化的主要实施方向。

在施工现场固废管理领域的研究和实践中，目前已有部分学者对施工现场固废量化、减量化、资源化利用等领域进行了一定的探索，相关研究成果为后续的研究提供了有益的参考和基础。目前国内施工现场固废排放量数据缺乏，减量化研究尚处于起步阶段，资源化利用关键技术研究的深度尚显不足，需要进一步研究与创新。

4）拆除垃圾处理及利用技术

对拆除垃圾进行分类处置，提高拆除垃圾利用率是资源化利用的关键。通过对拆除垃圾分类分级破碎筛分，可生产出能够取代天然砂石的骨料，一部分骨料可以作为深加工原材料，配合其他材料生产预拌砂浆、水泥混合材料、墙板等产品；另一部分骨料可生产低强度混凝土等。

目前我国国内采用的拆除垃圾资源化利用设备主要存在两种，分别是移动式处置设备和固定式处置设备，移动式处置设备技术主要采用国外技术，固定式大多直接采用矿山破碎筛分机械，没有形成适应现阶段中国拆除垃圾特有的生产工艺和装备。

随着城市拆迁工作急迫情况的缓和、环保要求的提高和对再生产品质量和种类要求增加，处置设备会逐渐从移动式设备转为固定式设备。我国的拆除垃圾资源化技术及工艺仍处于起步阶段，处置企业无相关资质要求、资源化利用程度及能力参差不齐。

拆除垃圾量非常大，除极少部分有害外，如经防腐处理的废旧木材、含有汞的日光灯管等，其他均可进行再生利用。所以从理论上讲，只需将建筑垃圾中的有害成分分离出来送往危险废物处置中心，对剩余的绝大部分无毒无害的建筑垃圾进行循环利用即可。

5）装修垃圾处理及利用技术

目前存在多种技术和方法来有效处理装修垃圾，实现资源化利用和环境保护。包括矿棉板的单独分类处理、石膏板的深度加工处理和回收利用、可燃垃圾的能量回收利用、骨料垃圾的再生利用，以及基于再生循环利用技术的木质废弃物处理方法。这些技术和方法的应用可以实现装修垃圾的资源化利用，减少对自然资源的消耗，同时降低对环境的负面影响。同时，在进行装修垃圾处理时，必须遵守国家相关法律法规及各地方的管理规章制度，确保垃圾处理过程中不会对环境和人体健康造成任何负面影响。通过不断改进和创新，可以进一步提高装修垃圾处理技术的效率和可持续发展水平。

8.2　展望

8.2.1　未来城市更新改造垃圾处理及利用技术发展的展望

目前建筑垃圾资源化利用率低，资源化处理设备设施水平不高，产业链不健全，资源化产品的相关政策法规不健全，尚未形成产生、运输、处理、再利用整个生命周期阶段的全过程监管体系，逐步完善监管体系是建筑垃圾管理领域的必然要求。我国建筑垃圾政策法规体系不完善，缺少具有可操作性的细则和办法，使各监管部门责任权限混淆不清，下一步的研究应侧重完善相关管理政策、法规、标准和各类激励措施，加强相关方的责任，促进建筑垃圾减量，同时研发高效的资源化工艺技术及设备，提高资源化利用率。利用并深入开发网络大数据平台，对建筑垃圾全程进行数据的采集及过程的监管，有效提高建筑垃圾资源化利用率，致力智慧城市的建设，进一步积极推动建筑垃圾的精细化分类及分质利用，推动建筑垃圾生产再生骨料等建材制品、筑路材料以及回填利用，推广成分复杂的建筑垃圾资源化成套工艺及装备的应用，完善收集、清运、分拣和再利用的一体化回收系统。

1. 工程渣土泥浆处理及利用发展

我国渣土产量大，处理及利用发展方向宜侧重源头（设计和规划）减量化，建筑过程减量。将渣土减量化纳入建筑设计和规划管理中，结合城市发展趋势、地块规划用途和项目建设时序，坚持"多点、就近"原则，积极探索与城市绿化项目的结合，科学合理布局建筑垃圾临时消纳点，适时启动建筑垃圾永久消纳场建设，满足区域项目和临时消纳点难以平衡的需要。施工图阶段，将工程渣土种类和数量预测、利用、处置等方面列为重要审查内容，综合考虑项目的社会、经济和环境效益。

工程渣土的资源化利用是应对目前大量渣土的积极有效措施之一。针对目前建筑垃圾消纳场地和资源化利用场地配套建设不足问题，进一步宜强化相关激励措施，出台工程渣土资源化利用特许经营的相关管理规定，加快工程渣土减量化的发展；宜引入先新技术和仪器设备，实现渣土的最大限度回收利用和资源化利用率；完善工程技术标准，并依据标准将不宜直接利用的先处理再利用；宜加强网络信息共享，建筑项目渣土供应方与需求方如洼地回填、填海造陆等项目信息共享，为提高渣土利用率提供迅速、便捷渠道。

实现工程渣土全过程处理及再利用，强化源头管理，信息互通共享，狠抓责任落实，发挥政府、企业（建设方、施工方和运输方）等各部门"共建共管共规范"的作用机制，积极构建"全过程监管、区域内平衡、资源化利用"的工程渣土处置体系。

2. 工程泥浆处理及利用发展

工程泥浆源头减量化即规划和设计，工程泥浆的脱水技术是资源化技术的关键因素和难点。现有泥浆机械脱水，化学固化法和分离法均难以在施工现场解决工程泥浆的处置难题，下一步应研发施工现场泥水分离技术，研究方向适应市场和用户需求，向资源化、减量化和无害化方向发展，特别是减量化。

3. 工程垃圾处理及利用发展

工程垃圾"减量化"宜与"资源化"同步，进一步研究应推动工程垃圾资源化再利用的技术、设施，以及分类设备的研究和创新，研发工程垃圾的高效处理工艺和设备，研发工程垃圾高效分拣技术和设备，研发以工程垃圾为原材料的建筑材料的制备工艺和设备。创新生产技术，提高工程垃圾再生制品原料的品质，提高再生建筑材料的市场竞争力。完善再生建筑材料标准体系建设，形成统一的质量保证体系。

结合我国工程建设的发展方向，拓宽工程垃圾再生建筑材料的应用范围，如和"海绵城市"建设结合，将工程垃圾应用于透水、蓄水材料的生产；和"装配式建筑"建设结合，考虑再生建筑材料在建筑预制构件中的应用。

4. 拆除垃圾处理及利用发展

我国已有地方和国家的拆除垃圾减量化，以及资源化相关技术和配套法规，拆除垃圾减量化工作已进入一个新的发展阶段，然而依然面临建筑垃圾资源化利用率偏低，拆除垃圾的处理处置技术区域发展不平衡、技术不稳定等问题。因此，下一步，政府主管部门宜强力推动拆除垃圾的治理工作，出台具体的、配套的建筑拆除过程中前期源头减量、拆除后期资源化利用的管理制度、管理机制和措施，以及促进绿色建材应用的措施。

5. 装修垃圾处理及利用发展

装修垃圾成分复杂，通常含有重金属和有机污染物等有害成分，资源化利用难度大、利用率低，仍以简易堆置和填埋为主，环境风险高，因此，减量化是克服现阶段安全处置难度大的重要举措。下一步的研究可从装修垃圾的智能管控入手，建立智慧云平台，实现对装修垃圾生命周期阶段，特别是源头和末端的精准管控。

建筑施工中宜推广"预制装配式结构体系设计、绿色建材的使用"，这不仅能实现装修垃圾源头减量化，也降低了装修垃圾的回收利用难度。

8.2.2 城市更新改造垃圾处理与利用目标实现的管理展望

政府可以出台相关政策和法规，鼓励和规范建筑垃圾资源化利用行业，加大对相关科研项目的资助力度，促进技术的转化和推广应用。在资金和政策的支持下，建筑垃圾资源化利用行业将得到更好的发展，进一步推动资源化利用率的提高。

1. 基于市场导向，完善建筑垃圾处理行业管理体系

（1）完善法律法规

建筑垃圾的处置需要建筑企业和当地政府部门共同努力、协作处理。地方政府应完善各项管理制度、加大巡查力度，做好垃圾的分类处理监管工作；健全和完善体制机制，坚持统筹规划与自求平衡结合、部门管理与公众参与互动；按照各部门的职责分工，强化源头管理，狠抓责任落实，积极主动配合，信息互通共享，逐步建立市区建筑垃圾消纳处置长效管理机制。

1）强化宣传贯彻，使拟开工和开工项目的建设单位、施工单位、渣土运输单位、工程车驾驶员提前掌握相关政策法规规定和核准流程要求，使各个主体真正把建筑垃圾管理作为硬任务来完成，充分发挥部门、企业、社会等各方力量，共同参与和监督城市建筑垃圾管理工作，实行共建共管共规范。

2）完善相关规划管理，不断提高管理工作的计划性和前瞻性。一方面抓紧编制市区建筑垃圾消纳处置布点规划，另一方面，还要适时启动市区建筑垃圾永久消纳场建设，以满足区域内项目之间和临时消纳点的平衡需求。

3）完善年度建筑渣土消纳平衡计划。全面预测掌握年度市区所有拟开工和在建项目建筑渣土供需状况，科学合理制定市区建筑渣土平衡调剂方案，做到有规划、有计划、有方案。政府部门也要结合实际不断完善建筑垃圾管理的配套制度建设，比如建立黑名单制度，对违反规定的行为严厉打击，同时，建筑企业内部也要健全管理制度，使建筑垃圾处置方案得到切实的推行。

（2）有力推行政策标准

通过我国与欧美、日本等发达国家和地区建筑垃圾相关政策法规的对比，我国可以从建筑垃圾产生的源头上加强控制，加强相关方的责任，减少建筑垃圾的产生量并提高资源化利用率。同时，利用并深入开发网络大数据平台，对建筑垃圾全程进行数据的采集及过程的监管，有效提高建筑垃圾资源化利用率，助力智慧城市的建设。在实际过程中，需要政府主导，多方协作，共同努力。加强政策引导与立法支持，推广精细化分类技术，发展再生建材产业，推广资源化成套工艺及装备，完善回收体系，加强产学研合作，开展示范项目与宣传推广。

（3）提高公民的绿色建筑意识

建筑垃圾的来源广泛，不仅来源于各个工程阶段，也来源于居民的任意丢弃。因此，既要加强对建筑行业从业人员的绿色施工意识，也要提高公众参与度，在平常的生活和建筑装修、使用中减少建筑垃圾的产生。

2. 对标循环经济，创新多元化建筑垃圾行业处理模式

未来，我国建筑垃圾资源化利用产业将朝着更加创新与多元化的方向发展。要高效处理和利用建筑废弃物，发展循环经济就必须要形成完整的建筑废弃物处理产业链。具体建筑垃圾行业有以下几种发展模式。

（1）多种固废协同利用和区域产业协同发展

目前，水泥工业、建材行业已经利用本行业设施开展固体废物利用协同处理实践。其他行业，也已经取得很好的效果。可以期待，未来建筑垃圾及其他多种固废协同处置将有长足的发展，实现固废产生者、处理者和处置设施拥有者的三赢局面，并推动建筑垃圾综合利用产业向纵深发展，从而在模式上进行建筑垃圾减量化和资源化。

（2）综合利用产品的高技术加工、高性能化、高值化

创新生产技术，提高建筑垃圾再生制品原料的品质，提高再生建筑材料的市场竞争力，是增加建筑垃圾循环，实现建筑垃圾处理和利用的根本。产品全生命周期的评价方

法，让工业固废综合利用的技术方案评价有了更科学的方法。随着绿色制造、绿色建筑理念的发展，产品标准和绿色建筑评价标准要求将会越来越高，市场需求将倒逼建筑垃圾综合利用产业的创新发展和转型升级，促进该产业向高性能化、高值化方向发展。

（3）精细化利用

随着新材料和新技术的不断应用，一些更加先进的建筑垃圾处理方式也可以运用到建筑垃圾处置中，对建筑垃圾进行统一的回收，并运送到资源一体化处理工厂，在工厂分拣、筛选、分类和处置，采用高度智能化和自动化技术进行垃圾处理，实现回收效率的提升。

（4）促进产业融合和拓宽应用范围

建筑垃圾资源化产业需要和住宅产业化、建筑工业化、装配式建筑融合。在设计、施工方面考虑将来材料的拆除和资源再利用，不仅要考虑装配式建筑如何方便安装，也要考虑将来如何拆除，如何尽可能利于资源回收利用。拓宽建筑垃圾再生材料的应用范围，例如结合"海绵城市"建设，研制和应用透水砖、透水混凝土等建材；结合"装配式建筑"建设，研究新型再生材料应用在预制构件中。

3. 多学科融合，加强预测监控新技术研究

（1）结合 BIM 技术，提高区域建筑垃圾特征的定量预测数据

废物产量特征是进行定量分析和评价废物减量化的基础数据，利用 BIM 技术建立单一信息源模型并指导现场施工，确保了所使用信息的准确性和一致性，降低设计修改造成的资源浪费。制定和完善设计阶段减量化的规则制度，同时辅助控制工程垃圾的产生量。

（2）结合 DEM 数据提高"天—空—地"一体化监测的精度

随着航天技术的持续发展和遥感观测系统性能的不断改进，将遥感多种空间技术手段即"天—空—地"一体化监测融合应用于建筑垃圾减量是未来建筑垃圾精准管控的方向。然而目前利用遥感手段对建筑垃圾减量化进行验证也有一定的局限性，无法精准监测到垃圾堆的高度，单纯依靠平面面积进行统计会导致对垃圾量的估算造成一定偏差。如果能够获取到多时相高精度 DEM 数据，就可以精确计算出垃圾体积，甚至可以准确估算出垃圾体积的年度变化。

（3）发展建筑垃圾的智能管控

智能化管控云平台能有效实现各部门信息共享和接受社会公众监督，统筹管理建筑垃圾源头企业，规范运输行为、合理规划消纳设施及资源化处置设施布局，促进资源化产品再利用。为进行建筑垃圾减量化的精准管控，宜大力发展云平台模式进行垃圾类型特别是装修垃圾、工程垃圾、工程渣土和工程泥浆的在线管控。

8.3　结语

本章梳理和分析了建筑垃圾减量化管理体系和减量化技术应用，尤其是针对建筑垃圾分类控制和不同阶段源头减量措施进行列举说明。最后总结了城市更新改造垃圾处理及利用理论及技术发展展望，城市更新改造垃圾处理与利用目标实现的管理展望。建筑垃圾管理从源头减量化、过程减量化、环境无害化、再生资源化四个方面真正实现建筑垃圾减排。

　　"双碳"背景下，随着城市更新改造项目的不断增多，施工过程产生的固体废弃物也越来越多，固体废弃物的处理方式面临新的要求和挑战，由于城市更新改造项目施工周期长、废弃物排放量高、现有废弃物处理方式粗犷单一，综合利用率低，容易造成环境污染与资源浪费，亟须转变处理及利用方式。因此，本书对城市更新改造固体废弃物处理及利用展开研究与总结。

　　城市更新建筑改造中，固体废弃物处理是指将施工过程产生的固体废弃物按照减量化、资源化和无害化的原则，根据物料特性进行分类预估、分类堆放、分类收集和分类运输的过程。本章从"老旧小区改造、厂房商业有机更新、片区更新、公共空间治理及其他"四种类型城市更新改造中产生固体废弃物的特点总体考虑，同时分别对"工程渣土泥浆、工程垃圾、拆除垃圾、装修垃圾"四大类建筑垃圾的处理及利用技术进行分类总结。

　　面对当前巨大的建筑垃圾产生量，建筑垃圾处理率还明显偏低，与推动城市绿色低碳发展目标还有较大差距。本章对未来垃圾处理和利用理论以及技术发展进行展望，一是建筑垃圾分类处理、回收利用和全过程管理的制度和体系建设不够完善，对建筑垃圾处理目前还是以政策引导为主，缺乏针对建筑垃圾处理的专项立法；二是缺乏从源头上减少工程建设建筑垃圾产生的工作机制，行业绿色建造水平有待进一步提高；三是技术路线和市场需求要在不断磨合和培育中找到很好的结合点，建筑垃圾从产生源头到处理末端有个磨合期，建筑垃圾混装的特性使工厂化处理的产能不能一次性铺开。目前上游亟待处理的建筑垃圾量不少，中游建筑垃圾处理工厂产能利用率不高，下游使用再生砂石骨料政策引导不够，破解这个局面的关键在加强政策对建筑垃圾中下游和中上游之间的衔接和导流。

　　大力发展城市更新业务，不断推进城市生态修复、功能完善提升，不断开发建设绿色低碳智慧建筑，践行尊重自然、传承历史、绿色低碳等理念。坚持推动建筑产业现代化，大力推进工业化、数字化、绿色化建造，从源头减少建筑垃圾总量。坚持"无废城市"理念，积极研发建筑垃圾处理资源化利用关键技术，不断拓展建筑垃圾处理渠道。同时，建议政府出台建筑垃圾处理配套政策，建设完备的建筑垃圾处理与利用基础设施体系。